"十三五"江苏省高等学校重点教材(编号：2018-2-123)

U0309660

化工生产实习

主　编　周素芹　程晓春　顾海成

编　者　朱小红　徐海青　谷亚昕

　　　　周　伟　吴彩金　李彦兴

　　　　王　松　汪玉祥

特配电子资源

南京大学出版社

前　言

　　化工生产实习是化学工程与工艺专业本科生非常重要的实践教学环节,也是培养学生综合素质和解决工程实际问题的一个重要实践性教学手段,能够使学生了解和掌握专业基本生产技术及生产管理的实际知识,验证和巩固已学过的专业知识,加强理论联系实际,培养学生的劳动观念和在生产实践中调查研究观察和分析问题能力,为今后的工作及后续毕业设计储备工程能力。

　　本书内容包含化工行业中主要的典型生产过程工艺、装置、安全等,如常减压蒸馏、催化裂化、加氢裂化、延迟焦化、蜡油加氢、汽油加氢、S-Zorb、柴油加氢、烷基苯。充分体现化工实践教育的特点,突出实用性和实践性的原则,强化工程观念,有利于学生综合素质的形成和科学思想方法与创新能力的培养。注重知识的实用性、理论联系实践。力求深入浅出,图文并茂,有利于学生对专业知识的理解;力求图文简洁,简明扼要,突出重点,并安排一些思考题,以培养学生的自学能力、分析问题和解决问题的能力。

　　本书由淮阴工学院周素芹、程晓春以及金陵石化股份有限公司顾海成担任主编。本书共十章,其中第一章由吴彩金、第二章由程晓春、第三章由徐海青、第四章由李彦兴、第五章由谷亚昕、第六章由周素芹和汪玉祥、第七章由王松、第八章由朱小红、第九章由周伟、第十章由周素芹编写完成。全书由周素芹统稿。

　　本书在编写中参考了金陵石化股份有限公司的生产资料,得到了该公司及其分厂技术人员的大力支持,在此表示衷心的感谢!

　　本书可作为化学工程与工艺、环境工程等相关专业的生产实习教材。

　　由于编者水平有限,书中不足之处在所难免,恳请使用本书的广大师生提出宝贵意见。

编　者

2019 年 8 月

目　录

绪　论

0.1　化工生产实习的作用

　　化工生产实习是培养学生综合素质和解决工程实际问题的一个重要实践性教学环节。通过生产实习,学生能够获得化学工程的初步生产知识,验证和巩固已学过的专业知识,积累一定的化工实际生产知识,具备劳动观念和组织纪律性,为今后进一步学习专业理论知识及后续毕业设计工作打下一定基础。

0.2　化工生产实习的要求

一、听取报告、讲座

　　针对化工厂的特点,提高实习效果,同时保证实习期间的人身安全,在进入车间前,首先听取工厂技术员的关于安全生产的教育,了解实习车间的工艺流程及主要设备。

　　首先,接受三级安全教育,包括工厂、车间和班组的各自根据具体实际情况的技术和安全教育。

　　其次,由车间技术员介绍生产工艺流程以及各工段的主要设备的内部结构。

二、车间实习

　　由于化工企业所特有的生产连续性和危险性,学生在确定岗位时,首先应熟悉整个车间的工艺流程。在参观中学生边听边提问,决不允许动手。企业技术人员和指导老师结合现场生产实际讲解技术原理和工艺过程,并回答学生提问。车间实习是生产实习的主要方式。学生按照计划对工艺流程、工艺参数、主要设备、过程控制等加以掌握。

三、实习笔记、答疑

　　要求学生每天认真完成实习笔记,引导他们对生产中的一些问题进行分析,查阅资料。利用已学过的知识来解决实际问题。根据实习安排,不断抽查他们笔记。对实习的工段工艺、各项参数以及设备结构中的一些相对集中的问题,请工程技术人员答疑。

0.3　化工生产实习的内容

　　在实习过程中应掌握化工产品的生产工艺流程、主要设备、技术及生产组织和管理情

况,基本内容如下:

(1) 对所实习单位的整体情况有所了解,包括生产规模,产品品种、技术水平,三废处理及经济效益等情况。

(2) 对所实习的车间有比较全面的认识,掌握实习车间的产品生产方法、生产组织管理、生产工艺过程及原理、工艺指标和原料、产品成分、性质,了解设备的结构、材料及应用,看懂设备结构图纸等。

(3) 对流程的组织原则、车间的平面、立面布置、工艺管道安装及车间的水、电、蒸气、燃料消耗、节能措施等有所了解。

(4) 能够发现实习车间生产工艺或设备上的优缺点,提出合理化建议。

(5) 根据情况,可在指导教师指导下,对某些新工艺、新技术进行深入研究,并作为学生科协活动项目。

0.4 化工生产实习的形式

(1) 实习动员、查阅相关资料。

(2) 到企业接受安全教育及相关培训。

(3) 熟悉车间的生产过程与相关设备。

(4) 跟班实习。

(5) 整理资料、完成实习报告、答辩。

第1章 常减压蒸馏装置

1.1 概 述

常减压蒸馏是将原油用蒸馏的方法分割成为不同沸点范围的组分,以适应产品和下游工艺对原料的要求,是炼油厂加工原油的第一个工序,即原油的一次加工。一般来说,原油经常减压加工后,可得到石脑油、喷气燃料、灯用煤油、轻、重柴油和燃料油等产品,某些富含胶质和沥青质的原油,经减压塔深拔后还可直接生产出道路沥青。常减压的另一个主要作用是为下游二次加工或化工过程提供质量较高的原料。

随着炼油化工行业的不断发展,各国常减压蒸馏装置呈现了规模大型化、能量利用高效化、拔出率提高化、生产操作智能化等趋势,技术水平有了较大提高。委内瑞拉的帕拉瓜纳炼油中心为原油加工量最大的炼厂,加工能力达到4 700万吨/年。我国原油加工量较大的炼厂是石化镇海炼厂,其炼油能力为2 300万吨/年。

由于常减压的高能耗,规模大型化的发展,也使热能的高效利用有了更多的提升空间。目前常减压中主要的节能技术可归纳为四类:① 对单个高能耗设备的改进与优化;② 先进计算机控制系统的研究和开发;③ 对蒸馏装置进行换热网络的优化;④ 优化操作条件。

常减压拔出率提高的效果,不仅在本装置上体现出来,更重要的是体现在下游的二次、三次加工产品的调节及整个石化联合企业的效果上。国外的减压渣油实沸点切割的标准设计值为565.6 ℃,国内目前深拔温度略大于565 ℃。

1.2 工艺原理及装置技术特点

1.2.1 工艺原理

1. 原油的组成

世界上生产的每种原油都有其独特的化学组成,目前市场上销售的原油有150多个种类。API度、硫含量和总酸度(TAN)是原油最重要的性质。原油的总酸度是潜在的腐蚀性的量度,TAN仅为0.3的原油也会出现腐蚀问题。

2. 原油加工方案的分类

根据原油性质和产品要求,原油加工方案可分为三种类型:燃料型;燃料-润滑油类型;燃料-化工类型。它们的主要差异在于生产过程中侧线的数目和分馏精度,工艺过程没有本质区别。

目前,炼油行业普遍采用的常减压蒸馏工艺流程为两段汽化流程,即常压蒸馏和减压蒸馏;或三段汽化工艺流程,即在此基础上增加原油初馏操作单元。一般都包含原油的预处理,即原油预热、脱盐脱水,也叫电脱盐。

初馏塔设置的目的:当常减压蒸馏装置需要生产重整原料,而原油中砷含量又较高时,则需要设置初馏塔;在加工含硫、含盐均较高的原油时,对轻质油含量较高的原油,设置初馏塔;若常压装置内未设置电脱盐装置,则增加初馏塔。

3. 常减压蒸馏工艺原理

(1) 原油电脱盐原理

原油需要脱盐,以减少由于盐的换热表面沉积和由于氯化物分解形成的酸而产生结垢和腐蚀。另外,溶于原油乳化水中的无机化合物所含的一些金属,可使催化加工装置的催化剂失活,需要在脱盐过程中把这部分脱除。

电脱盐是通过在原油中注水,使原油中的盐分溶于水中,形成原油与水的乳化液,再通过加注破乳剂,破坏油水界面和油中固体盐颗粒表面的吸附膜,然后借助强弱电场的作用,使水滴感应极化而带电,在高变电场的作用下,带不同电荷的水滴互相吸引,融合成较大水滴,借助油水比重差使油水分层,油中的盐随水一起脱去。因此,脱盐和脱水是同时进行的。

原油的 pH 值、密度和黏度以及每单位体积原油所用的洗涤水的体积等因素均影响分离过程的难易和效率。

(2) 原油蒸馏原理

常、减压塔本质上是复合塔。因为常减压蒸馏产品是复杂混合物,并不要求很高的分离精度,两种产品间需要的塔板数并不多,为了简化流程,节省占地和投资,将这$(n-1)$(n 个产品)个精馏塔合成为常、减压两个复合塔。另外,由于常压塔只有精馏塔而无提馏段,为使产品合格,每一个侧线产品一般还需设一个汽提塔作为提馏段,以保证产品质量。

为了节能以及使全塔的气相负荷变得均衡,则除采用冷回流以控制塔顶温度外,还必须采用循环回流:即自塔的某层塔板抽出一部分液相部分,经换热冷却后重新打入塔内原抽出层上几块板的位置。循环回流取走的热量大小以不影响产品的分离要求为前提。

(3) 化工助剂的作用原理及使用方法

低温缓蚀剂是一种减缓腐蚀作用的物质,多是油溶性成膜型的物质,是一种具有长烷基链和极性基团的有机化合物。缓蚀剂对设备的保护能力受多种因素的影响。其主要因素有:缓蚀剂的化学组成及性质、注入时的浓度和温度、塔顶流体的 pH 值、管线内物流的流速等等。此外,原油性质的不同,注入设备的结构与注入部位是否合理,也对缓蚀剂的效果有所影响。缓蚀剂的注入部位在塔顶馏出线上,不同的缓蚀剂都有最佳 pH 值范围。

破乳剂是一种表面活性剂,原油中加入破乳剂后,改变了原来界面的性质,破坏了原来较为牢固的吸附膜,形成一个较弱的吸附膜,并容易受到破坏。电脱盐破乳剂有水溶性和油溶性两种,主要用非离子型的表面活性剂作破乳剂。破乳剂的用量决定于原油的性质、原油预处理方法以及脱盐的要求和工艺条件。破乳剂的浓度、注入量、注入点、破乳剂与原油的混合等都直接影响着脱盐效果的好坏。

1.3　工艺流程

由于各炼厂原油和产品不同,技术水平不同,常减压蒸馏流程各不相同,但基本原理相差无几,下面介绍国内某常减压工艺。工艺流程见图 1-1。

1.3.1　常压系统

原油自装置外原油罐区来,经原油泵分四路分别进行预热,然后四路合并换热到132.9 ℃进入电脱盐系统。经两级电脱盐(D-101/5、D-101/1.3 及 D-101/2.4)后,再分四路进入原油脱后换热系统,然后四路合并换热到 240 ℃进入初馏塔(C-101)第 4 层塔板。

初顶油气与原油换热后降温至 92 ℃,入初顶回流罐(D-102),一部分冷凝下来的塔顶回流油用初顶回流泵(P-103/1~2)打入初馏塔作回流,其余油气顺次进入初顶空冷器(EC-101/1~8)、初顶后冷器(E-120/1~2)冷凝冷却至 40 ℃进入初顶产品罐(D-103),由初顶产品泵(P-104/1~2)送至轻烃回收系统或送出装置。初顶产品罐分出的不凝气送出装置至管网系统进行处理。初馏塔开设一条侧线,初一线油由第 16 层塔板下用泵(P-105/1~2)抽出后分成两路,一路换热至 148 ℃作为初一中返回(C-101)第 18 层塔板上;另一路送至常压塔(C-102)第 18 层塔板上。初底油经泵(P-102/1~2)进入换热系统。换热至 290 ℃分六路进入常压炉(F-101),在常压炉内初底油被加热至约302 ℃后进入常压塔。

常压塔(C-102)顶油气由塔顶馏出线换热至 75 ℃进入常顶回流罐(D-104/1),部分用泵(P-112/1~2)作为热回流打入常压塔顶,其余冷却至 40 ℃进入常顶回流及产品罐(D-104/2),经泵(P-106/1~2)送出装置(或去 D-401/1~2 精制再出装置)。常顶产品罐分出的不凝气与减顶不凝气一起经过压缩机升压后出装置。常压塔顶循环物流自C-102 上段 54 层板集油箱经升压换热后返回常压塔 56 层作为塔顶回流。回流流量与塔顶温度串级控制。

常压塔共开三条侧线。常一线从第 40 层塔板下经常一线汽提塔(C-103 上段),用常一线泵(P-108/1~2)抽出,经冷却至 40 ℃后出装置去储罐。常二线从第 22 层塔板经常二线汽提塔(C-103)中段,用常二线泵(P-109/1~2)抽出,经冷却后出装置去罐区。另外常二线汽提塔重沸器由(E-116/1~2)两台并联。常三线从第 10 层塔板经常三线汽提塔(C-103)下段,用常三线泵(P-110/1~2)抽出,经换热至 121.1 ℃作为轻柴油热出料出装置或再经过冷却后出装置。

常压塔共设两个回流。塔顶循环从第 54 层塔板用常顶循泵(P-107/1~2)抽出经换热后返回到 56 层。常一中从第 16 层塔板用常一中泵(P-113/1~2)抽出经换热后返回到 18 层。常压重油用泵(P-115/1~2)抽出分八路送至浅减压炉(F-103)加热到372 ℃进入浅减压塔(C-105)。

1.3.2　减压系统

浅减压塔顶真空度 77 kPa,设有蒸汽压力控制调节真空度。浅减压塔顶油气经抽空

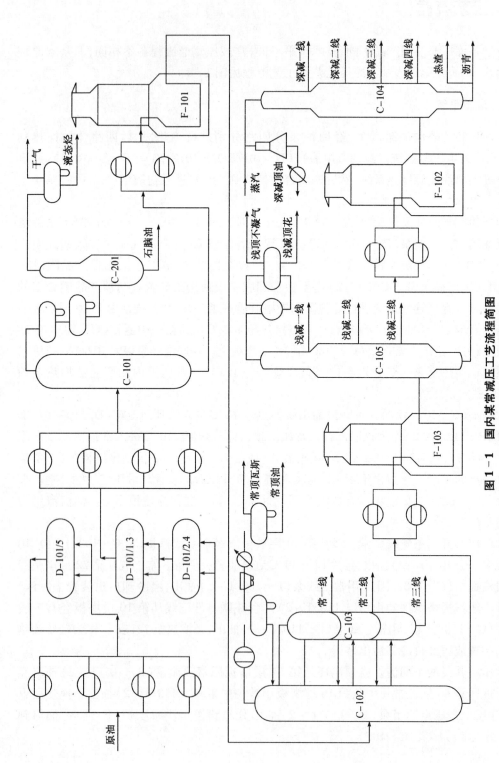

图 1-1 国内某常减压工艺流程简图

C-101 初馏塔;C-102 常压塔;C-103 常压汽提塔;C-104 深减压塔;C-105 浅减压塔;C-201 稳定塔;
D-101 电脱盐罐;F-101 常压炉;F-102 深减炉;F-103 浅减炉

冷凝后,不凝气经浅减压塔顶分水罐(D-160)去燃料气分液罐,分离后的气体作为燃料或经压缩机 K101 升压后出装置脱硫,油相由浅减压塔顶油泵(P-160/1~2)抽出送出装置或返回原油泵(P-101/1~2)入口。浅减压塔顶冷凝水由含硫污水泵(P-165/1~2)抽出送出装置;浅减压塔顶油气进浅减压塔顶预冷器(E-160/1.2)冷却后直接进入水环真空泵入口,经压缩后不凝汽经浅减压塔顶分水罐(D-160)去(D-204)燃料气分液罐作为炉用燃料或压缩机 K101 升压后出装置脱硫,浅减压塔顶油经大气腿进入浅减压塔顶分液罐。

　　浅减压塔设三个侧线。浅减一线由浅减一线泵(P-161/1~2)自浅减压塔第 36 层抽出,经换热后,浅减一线可从 EC-160 前作为热出料出装置,作为冷出料,冷却至 60 ℃再分两路,一路冷至 50 ℃作减顶回流返回减压塔顶部;另一路可以作为冷出料(轻柴油)出装置(可与常三线互转)。浅减二线由浅减二线泵(P-162/1~2)自浅减压塔第 24 层抽出,换热后分两路,一路作为浅减一中回流返回至减压塔第 27 层上部;另一路换热后分两路,一路作为重柴油热出料直接出装置,另一路冷至 70 ℃作为重柴油冷出料送出装置。浅减三线由泵(P-163/1~2)自减压塔 10 层抽出,换热后分成两路,一路作为浅减二中回流(235 ℃)返回至浅减压塔第 12 层塔板上;另一路换热至 130 ℃,然后再分两路,一路作为轻蜡热出料;另一路冷至 90 ℃送出装置。浅减压塔底设有 0.3 MPa,390 ℃的过热蒸汽汽提(汽提蒸汽量 1.0 t/h)。浅减压塔底油经过泵(P-164/1~2)分六路送至加热炉 F-102 加热,对流油转辐射室升温至 410 ℃(总出口)进深减压塔,为防止重油在炉管内生焦裂解,加热炉管注入蒸汽提高管内流速。

　　深减顶绝压设计值为 12 mmHg,相当于真空度为 99.73 kPa。深减顶油气经抽空冷凝后,不凝气燃料气分液罐,然后分两路,一路作加热炉燃料。另一路经过压缩机升压后去火炬系统。冷凝的油和水进入减顶分水罐(D-105),深减顶油由泵(P-116/1~2)抽出送出装置或返回原油泵(P-101/1~3)入口。深减顶冷凝水由含硫污水泵(P-131/1~2)抽出送出装置。

　　深减压塔设四个侧线。深减一线由泵(P-117/1~2)自深减压塔第一层集油箱抽出,经换热至 150 ℃后分两路,一路作为轻蜡热出料出装置,另一路冷却至 90 ℃再分两路,一路冷至 50 ℃作深减顶回流返回减压塔第一段填料上部;另一路直接作为轻蜡冷出料出装置(可与浅减三线合并送出装置)。深减二线由泵(P-118/1~2)自减压塔第二层集油箱抽出,经换热、再经轻烃回收部分,作为稳定塔(C-201)底重沸器(E-202)热源分两路,一路作为减一中回流返回至减压塔第二段填料上部;另一路换热至 130 ℃再分两路,一路作为中蜡热出料出装置(要求与轻蜡、重蜡有连接线),另一路冷至 90 ℃作为冷料送出装置。深减三线由泵(P-119/1~2)自减压塔第三层集油箱抽出分成两路,一路直接送至减压塔第三层集油箱下部作为内回流和洗涤油;另一路经换热再分两路,一路作为减二中回流(252 ℃)返回至减压塔第三段填料上部;另一路换热至 149 ℃后,又分两路,一路作为重蜡热出料;另一路冷至 90 ℃送出装置。深减四线由泵(P-120/1~2)自深减压塔第四层集油箱抽出送至深减压炉(F-102)入口回炼;另一路换热至 150 ℃,再分两路,一路作为热出料出装置;另一路冷却至 90 ℃出装置。深减压渣油由深减底油泵(P-121/1~2)抽出经换热至 160 ℃后分成两路,一路作为热渣送出装置;另一路冷却至 95 ℃送出装置。

1.4 运行操作要点

1.4.1 装置正常开车

1. 开车准备

（1）开车条件　为保证安全、顺利地实现开工成功,必须做到"四不开工"。

（2）人员准备　对所有参加开工人员进行 HSE 培训。

（3）开工检查　① 新鲜水、循环水、软化水、仪表净化风引入装置,各机泵送电。② 机泵的检查:压力表、电流表是否齐全好用,润滑油是否加足;冷却水是否畅通,盘车是否灵活;送电进行空载试验是否良好,倒淋放空是否关闭。③ 加热炉的检查:加热炉已经烘炉完毕。长明灯、瓦斯枪、油枪是否配齐;烟道挡板、蝶阀是否灵活、开关位置是否正确;防爆门是否开启正常。④ 检查电脱盐罐电极的安装情况,空载送电是否良好。这一步应在电脱盐罐封人孔前进行。⑤ 全部设备管线的法兰、垫片、螺栓、丝堵、温度计、压力表、热电偶、阀门、安全阀、过滤器、所有仪表等是否符合工艺要求。⑥ 盲板位置是否正确,是否有遗漏和加错之处。对装置区内的杂物全部清理干净,拔掉临时电源,检查现场照明是否良好,管沟下水井是否畅通,盖板是否整洁。

（4）管线试压、设备试压　管线贯通试压完毕后,进行塔器的试压。可将管线里的蒸汽撒到塔内。节约这部分蒸汽。

初馏塔、常压塔、减压塔连同对应的油气分离罐逐次给汽试压,试验压力一般控制在 0.2 MPa,用塔顶放空控制塔顶压力。安全阀不要投用。减压塔正压试压后,进行抽真空试验,目的是检查抽真空系统是否能够良好地运行。如果发现真空度升不起来,可能有几个原因:

① 由于正压试验已经合格,说明并非是减压塔的泄漏而造成的真空度低。② 大气腿堵。可根据减压罐的界位的变化来判断。③ 放空线堵。可根据减压罐顶的压力是否超过常压来判断。④ 真空泵喷嘴堵。可根据声音进行判断。对于新装置,喷嘴安装不正确也会影响真空度。

（5）水冲洗试压及联合水运　水试压包据原油系统试压、拔头油系统试压、常底油系统及减渣系统试压。由于原油泵和各塔底泵的扬程较高,至少2.0 MPa,而蒸汽最多试到 1.0 MPa,达不到日常操作压力,因此使用塔底泵打水进行试压。同时通过控制水运的正常循环,可考察仪表是否良好。蒸汽吹扫后,将孔板、控制阀和流量计回装,紧好。各塔底泵入口加好过滤网,自原油泵给水,按水运流程将水循环起来。

水运流程:原油泵→初馏塔→拔头油泵→常压炉→常压塔→减压炉→减压塔→减底泵→开工循环线→原油泵。

2. 正常开车

（1）引油　① 所有仪表都达到备用条件,各动力物质供应正常。② 盲板全部处于开工状态,对应法兰全部换垫并把紧,安全阀投用。③ 破乳剂、缓蚀剂、氨水在罐内配好备用。④ 机泵润滑油(脂)备足,封油罐引柴油。⑤ 联系化验作原油分析,密度、含盐量、水分在指标范围内;原油引至原油泵入口。⑥ 初顶罐、常顶罐引好作回流的汽油,也可不引,塔顶冷却系统投运后。随原油温度升高,石脑油会蒸出、冷却到罐内。⑦ 燃料油、燃料气引至装置界区外。也可直接烧原油。⑧ 减渣去油品线暖线完毕。⑨ 加热炉做好点火准备;三顶瓦斯放火炬。⑩ 操作记录、台账、交接班日志等送到操作室。

（2）建立原油循环　原油循环可以分成闭路循环和开路循环两种。闭路循环是指原油自减压塔出去后不送至油品罐区,而是回到原油泵出口或入口。闭路循环的优点是升温迅速;缺点是温度升起来以后,原油再换成冷油后会造成相当大的波动。开路循环是指原油自减压塔直接去油品罐区,和正常生产流程一致,这样可以将水带至原油罐进行脱水,缺点是温升较慢。现在大多数装置都采用开路循环。① 改好原油泵→初馏塔→常压塔→减压塔→原油罐区的流程,电脱盐系统走副线,减渣线走冷却器或冷却槽副线。并组织操作人员、班长、技术人员进行三级流程检查,确保流程正确。倒淋、塔底放空关闭。蒸汽盲板加好。换热器、控制阀组、流量计均走正线。② 联系好调度,原油泵开启,控制好进油速度(不同处理量装置的循环量不同)。原油泵开启后,组织人员沿流程进行认真检查,做到不跑、不串、不憋压。③ 初馏塔底见液位后。启动初底泵向常压塔装油。④ 常压塔底见液位后,启动常底系向减压塔装油。⑤ 减压塔底见液位后,启动减底泵向原油罐区装油。⑥ 原油循环建立后,此时的重点是保持好原油的稳定循环,关键是控制好三塔的塔底液位,不能一会干一会满。可以根据物料平衡来调节进装置的原油量,只有当原油循环稳定后才能进行下一步的点火升温。⑦ 循环过程中,燃料油循环建立。⑧ 各塔底泵切换一次,以便检查机泵的状态并排除泵体内的水分。

（3）升温热紧　原油循环建立后,各塔底液位平稳并自动控制。燃料油循环也已建立。如果从装置外引油或瓦斯,应引至炉前。① 过热蒸汽引至常压炉顶放空;打开炉底消防,吹扫炉膛 15 min 后关闭,烟道挡板开度在 50%。② 两炉点火,如装有长明灯,先将长明灯点着;控制炉出口升温速度为 30 ℃/h。③ 调整烟道挡板及风门。保证两炉燃烧良好,加热炉保持现场盯岗;在温度升至 100 ℃、150 ℃时,分别切换一次各塔底泵。④ 投用所有冷却器。常顶罐有油时或 100 ℃ 以前,开始打回流。⑤ 严格监视塔底泵运行情况,及时处理泵抽空。180～290 ℃ 为脱水阶段,升温要缓慢。⑥ 升温至 250 ℃ 时,恒温进行热紧。热紧的原因是随着温度的升高,设备、管线的材质和螺栓、螺母的材质不同,膨胀系数不同,螺栓把紧程度变化。热紧就是将螺栓重新紧固一遍。⑦ 随着原油温度升高,侧线、回流的换热器注意检查是否已放空,避免憋压。⑧ 此时可打开一级电脱盐罐入口,开始向脱盐罐内装油,罐顶放空应打开。最初时量要控制小些,避免给初馏塔底液位造成波动,当两级脱盐罐全部灌满后,将电脱盐投用,这样可发挥电脱盐的脱水作用,减少水分对后面单元的冲击。⑨ 注意控制好减渣去油品的温度不能超温。减顶开二、三级真空泵。⑩ 由于原油温度已经升高,将各塔底泵封油注入。

（4）常压开侧线　原油升温至 250 ℃,初馏塔、常压塔顶回流已打上,具备开侧线条件;减压已预抽真空。① 热紧完毕,开始快速升温。② 常压炉升至 300 ℃ 以后,视顶温控制情况,从上到下开中段回流。注意开泵前先从泵压力表处放水直至出油为止。③ 中段建好后,开始依次打开一线、二线、三线、四线。注意控制好抽出温度,避免馏出口温度过高,如果控制较好,可以不送污油,直接转至成品线,这个时期最大的问题是侧线、回流泵的抽空问题。所以要求临开时才打开器壁阀,并放水,这样可减少抽空的机会。④ 当过热蒸汽出口温度超过300℃时,将常压塔的塔底吹汽投用,量稍少些。⑤ 由于侧线、中段已开,适当提量,保持好三塔底的液位。

(5) 减压开侧线 至此,常压单元基本正常,只剩调整各点温度,控制产品质量。减压单元已具备开侧线条件。① 减压炉炉温继续升高。② 将常三线补至减顶作回流。视塔顶负荷情况,待减一线集油箱有液位后,开减一线泵,暂不外送只打回流,停常三线补减顶。③ 减二、三线集油箱有油后,依次投用一中、二中。④ 调节各点温度直至正常,减压侧线开始外送。⑤ 减压开侧线最常见的问题也是侧线泵抽空的问题。⑥ 减底温度起来后,将减渣送至焦化车间。

(6) 调整操作 ① 调节各参数至正常工艺指标。原油继续缓慢提量,注意控制好各塔底液位和常压炉、减压炉的分支温度。② 调节常底吹汽量,打开常一线、二线的汽提蒸汽。③ 当电脱盐脱前温度升至120℃以后,电脱盐注破乳剂、注水、送电。检查是否有乳化层的存在。④ 三注投用。如有蒸汽发生器设备,在装置开工正常后再投用。

1.4.2 装置正常停车

1. 停车准备

(1) 停车要求 ① 十不:降量时不出次品、不超温、不超压、不水击损坏设备、不冒油、不串油、不着火、不爆炸、设备管线内不存油和水,不拖时间。② 两个一次:管线吹扫一次合格;容器瓦斯分析一次达到动火条件。

(2) 准备工作 组织学习停工方案,明确停工步骤。明确停工目的及检修动改项目。→拆除所有扫线蒸汽、放空阀及各有关管线上的盲板。→停工前备四桶汽油、四桶柴油,检修中清洗设备用。→准备好停工用具,备好消防器材。→与各有关单位做好联系工作。

2. 正常停车

(1) 停工准备 停工前一天,停电脱盐单元,停工步骤参见下面停工部分。同时停三注,如有发汽,也应提前切出,放空撤水。停燃料油线,扫净。

(2) 原油降量 原油开始以30~40 t/h的速度降量,逐步降到低限。→降量同时调节各塔顶温度、侧线的抽出量以保证产品质量合格,中段回流量同步减小。→初顶、常顶低压瓦斯改至放火炬;塔底吹汽、汽提蒸汽关小。→炉出口温度保持不变,现场逐步减少火嘴,控制好二次风门。

注意事项:加强和外界的联系工作;确保三塔底液位平稳;调节减压渣油外送温度,不能凝线。

(3) 常压塔停侧线 处理好污油线,常一线、二线、三线关闭馏出口控制阀,产品改走污油线或送加氢原料罐(产品轻对加氢精制没有影响)。→控制瓦斯量,常压炉以30~40℃的速度降温。待炉出口温度降至320℃以下时,塔底吹汽、汽提蒸汽关闭。→逐步停常二中、常一中、常顶循环泵,侧线汽提塔抽干后停泵。停中段时,要以顶回流能够控制塔顶温度为准。→常压炉出口温度降至250℃以下灭火,保留几个长明灯以利于吹扫炉管。→初馏塔如有侧线,当初馏塔进料温度低于200℃时停侧线抽出,塔顶回流继续保留。→待初馏塔、常压塔顶温降至80℃以下时停止打回流,塔顶罐中的油全部外送掉。

注意事项:停顶回流要以不打回流,顶温也不再回升为准,否则回流继续打。

（4）减压塔停侧线　控制瓦斯量,减压炉以 30～40 ℃/h 的速度降温。→停增压器和二级真空泵,三级继续保留。→待减三线集油箱液位逐渐下降后,减二中控制阀手动全关,液位干后停减三泵。→同样处理减二线。→减顶回流一定要确保,防止减压塔温度太高。停顶回流的条件同常顶条件一致。→减压炉出口温度降至 300 ℃ 以下灭火,保留几个长明灯以利于吹扫炉管。

（5）停原油泵　代表常减压已经停工。减压侧线停完后,停原油泵。→待放净初馏塔底液体后,停初底泵,依次类推停常底泵、减底系。→注意控制减渣外送温度不要过低,以免凝线。

3. 扫线,水洗,蒸塔

（1）扫线　扫线步骤是先重质油品、易凝油品,后轻质油品、不易凝油品。先将原油扫至初馏塔,用初底泵将新积攒的原油送至常压塔,初馏塔底给汽扫线至常压塔,此时两炉应保持几个长明灯,目的是让保持炉膛内有一定的温度,加快扫线速度。再用常底泵将存油扫至减压塔,常底给汽扫线至减压塔,此时减压塔的三级真空泵应是运行状态,目的是让减压塔内保持一定的真空度,扫线会很迅速。扫石脑油线时应先用新鲜水顶线,原因是如果直接用蒸汽扫石脑油线,200 ℃ 的蒸汽会把石脑油加热成蒸汽,很容易在管线内摩擦产生静电,还会造成接油罐内外遍布石脑油油气,带来非常严重的事故隐患。

（2）蒸塔　注意事项:① 蒸塔前将所有器壁阀(除塔底蒸汽阀门外)关闭。蒸塔时连同汽提塔一并蒸,侧线馏出控制阀手动全开,汽提塔底抽出阀关闭,汽提蒸汽给上。② 打开各塔底放空(包括汽提塔)。注意控制好放空开度,避免蒸汽大量外泄。③ 蒸塔顶油气大管时,塔顶冷却器放水、空冷停风机,换热器走副线,连同塔顶罐一并蒸出,在塔顶罐上放空。要提醒的是塔顶冷却器和空冷一般都刷有防腐涂料,不能长时间走高温蒸汽。过一段时间后,打开塔顶放空。

（3）水洗,煮塔

水洗、煮塔的目的是通过热水冲洗,进一步清除塔内和换热器残存的粘油、重油,便于检修,还可洗掉炉管内壁所结的盐垢。水洗后放净存水。如若需进行减压炉炉管烧焦,灭掉常炉长明灯,减炉长明灯继续保留。由于在减压塔的填料中有硫化亚铁,为避免打开人孔后发生硫化亚铁自燃事故(70 ℃),烧坏蒸馏塔,水洗后可请专业处理公司对硫化亚铁进行氧化冲洗处理。

1.4.3　紧急停车

1. 紧急停工的目的、条件

在装置生产过程中,当遇到突发的重大事故时,为了迅速控制事态,避免事故的扩大和蔓延,保护人身、设备的安全,最大限度地减少损失,迅速恢复生产,即应果断地采取紧急停工手段,这些突发的重大事故,可以归纳为以下几类:① 本装置内发生重大着火、爆炸事故。② 加热炉管严重烧穿、漏油着火。③ 蒸馏塔或转油线等主要设备严重漏油着火。④ 主要机泵如:原油泵、塔底泵等严重故障无法运行或泄漏着火。⑤ 公用系统,如电、风等长时间中断。⑥ 重大自然灾害如地震、飓风等。⑦ 外装置发生重大事故,严重危害本装置安全。

2. 紧急停工操作要点

① 及时汇报调度,通知消防队掩护或灭火。② 加热炉迅速熄火,各塔顶瓦斯放火炬或放大气。③ 切断原油进料,停掉所有机泵(原油泵、塔底泵、侧线泵、回流泵、燃油泵、引风机等)。④ 关闭所有汽提蒸汽,过热蒸汽改放空。⑤ 减压塔破坏真空,恢复常压,在停真空泵而未恢复常压前,要关闭减顶瓦斯去炉子或放大气手阀,严防空气倒串入塔,发生燃烧或爆炸。⑥ 设备内给蒸汽掩护(微正压),其存油迅速移走、退净。⑦ 迅速切除与事故相关的管线、设备,并对事故环境中的管线、设备进行撤压,给蒸汽掩护,给水降温或组织消防队灭火等,严防设备管线受热膨胀爆裂,漏油着火,扩大事故。⑧ 在紧急停工过程中严防超温、超压、超液面等二次事故发生;根据停工时间的长短,决定重质油品是否需要退油扫线。⑨ 为尽快恢复生产,可将侧线抽出控制阀手动全关,避免由于侧线产品过重,颜色变深而将产品转入污油线。同时必须保持塔顶冷回流的正常循环,以控制好顶温。⑩ 未尽事宜均按正常停工处理。

1.4.4 事故处理

常见公用工程事故处理包括停水、停电、停汽、停净化风等。

1. 停水

停新鲜水 常减压除了开、停工期间,基本不使用新鲜水,停水对正常生产没有影响。如果没有新鲜水和循环水互串的流程,可以投用循环水。

停循环水 事故现象:机泵没有冷却水,轴承温度高;顶回流温度无法控制,顶温大幅升高,分馏塔失去平衡;产品无法冷却,出装置不安全,易引起火灾、爆炸、冷却器水击等;真空度大幅下降。处理原则:关减顶罐放空(或去炉阀),停真空泵;加大机泵封油量,降低轴承温度;原油降量,减少产品产量。空冷风机开足,努力降低顶温;联系调度,确认停水原因和时间。如果短时间恢复不了,按紧急停工处理(见1.4.3),或加热炉灭火,原油开路循环。

停软化水 如果使用软化水作为电脱盐注水,可暂停注水。

停除氧水 如有发汽装置,将热源切出,蒸汽出口关闭,保护汽包不要干烧。

2. 停电

处理原则:保证炉管不超温。

一般装置都是两路供电,如果只停一路,马上启动备用泵,顺序按先塔底泵后回流泵再侧线泵。加热炉的鼓风机、引风机一般没有备用泵,如果鼓风机停,立即改成自然通风,如果引风机停,应打开烟道挡板,保持负压。如果两路电全停:a. 迅速切断燃料,两炉保留几个长明灯,炉管注汽以保护炉管。建议将每个燃烧器的燃料阀门改装成快开球阀。b. 停侧线汽提蒸汽,塔底吹汽关至过量即可,以免过热蒸汽管在对流室超温。c. 视蒸汽压力减小的速度,决定是否关减顶罐放空,破坏真空度。d. 关各泵的出口阀,静待来电。e. 如果长时间停电,按紧急停工处理。

3. 停汽

迅速关闭减顶罐放空,并关闭抽真空蒸汽阀。关闭塔底与侧线吹汽。降温降量,调节各个参数防止超温、超压。维持到来汽后,再逐级投用真空泵及放空,调节到正常。停燃料油火嘴,改烧瓦斯。若确认长时间不会来汽,则按紧急停工处理。

4. 停净化风

调节阀的作用方式有两种:风开阀、风关阀。风开阀是指正常状态下,阀门开度和风压大小成正比,风压最大时阀门全开,停风时阀门自动全关。风关阀正相反,正常状态下,阀门开度和风压大小成反比,风压最大时阀门全关,停风时阀门自动全开。风开、风关的设定是从安全方面考虑的。原油流量控制阀、各塔底液位控制阀为保证停风,流量中断,炉管会被干烧,所以设为风关阀;中段回流控制阀也设定为风关阀,保证不会因热量未被取出,精馏段的气相超负荷而发生冲塔事故;产品外送控制阀都是设定成风开阀;燃料气阀门也设定为风开阀,目的是停风后切断瓦斯,以免大量燃料气突然进入炉膛,造成闪爆。针对两种阀门反应,应采取不同措施:停风后,对于风关阀,通过控制上游阀,使流量或液位保持原来的水平;对于风开阀,使用控制阀副线进行控制。加强与内操的联系,努力控制好物料平衡。长时间停风:因控制阀失灵,而且手动调节器较乱且调节速度太慢,易出事故,因此一般停风时间过长,则按紧急停工处理。

5. 燃料油中断

可能原因:减底泵抽空;燃料油循环量小、凝线;过滤器堵;仪表故障。处理原则:迅速切换成燃料气;火嘴扫线,防止燃料油凝死。开启燃料油线的伴热线;检查中断原因,打开过滤器、控制阀的副线,使油能够循环起来。如果某一分支发生燃料油中断,检查限量点,减少别的分支的循环量,提高该分支的压力。

1.5　装置主要设备

常减压主要设备有如下几种:

罐:原油储罐、电脱盐罐、各塔顶回流罐、各种产品储罐、各种试剂储罐。电脱盐罐设备示意图见图 1-2。

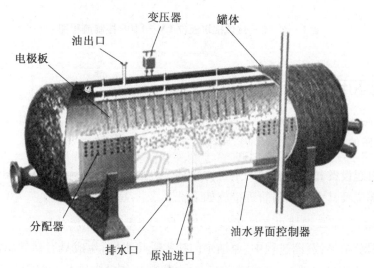

图 1-2　电脱盐罐结构(交直流)

塔设备:包括初馏塔、常压塔、汽提塔、浅减压塔、深减压塔(填料塔)。

管式加热炉:常压炉(圆筒型加热炉)、浅减压炉(立管立式炉)、深减压炉(立管立式炉)。

换热设备:卧式浮头换热器、空冷器。

输送设备:离心泵、旋涡泵、往复泵、齿轮泵、螺杆压缩机、风机。

抽真空系统设备。

1.6 工艺过程控制

常见控制参数主要包括流量、温度、压力,液(界)位控制;控制仪表分为气动控制仪表和电动控制仪表;控制方案包括单回路控制、分程控制、串级控制、比例控制等。本过程主要为单回路控制:图1-3为常一线汽提塔液位 LV-1106 控制流程图。操作员站采用 DCS 控制系统。

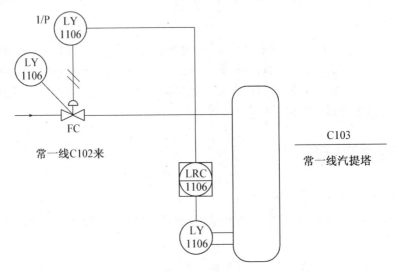

图1-3 常一线汽提塔液位 LV-1106 控制流程图

1.7 安全和环境保护

1.7.1 常减压的设备防腐

原油中引起设备和管线腐蚀的主要物质是无机盐类及各种硫化物和有机酸等。常减压设备腐蚀部位及其安全预防管理措施如下:

1. 初馏塔顶、常压塔顶以及塔顶油气馏出线上冷凝冷却系统的防腐

腐蚀原因及结果:蒸馏过程中,原油中的盐类受热水解,生成具有强烈腐蚀性的 HCl,HCl 与 H_2S 在蒸馏过程中随原油的轻馏分和水分一起挥发和冷凝,在塔顶部和冷凝系统易形成低温 $HCl-H_2S-H_2O$ 型腐蚀介质。

防腐预防管理措施有：在电脱盐罐注脱盐剂、注水、注破乳剂，并加强电脱盐罐脱水，尽可能降低原油含盐量。在常压塔顶、初馏塔顶、减压塔顶挥发线注氨、注水、注缓蚀剂，这能有效抑制轻油低温部位的 $HCl-H_2S-H_2O$ 型腐蚀。

2. 常压塔和减压塔的进料及常压炉出口、减压炉转油线等高温部位的腐蚀

腐蚀原因及结果：硫化物在无水的情况下，温度大于 240 ℃时开始分解，生成硫化氢形成高温 $S-H_2S-RSH$ 型腐蚀介质，随着温度升高，腐蚀加重。当温度大于 350 ℃时，H_2S 开始分解为 H_2 和活性很高的硫，在设备表面与铁反应生成 FeS 保护膜，但当 HCl 或环烷酸存在时，保护膜被破坏，又强化了硫化物的腐蚀，当温度达到 425 ℃时，高温硫对设备腐蚀最快。

防腐预防管理措施有：为减少设备高温部位的硫化物和环烷酸的腐蚀，要采用耐腐蚀合金材料。

3. 常压柴油馏分侧线和减压塔润滑油馏分侧线以及侧线弯头处；常压炉出口附近的炉管、转油线，常压塔的进料线等部位的腐蚀

腐蚀原因及结果：220 ℃以上时，原油中的环烷酸的腐蚀性随着温度的升高而加强，到 270～280 ℃时腐蚀性最强，温度升高，环烷酸汽化增加。汽相速度增加，腐蚀加剧。温度升至 425 ℃时，环烷酸完全汽化，不产生高温腐蚀。防腐预防管理措施有：为减少设备高温部位的硫化物和环烷酸的腐蚀，要采用耐蚀合金材料。

1.7.2　常减压的主要污染及控制

1. 废气

常减压的废气主要包括以下几种来源：

加热炉烟气：其中有害物质有 SO_2，NO_2，CO，H_2S，烟尘。

不凝气：安全阀放空，采样，吹扫放空产生的轻烃；系统泄漏的轻烃；含油污水井挥发出的轻烃。

处理方法：加热炉烟气经过脱硫、脱氮后排放，污染物排放符合《大气污染物综合排放标准》；塔顶产生的气体经压缩机加压后去脱硫装置；开停工及不正常操作时的可燃气体，均密闭送往火炬系统处理。

2. 废水

常减压的废水主要包括以下几种来源：电脱盐罐的切水：属于含油污水；塔顶切水：属于含硫污水，包括塔底吹汽、汽提蒸汽、抽真空蒸汽、机泵冷却水；其他临时用水：如冷却器反冲洗水、地面冲洗水、机泵冲洗水等。

这些废水中主要含油、硫化物、挥发酚、氨、盐等有害物质，它们对土壤、植物和鱼类造成极大伤害。污水排放常用几种指标：COD、BOD、pH 值等。

处理方法：按照清污分流，污污分流的原则对装置排水进行分类处理：含硫污水用管线密闭送至污水汽提装置处理；含盐污水密闭送至污水处理场含盐污水系统处理，合格后排放；含油污水送到污水处理场含油污水系统处理，合格后排放。

3. 噪声

主要来源：流体振动产生的噪声；机械噪声，即各种运转设备所产生的噪声；电磁噪

声:指由电机、脱盐变压器等因磁场作用引起振动所产生的噪声。

处理方法:安置屏蔽附件进行降噪处理。

4. 其他环境危害

碳氢化合物:其中的甲烷、乙烷等气体;汽油的危害;氨气;电流伤害;硫化氢中毒。

处理办法:严格遵守操作规程,防止危险物泄露。设置报警检测仪表,增强巡检,及时发现泄露点并采取相应正确方法处理。

1.8 思考题

1.8.1 根据原油的不同特点和不同产品要求,有什么不同的加工流程? 常减压塔的侧线数是怎么确定的?

1.8.2 影响常减压能耗有哪些客观因素? 节能主要从哪几方面着手?

1.8.3 原油中含盐、含水、含硫等杂质对原油加工有什么危害? 各自有哪些处理方法?

1.8.4 精馏塔的操作中应掌握哪三个平衡? 减压塔顶回流,中段回流和侧线产品质量如何控制?

1.8.5 减压塔真空度如何控制? 如何判断减压系统有泄漏?

1.8.6 离心泵开停车,切换泵的操作步骤是什么? 为什么?

1.8.7 新建和大修的炉子为什么要烘炉? 如何烘炉?

1.8.8 在什么状况下装置需紧急停工? 紧急停工的主要处理原则是什么?

参考文献

[1] J. H. Gary G. E. Handwerk M. J. Kaiser 著. 孙丽丽等译. 石油炼制技术与经济(第五版). 中国石化出版社,2013.

[2] 杨启明,马廷霞,王维斌编著. 石油化工设备安全管理. 化学工业出版社,2008.

第2章 催化裂化装置

2.1 概 述

流化催化裂化作为石油加工中最重要的重质油轻质化工艺过程之一,是生产交通运输燃料和低碳烯烃的主要工艺。流化催化裂化原料适应性强,轻质油产品收率高,技术成熟,是目前炼油企业利润的主要来源。在世界范围,其总加工能力已列各种重油轻质化工艺之首,超过了加氢裂化、焦化和减粘裂化之和。

催化裂化于1936年在美国实现工业化,至今已有80多年的历史。起初是采用固定床工艺,反应和再生过程在同一设备中交替进行,属于间歇式操作。为了简化工艺,提高生产能力,随后出现了移动床工艺。第一套流化催化裂化装置于1942年在美国建成投产,流化床工艺的开发迅速淘汰了固定床和移动床工艺,而成为一项重要的炼油工艺。催化剂的发展对催化裂化技术的不断提高起着极大的推动作用,为了充分发挥分子筛催化剂高活性的特点,流化床工业装置采用提升管反应器,以高温短接触时间的活塞流反应代替原来的床层反应,克服了返混的特点,使生产能力大幅度提高,产品质量和收率得到显著改善。

我国于1958年建成第一套移动床催化裂化装置。1980年后,为了推进重油催化裂化的技术进步,提高企业的经济效益,中石化总公司引进了美国Stone and Webster公司渣油流化催化裂化技术(RFCC)五套,其中武汉石化总厂与镇海炼化公司应用在老装置改造上,中石化广州分公司、长岭分公司和金陵分公司则为新建装置。经过对该技术消化、吸收和改进,我国现已形成了一整套的渣油流化催化裂化技术的研究、开发设计、建设施工和生产运行体系,并走在世界重油加工技术前列,形成了以科研院所为主、高等院校为辅的研究开发体系,以中国石化工程公司、洛阳石化工程公司两大设计单位为主的工程设计体系。同时,随着我国装备制造业的发展,装置的大型化也有了长足的进步。

从分子筛催化剂的出现和全提升管流化催化裂化工艺地位的确立,半个世纪以来,催化裂化工艺在世界各大石油公司的努力下出现了各具特色的工业装置。从石油化工产业链看,催化裂化装置作为炼油企业的核心工艺装置,仍然是目前最重要的实现重油轻质化工艺过程的装置。催化裂化作为主要的石油二次加工手段,用于生产汽油、柴油、液化气、丙烯等石油化工产品。随着催化裂化技术的不断发展,可以预见,在炼油/化工一体化过程中催化裂化仍将起着重要的作用。

2.2 工艺原理及装置技术特点

2.2.1 装置基本组成及工艺原理

催化裂化装置主要由反应-再生、分馏、吸收稳定系统组成,还包括产品精制、能量回收等单元。

1. 反应-再生系统

反应-再生系统是催化裂化装置的核心,是一个典型的广义循环流态化系统,其任务是使原料油通过反应器在一定温度、压力条件下与催化剂接触反应生成目的产物。这些复杂的反应产物以高温气体的形式通过高线速的大油气管线送至分馏系统分离处理。反应过程中生成的焦炭沉积在催化剂上,这些待生催化剂不断进入再生器,用空气中的氧烧去焦炭,使催化剂得到再生。烧焦放出的热量,被再生后的催化剂输送至反应器或提升管,供反应时耗用,过剩的热量通过取热设备回收。反应-再生系统就其布置形式而言,主要形式有高低并列式、同轴式等;按催化剂再生方式而言,有常规再生、两段再生、旋转床再生和快速床烧焦罐再生等。

2. 分馏系统

催化裂化分馏过程主要是根据气液平衡原理,把反应来的油气混合物按照沸点范围的不同,将其切割成富气、汽油、轻柴油、回炼油和油浆等馏分的一种物理分离过程。分馏系统的主要任务是把反应器(沉降器)顶来的反应产物高温油气混合物通过分馏塔进行分离,并保证侧线馏分产品质量符合控制指标。分馏系统主要由分馏塔、柴油汽提塔、原料油缓冲罐、回炼油罐以及产品和各循环回流的热回收系统,即换热系统所组成。

3. 吸收稳定系统

催化裂化吸收解吸均属于物理过程。催化裂化吸收是在吸收塔中用粗汽油及稳定汽油作为吸收剂,吸收富气中的气态烃的过程;催化裂化解吸过程是在解吸塔中将凝缩油及吸收过度的饱和汽油中 C_2 解吸出来,由于相平衡关系势必有一定量的 C_3、C_4 也被同时解吸出来,因此,解吸气被送到气液分离罐,再进入吸收塔回收;稳定塔是典型的油品精馏塔,是在一定压力下多组分的精馏过程,可分离液化石油气和稳定汽油。

吸收稳定系统的任务是把压缩富气分离成干气、液化石油气,并回收压缩富气中的汽油组分,将粗汽油进一步处理成蒸气压、腐蚀合格的稳定汽油。吸收稳定系统包括富气压缩机、吸收脱吸塔、再吸收塔、稳定塔和相应的冷换设备。

2.2.2 催化裂化反应

1. 催化裂化反应历程及特点

催化裂化反应是在催化剂表面上进行的,尽管原料与催化剂接触时间很短,但反应过程中既有一次反应,又有二次反应。原料进入反应器后先吸热汽化形成气体,然后经过七个步骤才变成产品离开催化剂。不过这些步骤进行得很快。第 1 步,气体状态原料分子从主气流中扩散到催化剂表面;第 2 步,原料分子沿催化剂孔道向催化剂内部扩散;第 3

步,靠近催化剂表面的原料分子被催化剂活性中心吸附,原料分子变得活泼,某些化合键开始松动;第 4 步,被吸附的原料分子在催化剂表面进行化学反应;第 5 步,反应物从催化剂表面上脱附下来;第 6 步,反应物沿催化剂孔道向外进行扩散;第 7 步,反应物扩散到主气流中去。

从催化裂化反应过程来看,原料分子首先是被催化剂活性中心吸附,才能进行化学反应,因此,决定原料中各种类烃分子反应结果的因素不仅与反应速度有关,吸附能力是更为关键性的因素。碳原子数相同的烃类分子,被吸附的难易程度为:稠环芳烃 > 稠环环烷烃 > 烯烃 > 单烷基侧链的单环芳烃 > 环烷烃 > 烷烃。在同一族烃中,大分子吸附能力比小分子强。如果按化学反应速度的高低顺序排列,大致情况如下:烯烃 > 大分子单烷基侧链的单环芳烃 > 异构烷烃及环烷烃 > 小分子单烷基侧链的单环芳烃 > 正构烷烃 > 稠环芳烃。

2. 催化裂化过程的反应种类

(1)裂化反应 催化裂化过程的主要反应是裂化反应,催化裂化这一名称也就由此而得,它的反应速度比较快。裂化反应主要是 C—C 键的断裂。同类烃相对分子质量越大,反应速度越快,一般情况下,烯烃比烷烃更易裂化。环烷烃裂化时,既能脱掉侧链,也能开环生成烯烃。芳烃环很稳定,如苯、萘就难以反应。单环芳烃不能脱甲基,只有三个碳以上的侧链才容易脱掉。稠环芳烃能脱掉部分甲基,与热裂化反应不同的是芳烃的侧链断裂都发生在与苯环相连接部位,整个侧链脱掉,叫作脱烷基。侧链越长,取代深度越深,反应速度就越快。

(2)异构化反应 异构化反应是催化裂化的重要反应,它是在相对分子质量大小不变的情况下,烃类分子发生结构和空间位置的变化。烷烃及环烷烃在催化剂上有少量的异构化反应;烯烃异构化有双键转移及链的异构化;芳烃异构是在侧链的空间位置异构化。由于异构化反应,使催化裂化产品含有较多的异构烃,这能提高汽油的辛烷值。

(3)烷基转移 烷基转移主要指一个芳环上的烷基取代基转移到另一个芳烃分子上去。

(4)歧化 歧化反应与烷基转移密切相关,在有些情况下歧化反应为烷基转移的逆反应。低分子烯烃也可进行歧化反应。

(5)氢转移 主要发生在有烯烃参与的反应,氢转移的结果是生成富氢的饱和烃。烯烃作为反应物的典型氢转移反应有烯烃与环烷、烯烃之间、环烷之间及烯烃与焦炭前身物的反应。

(6)环化 烯烃通过连续的脱氢反应,环化生成芳烃。

(7)缩合 有新的 C—C 键生成的相对分子质量增加的反应,主要在烯烃与烯烃、烯烃与芳烃及芳烃与芳烃之间进行。

(8)叠合和烷基化 烯烃叠合是缩合反应的一种特殊情况。烷基化与叠合反应一样,都是裂化反应的逆反应。烷基化是烷烃与烯烃之间的反应,芳烃与烯烃之间也可以发生。

2.2.3 原料和产品

1. 原料油的来源

催化裂化原料的来源很广,这也是催化裂化工艺生命力旺盛的原因之一。不仅包括原油蒸馏分离出来的直馏馏分油、常压渣油和减压渣油,还包括二次加工的馏分油,如焦化蜡油、脱沥青油、溶剂脱蜡蜡膏、蜡下油和抽提油。随着催化裂化技术的不断发展,除早已成熟的馏分油催化裂化技术之外,还开发出了一系列的重油催化裂化技术。目前,经过长达数十年的发展,国内已成功地设计投产了几十套以高残炭和高重金属含量的原料为进料的重油催化裂化装置,使催化裂化装置的原料范围进一步扩大。

2. 产品及性质

(1) 干气　催化裂化干气主要含有包括从 $C_1 \sim C_4$ 的 10 多种烃类,如甲烷、乙烷、乙烯,还含有少量的丙烷和丙烯、正丁烷和异丁烷、正丁烯和异丁烯等,一般要求干气中 C_3 及 C_3 以上的组分不大于 3.0%(体积)。

(2) 液化石油气　液态烃中以 C_3、C_4 烃类为主,C_2 及以轻组分不大于 2%(体积),C_5 及以重组分一般不大于 3%(体积)。其中,C_3 包括丙烷和丙烯,C_4 包括正丁烷和异丁烷、正丁烯和异丁烯。其中的正丁烯又分为 1-丁烯和 2-丁烯,2-丁烯根据结构上的差异又有顺丁烯和反丁烯之分。液态烃中最有价值的丙烯和丁烯含量分别约为 30%~40%(体积)和 20%~30%(体积),是优质的化工原料。

(3) 汽油　催化裂化汽油是车用汽油的主要组分。车用汽油最重要的使用指标是其辛烷值,一般用研究法辛烷值(RON)或马达法辛烷值(MON)来表示。催化裂化汽油的 RON 和 MON 一般分别大于 90 和 80。从国内汽油的族组成来看,正构烷烃($C_6 \sim C_{12}$)约占 5%,其 MON 低于 60;异构烷烃约占 18%~25%,其 MON 大于 70。异构烯烃约 30%,其中大部分 MON 大于 80。芳烃含量 15%~25%,其 MON 大于 90,环烷烃占 10%。

(4) 轻柴油　由于柴油发动机较汽油发动机热效率高、燃料单耗低、功率大,且相对经济,其应用日趋增加。尤其是在我国,催化裂化装置作为一个主要燃料柴油的生产装置,其柴汽比也逐渐提高至接近 0.8 左右。增产柴油的催化剂和派生工艺也应运而生,通过这些措施个别装置的柴汽比甚至超过了 1.0。柴油的一个主要指标是十六烷值,柴油的十六烷值高,其相应的抗爆性能好。催化裂化柴油的十六烷值一般约为 25~40。

(5) 油浆　分馏塔底油浆是催化裂化装置的副产物,尤其是对于重油催化裂化装置,为了降低装置的生焦率和提高装置的处理能力,根据装置的具体情况外甩 3%~10% 的油浆。外甩油浆经过沉降和过滤分离,除去催化剂细粉,可以作为重质燃料油的调和组分和焦化装置的原料,或者作为芳烃抽提装置的原料生产重质芳烃,其抽余油可作为催化原料。

2.2.4　催化裂化技术特点

1. 原料

重油催化裂化以常压重油或减压渣油与减压蜡油的混合物为原料油。重油催化裂化与常规的蜡油催化裂化相比,原料油中含更多的胶质、沥青质、金属化合物和硫、氮、氧化合物,残炭值也增加了许多,特别是族组成有很大的变化。由于原料的馏程变重,其汽化能力和裂解能力均大大下降。原料中的金属化合物和硫、氮、氧等非烃物质对催化剂的选择性,装置产品分布和质量及热平衡都带来了严重影响。因此,对重油催化裂化来说,解决好原料族组成的变化、高残炭值和金属含量大对催化裂化过程的影响并采取相应措施,才能确保装置安全长周期平稳生产。

2. 催化剂

催化裂化装置使用超稳 Y 型分子筛催化剂,这是国外 20 世纪 80 年代大量应用的新一代裂化催化剂。此种催化剂所含分子筛的硅铝比高,晶胞常数小,活性中心之间的距离较大,在催化裂化反应中能较好地抑制氢转移反应,因而所得裂化汽油含烯烃较多,辛烷值高。同时由于其焦炭产率低,裂化反应热较大,也被用于重油(渣油)催化裂化过程。由于构成渣油的烃类几乎都是不能进入分子筛孔内的大分子,渣油进行催化裂化时必须要进行预裂化,使渣油裂化到能进入分子筛细孔内的程度。此项任务主要是由催化剂载体承担。因此,在渣油催化裂化中,载体不只是对分子筛起承载作用,它的酸性和细孔构造、孔径分布都是很重要的影响因素。

3. S-VQS 旋流快分

S-VQS 系统是由石油大学开发的一种高效的催化剂、油气分离技术,已在多个厂家应用。包括:三臂旋流快分头、直连管、外部封闭罩、预汽提挡板。VQS 出口相当于一个粗旋风分离器,在出口产生必要的离心作用,使沿快分出口切线方向流出的催化剂、油气的混合物流在涡流室内侧呈螺旋状旋转流动,较重的催化剂颗粒被抛向涡流室内壁,遭到碰撞后失去动量,其运动轨迹不同于反应油气而急速转向向下落到床层,反应油气在预汽提蒸汽的推动力作用下快速通过涡流室并经涡流室顶部的软连接直接进入主旋风分离器入口。S-VQS 系统有效缩小了反应油气的空间,可缓解沉降器结焦;由于快分效率提高,减轻了旋分器的负荷。

4. 外取热器

气控式外取热器是洛阳石化工程公司设备研究所的技术。该型外取热器结构简单,调节方便,可通过调节风量控制取热负荷,达到控制再生器温度的目的。气控外取热器与再生器只有一个接口,再生器内热催化剂由此进入取热器,与传热管换热,热催化剂被冷却。外取热器采用串联式操作,在热催化剂供剂斜管部分,对热催化剂强制循环,使一部分催化剂输送返回再生器;在取热器的主换热区不设催化剂循环回路,采用无循环方式;在外取热壳体内侧上部设有催化剂导流管,以提高壳体内催化剂的温度,调节流化风可实现取热器与再生器间的冷热催化剂换热,达到控制再生器温度的目的。

2.3　工艺流程

2.3.1　反应-再生系统

反应-再生系统的工艺流程主要包括进料预热部分、反应部分、再生部分、催化剂的输送部分、主风和再生烟气部分及其他辅助部分。混合原料油经过原料泵加压后通过原料喷嘴,在雾化蒸汽的作用下形成细小油滴进入提升管反应器,与再生好的高温、高活性低碳再生催化剂接触汽化,发生化学反应生成油气和焦炭,焦炭吸附在催化剂表面。油气和催化剂通过提升管出口快速分离系统,使油气和催化剂分离。分离后的油气经沉降器顶部旋风分离器,进一步将油气中携带的催化剂分离出来。反应油气由旋风分离器的升气管进入集气室,通过油气管线进入分馏单元进行组分分割。经过旋风分离器分离后的催化剂(称待生催化剂)从旋风分离器料退下来,进入沉降器底部汽提段,在汽提蒸汽的作用下,将待生催化剂携带的油气置换出来。汽提后待生催化剂进入再生器,在高温含氧条件下,将吸附在催化剂表面的焦炭烧掉。恢复催化剂的活性,再生后的催化剂重新进入提升管参加反应。

反应-再生系统中反应器和再生器有不同形式和不同组合,按照反应器和再生器两器布置的空间位置不同,催化裂化装置可分为同轴式和并列式两种形式。反应部分按照提升管反应器的构型有直提升管、折叠提升管、两段提升管等形式。再生部分按照再生器的构型和再生段数等可分为单段逆流再生、烧焦罐高效再生、两段逆流再生、两器再生、组合式再生等再生工艺形式。尽管反应-再生系统的工艺形式很多,不同企业的催化裂化装置也可能采用不同的反应-再生形式,但它们的工艺原理都是相同的。

图2-1为同轴单段逆流再生流程示意图。同轴式单段逆流再生是两器同轴式催化裂化再生形式的改进,采用湍流床单段再生,仅在待生立管出口增加了一个分配待生催化剂的套筒。待生催化剂经待生立管、待生塞阀进入再生器内的 个套筒中,用少量的主风,使催化剂在流动状态下进入再生器密相床层底部。

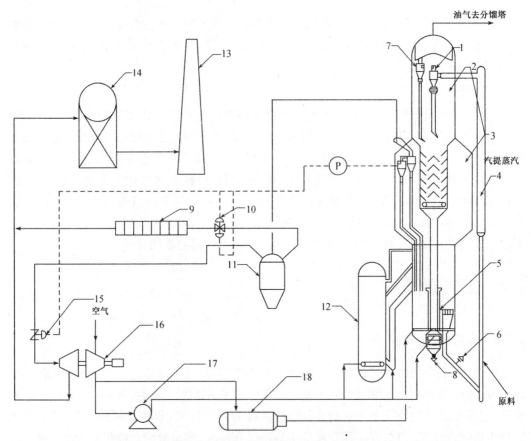

图2-1 同轴单段逆流再生流程示意图

1—粗旋;2—沉降器;3—再生器;4—外提升管;5—待生套管;6—再生滑阀;7—沉降器顶旋;8—待生塞阀;9—降压孔板;10—双动滑阀;11—三级旋风分离器;12—气控式外取热器;13—烟囱;14—余热炉;15—烟气轮机人口蝶阀;16—主风机组;17—增压机;18—辅助燃烧室

图2-2为并列式两段再生流程示意图。两再生器并列式催化裂化是沉降器与一再布置类似于高低并列式,待生催化剂经待生滑阀至一再,一再为湍流床,由底部进入主风,在贫氧条件下烧焦再生。一、二再采用并列式布置,通过立管、M形提升管用增压风将半再生催化剂从一再输送到二再底部,用滑阀控制催化剂流量。二再为鼓泡床,在底部进入主风,在富氧条件下烧去剩余焦炭。

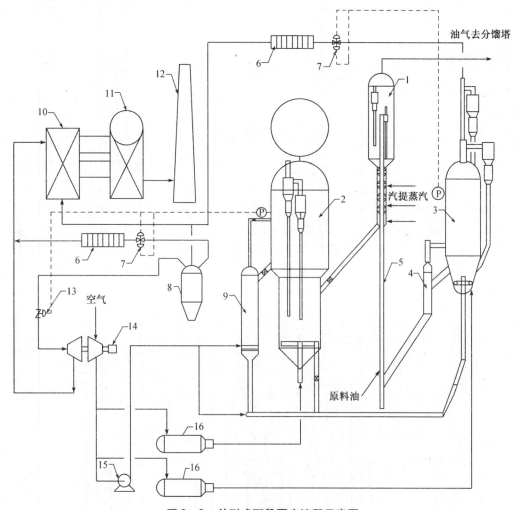

图2-2 并列式两段再生流程示意图

1—沉降器;2—第一再生器;3—第二再生器;4—脱气罐;5—提升管;6—降压孔板;7—双动滑阀;8—三级旋风分离器;9—外取热器;10—CO焚烧炉;11—余热炉;12—烟囱;13—烟气轮机入口蝶阀;14—主风机组;15—增压机;16—辅助燃烧室

2.3.2 分馏系统

催化裂化分馏系统的任务是把反应来的油气混合物按照沸点的不同切割成富气、汽油、轻柴油、回炼油和油浆等馏分。图2-3是分馏系统流程示意图。

由沉降器来的过热反应油气(约480~530 ℃)进入分馏塔下部,通过人字挡板与循环油浆逆流接触,洗涤反应油气中夹带的催化剂细粉并脱过热,使油气呈"饱和状态"进

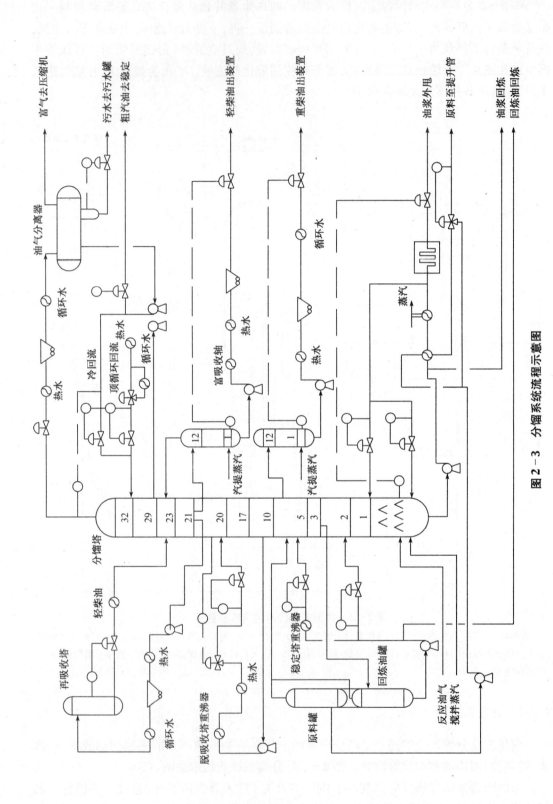

图 2 - 3　分馏系统流程示意图

入分馏段进行分馏。分馏塔顶油气经换热冷凝冷却至40℃,进入分馏塔顶油气分离器进行气、液、水三相分离。分离出的粗汽油经粗汽油泵进入吸收稳定系统的吸收塔。分离的富气进入气压机。含硫的酸性水送出装置进行处理。

轻柴油自分馏塔中上部塔板抽出自流至轻柴油汽提塔,汽提后的轻柴油由轻柴油泵抽出,经换热器分别与原料油、富吸收油等换热,再经轻柴油空冷器(未画出)冷却至60℃后分成两路,一路直接送出装置,另一路作为贫吸收剂进入吸收稳定系统。

重柴油自分馏塔中下部塔板由重柴油泵抽出,经换热冷却至60℃后送出装置。分馏塔的剩余热量分别由塔顶循环回流、一中段循环同流、二中段循环回流及油浆循环回流取走。塔顶循环回流自分馏塔顶部第4层塔盘抽出,用塔顶循环油泵升压,经换热器回收热量并冷却至约85℃后返至分馏塔顶第1层塔板。一中段循环回流油自分馏塔中部抽出,通过一中段循环回流油泵升压,经换热降温后返回分馏塔一中循抽出口上方塔板。二中段循环回流及回炼油自分馏塔下部塔板自流至回炼油罐,经泵升压后分两路,一路换热降温至200℃左右与回炼油浆混合后进入提升管反应器回炼;另一路经换热降温后返回抽出口上方塔板。

塔底油浆一部分由循环油浆泵抽出后经换热降温至280℃后分三路:一路进一步经换热冷却至90℃,作为产品油浆出装置送至燃料油罐;一路经油浆上返塔口返回分馏塔洗涤脱过热段上部;还有一路经油浆下返塔口返回分馏塔底部。另一部分油浆自分馏塔底由回炼油浆泵抽出,直接与回炼油混合后送至提升管反应器回炼。

2.3.3 吸收稳定系统

催化裂化装置大都采用双塔吸收解吸流程,见图2-4。吸收和解吸过程在两个独立的塔内完成,解吸气和饱和吸收液都去压缩富气冷却器,经冷却后和压缩富气一起进入气液分离罐。双塔流程排除了吸收和解吸两个过程间的相互影响,吸收率和解吸率可同时提高。

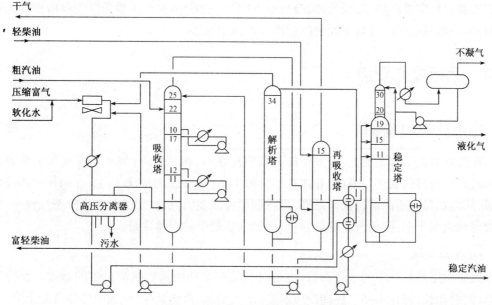

图2-4 吸收稳定系统流程示意图

从分馏部分来的富气经气压机两段压缩到 1.2 Mpa ~ 1.6 MPa,在出口管线上注入洗涤水对压缩富气进行洗涤,去除部分硫化物和氮化物以减轻对冷换设备的腐蚀,经空冷器冷却后与解吸塔顶气、吸收塔底油混合,再经冷凝冷却器冷到 40 ~ 45 ℃ 进入气压机出口油气分离器(常称为平衡罐)进行气液分离,气体去吸收塔,液体(称为凝缩油)去解吸塔,冷凝水经脱水包排出装置。

吸收塔的操作压力为 1.0 Mpa ~ 1.4 MPa。经平衡罐分离后的压缩富气由塔底进入吸收塔,作为吸收剂的粗汽油和稳定汽油由吸收塔顶部进入吸收塔,两相逆流接触来吸收富气中的 C_3、C_4 组分。吸收是一放热过程,为了维持较低的操作温度以利于吸收,吸收塔设有 1 ~ 2 个中段回流来取走吸收过程放出的热量。

自吸收塔顶来的贫气进入再吸收塔,用轻柴油作吸收剂进一步吸收后,再吸收塔塔顶干气分为两路,一路至提升管反应器作预提升干气,一路至精制装置脱硫,净化干气作为工厂燃料气;再吸收塔塔底吸收后的富吸收油自压回分馏部分。

解吸塔的作用就是将吸收塔底油及凝缩油中的 C_2 解吸出来,其操作压力为 1.1 Mpa ~ 1.5 MPa。自吸收塔底来的富吸收油经平衡罐分离后,凝缩油由泵抽出直接送入解吸塔上部进行解吸。解吸塔底设重沸器用分馏中段油或蒸汽加热,以解吸出凝缩油中的 ≤C_2 组分。塔顶出来的解吸气中除含有 C_2 外,还有相当数量的 C_3、C_4,经冷却、与压缩富气混合进入平衡罐分离后又送入吸收塔。解吸塔底为脱乙烷汽油,脱乙烷汽油中的 C_2 含量应严格限制,不得带入稳定塔过多,以免恶化稳定塔塔顶冷凝冷却器的效果和由于排出不凝气而损失 C_3、C_4。

自解吸塔底来的脱乙烷汽油由泵抽出直接送至稳定塔。稳定塔实质上是个精馏塔,操作压力一般为 0.9 Mpa ~ 1.0 MPa。稳定塔塔顶设冷凝器,塔底设重沸器。液化气从稳定塔顶流出,经空冷器、冷凝冷却器冷至 40 ~ 50 ℃ 后进入稳定塔顶回流罐,经泵抽出后,一部分作稳定塔回流,其余作为液化气产品经冷却至 40 ℃ 后送至产品精制脱硫、脱硫醇。稳定汽油自稳定塔底抽出,经换热、冷却至 40 ℃,一部分由泵升压后送至吸收塔作补充吸收剂,另一部分送至产品精制脱硫醇后作为产品出装置。

2.4 运行操作要点

2.4.1 运行操作主要参数

在催化裂化工业装置上,许多操作参数相互联系,相互制约,常常在改变某个参数时会引起其他条件的变化。因此,必须在了解每个条件单独影响的基础上,在操作中作综合分析,从而选择合适的运行操作条件,以得到尽可能多的汽油、柴油和提高液态烃收率,减少油浆和焦炭产率,降低汽油烯烃含量,增加液态烃中的丙烯含量。

1. 反应温度

反应温度是生产中的主调参数,也是对产品产率和质量影响最灵敏的参数。反应温度高,则裂化快,转化率高。提高反应温度,干气增加、汽油减少,汽油中烯烃含量上升,在转化率不变时,焦炭产率下降,同时也导致丙烯、丁烯产率和汽油辛烷值上升。

2. 剂油比

剂油比是催化剂循环量与反应器总进料之比。剂油比增大,转化率增加,焦炭产率升高,汽油中烯烃含量下降。在实际操作中剂油比是一个因变参数,一切引起反应温度变化的因素,都会相应地引起剂油比的改变。改变剂油比最灵敏的方法是调节再生催化剂的温度和调节原料预热温度。

3. 原料预热温度

催化裂化装置的预热温度不是调节反应温度的主要手段。但是不同的原料油和不同结构的原料喷嘴对预热温度有不同的要求。一般来说,预热温度对进料雾化效果有一定影响,对产品产率和质量有程度不同的影响。原料预热温度受整个装置热平衡、工艺条件、剂油比、原料喷嘴的设计等约束。催化裂化装置原料预热温度一般控制在 200 ℃ 左右,工艺要求不小于 125 ℃。

4. 反应时间

反应时间在生产中不是可以任意调节的。它是由反应提升管的容积决定的。但生产中反应时间是变化的。进料量的多少,其他条件引起的转化率的变化,都会引起反应时间的变化。反应时间短,转化率低;反应时间长,转化率提高。过长的反应时间会使转化率过高,汽、柴油收率反而下降,液态烃中烯烃饱和。

5. 再生催化剂含碳量

再生催化剂含碳量指经再生后的催化剂上残留的焦炭量。再生催化剂含碳量过高,催化剂的活性和选择性都会下降,因而转化率大大下降,汽油产率下降,溴价上升,诱导期下降。

6. 催化剂活性

催化剂平衡活性越高,转化率越高,产品中烯烃含量减少,而烷烃含量增加。生产中应根据原料性质、产品方案、装置类型选择合适的催化剂。平衡催化剂的活性除和操作条件有关外,主要由催化剂的置换速度调节。重金属的污染会使催化剂的活性,尤其是选择性明显降低,从而导致气体和焦炭产率升高,气体中氢气含量显著增加,汽油收率明显降低。

7. 反应压力

提高反应压力就是提高了反应器内的油气分压,油气分压的提高意味着反应物浓度的增加,因而反应速度加快,从而提高了转化率,干气的产率会增加,汽油产率稍有下降。提高反应压力,有利于油品在催化剂上的吸附,但不利于重质油品的脱附,因而使焦炭产率提高比较明显。对于一定的提升管反应器来说,提高压力也等于降低了反应器内的反应物流体积流率,在进料量不变情况下,等于延长了反应时间,若维持反应时间不变,则可增大处理能力。

2.4.2　主要操作条件和工艺指标

在催化裂化装置中,反应-再生系统的工艺最为复杂,也是整个装置的核心部分。表 2-1 是国内某 100×10^4 t/a 催化裂化装置反应-再生系统主要操作条件和工艺指标,供学习参考。

表 2-1 国内某 100×10⁴ t/a 催化裂化装置反应-再生系统主要操作条件和工艺指标

序号	项目	单位	汽油回炼 15 t/h	汽油不回炼
1	沉降器顶压力	MPa(A)	0.32	0.32
2	提升管出口温度	℃	510	520
3	提升管进料段线速	m/s	7.83	6.77
4	提升管出口线速	m/s	18.30	17.41
5	提升管反应段平均线速	m/s	12.33	11.26
6	沉降器单级旋分入口线速	m/s	21.4	20.23
7	原料预热温度	℃	200	180
8	催化剂循环量	t/h	802	817
9	反应时间	s	2.43	2.66
10	剂油比		6.42	6.53
11	汽提段藏量(含 VQS 预汽提段)	t	26	26
12	汽提段密度	kg/m³	600	600
13	汽提段催化剂停留时间	min	1.95	1.91
14	一再顶部压力	MPa(A)	0.355	0.355
15	一再烧焦量	t/h	6.563	6.563
16	一再烟气过剩氧	v%	0.5	0.5
17	一再烟气 $CO/CO_2(v)$		0.45	0.45
18	一再密相密度	kg/m³	450	450
19	一再密相温度	℃	665	666
20	一再密相藏量	t	50	50
21	一再烧焦时间	min	3.75	3.67
22	一再烧焦强度	kg/t·h	131.3	131.3
23	一再密相线速	m/s	0.75	0.75
24	一再一级旋分入口线速	m/s	23.12	23.12
25	一再二级旋分入口线速	m/s	26.52	26.52
26	一再取热量	kW	1 989	3 617
27	二再顶部压力	MPa(A)	0.26	0.26
28	二再密相温度	℃	720	720
29	二再烧焦量	t/h	2.188	2.188
30	二再烟气过剩氧	v%	3	3
31	二再密相密度	kg/m³	500	500

（续表）

序号	项目	单位	汽油回炼 15 t/h	汽油不回炼
32	二再密相藏量	t	40	40
33	二再烧焦时间	min	3	3
34	二再烧焦强度	kg/t·h	54.7	54.7
35	二再密相线速(床层中点)	m/s	0.7	0.7
36	二再稀相线速	m/s	0.56	0.56
37	二再一级旋分入口线速	m/s	19.92	19.92
38	二再二级旋分入口线速	m/s	21.92	21.92
39	二再取热量	kW	582	582

2.4.3　装置开工和正常停工

催化裂化装置的开工和正常停工是非常复杂的系统工程,涉及开停工方案制定、开停工详细步骤确认、安全防范措施落实、风险辨识分析、操作人员培训等等,经生产和安全管理部门审查同意后方可实施。以下仅就催化裂化装置开工前准备及条件确认、停工注意事项及停工准备进行介绍,装置的开、停工步骤应严格执行企业的具体规定。

1. 开工前准备工作

装置开工前的准备工作主要包括人员组织准备、技术准备、物质准备和外部条件准备等方面。

（1）人员组织:在人员的组织配备方面,要保证组织分工明确,统一指挥,权责分明。

（2）开工前的技术准备内容主要是装置开工及正常运行的所有技术文件经审查批复通过,并完成相应的培训工作。主要内容包括装置的开工方案、工艺卡片及各种开工记录准备;车间员工操作培训后,具备上岗条件。

（3）物质准备包括开工物料(含开工用油、各种消耗材料等)、平衡剂和新鲜剂等三剂化学品等,按装置开工需要的质量和数量装填完毕。所需的新鲜剂和平衡剂到位后要进行相应的计量检尺,同时做好各催化剂相应的质检分析。开工用的原料油、开工汽油、开工柴油要做好相应的质量分析,按方案中的数量要求专储,以达到随时引油的条件。

（4）外部条件准备包括动力条件、油品储运、上下游装置的物料互供、质检分析、环保监测等,使装置从开工时就并入全厂的生产运行管理序列。

2. 开工条件确认

开工前,准备工作结束后,为确保安全开工,需由生产运行处组织,生产、设备、安全、工程人员、辅助系统人员一起检查、确认,并签字备案。检查内容主要如下:

（1）检查停工检修期间所有改动过的管线、设备是否安装完毕,检查开工前的盲板是否处于正确状态。

（2）检查装置内的消防、瓦斯报警系统是否好用。

（3）检查油品、燃料气、动力系统、三剂加注工作是否准备完毕。

（4）检查两器内无杂物,两器内衬里、旋分器安装、翼阀角度是否正常。加热炉火嘴、燃烧油喷嘴、提升管喷嘴、三旋烟道喷嘴是否畅通,各松动点、加料、卸料线、放空线是否畅通,各压力表是否符合要求,各塔、容器的安全阀是否正常投用,各塔、器的液面计是否好用等。

(5)检查火炬系统,保证火炬线畅通。

(6)特殊阀门、控制仪表、装置自保要由车间操作人员与仪表维护人员一起联校合格,并签字确认。

(7)大机组静态试验、机泵试运合格,并有记录。

(8)水、电、汽、风等公用工程系统投用正常。

开工前确认工作结束,所发现的问题解决后,方可按开工方案步骤开工。

3. 停工注意事项及停工准备

停工过程中要严格按照上级批复后的停工方案网络执行,并对有关人员进行培训。做好对外联系,减少对相关装置和系统的影响,停工期间严格执行相关安全、环保规定,确保安全、清洁停工。停工降量时要缓慢均匀,并控制好两器压力,严防催化剂倒流,油气倒窜,并少出不合格产品;要做到不窜油、不超温、不超压、不损坏设备、不跑损催化剂、不堵塞管线、不随意排放、不着火、不爆炸。同时要根据各汽包液面,调整补水量,严防汽包干锅。

停工前联系调度及有关单位做好停工的配合工作。停工前一天检查催化剂大型卸料线、提升管底部卸料线、紧急放空线及开工循环线、放火炬线、不合格汽油线等管线是否畅通,检查和试验放火炬阀、单双动滑阀、分馏塔顶蝶阀是否处于完好状态。另外,停工前应保证平衡剂罐有足够的罐空。

2.4.4 装置紧急停工及故障处理

1. 紧急停工条件

催化裂化装置紧急停工主要是指遇到设备、生产故障时,短时间内恢复不了,并有继续恶化的趋势,为保护设备及人身安全,并预防造成环保事故,采取切断进料或全装置停运等紧急措施。生产中如果遇到下列情况,无法维持生产时,按紧急停工处理。

(1)公用系统故障　停系统蒸汽、停循环水、全装置停电、长时间停工业风等系统故障。

(2)工艺故障　反应-再生系统严重超温、超压,两器中止流化(大量跑损催化剂,油浆系统结焦)。

(3)严重的设备故障　如主风机组停机、主要运转机泵故障、DCS 发生故障并无法维持生产。

(4)自然灾害等原因　装置发生火灾、爆炸等故障;发生地震等突发性自然灾害,生产无法维持。

2. 紧急停工时故障处理原则

发生紧急停工故障时,首先切断装置进料。提升管进料在启用自保切断后,及时关闭提升管各器壁喷嘴手阀,以避免原油料泄漏进提升管。并加大提升管蒸汽量。如采用干气预提升,改预提升干气为蒸汽。切断反应进料后,要控制好反应-再生系统的压力平衡,防止催化剂倒流,同时注意催化剂料位不得互相压空,以防止油气和空气互窜造成爆炸事故。当压力平衡难以控制,应紧急关闭再生、待生滑阀,将反应器与再生器切断。

当主风突然中断时,主风自保启动,进料自保随之动作,装置进料切断,两器切断。检查各自保阀是否动作,如果没有动作,立即现场纠正。此时再生器靠事故蒸汽维持流化,确认工艺条件安全时,打开待生滑阀,将沉降器催化剂转至再生器。根据再生温度下降情况及时关小直至关死事故蒸汽,再生器阀床等待恢复生产,维持再生器床层温度一般不低于 400 ℃。如维持不住,则卸催化剂,装置全面停工。

紧急停工后,只要反应-再生系统内有催化剂,则各仪表反吹风不能停掉。提升管、沉降器内有催化剂时,则必须保持油浆循环正常,并保证上返塔流量,必要时可多甩油浆。

当反应切断进料,分馏塔应启用冷回流,控制顶温不大于 120 ℃。吸收稳定、脱硫、脱硫醇维持系统压力,并尽可能维持循环。如长时间不能恢复生产,装置全面停工。

2.5　装置主要设备

催化裂化装置的设备包括反应器、沉降器、再生器、取热器、单动滑阀、双动滑阀和其他设备。

2.5.1　提升管反应器及沉降器

提升管反应器是进行催化裂化反应的场所,是催化裂化装置的关键设备。随装置类型不同,提升管反应器类型不同,常见的提升管反应器类型有多用于高低并列式提升管催化裂化装置的直管式和多用于同轴式和由床层反应器改为提升管装置的折叠式。提升管反应器是一根长径比很大的管子,直径根据装置处理量决定,通常以油气在提升管内的平均停留时间 1~4 秒为限确定提升管内径。在提升管的侧面开有上、下两组进料口,其作用是根据生产要求使新鲜原料、回炼油和回炼油浆从不同位置进入提升管,进行选择性裂化。进料口以下的一段是预提升段,由提升管底部吹入水蒸气使由再生斜管来的再生催化剂加速,以保证催化剂与原料油相遇时均匀接触。为使油气在离开提升管后立即终止反应,提升管出口均设有快速分离装置,其作用是使油气与大部分催化剂迅速分开。为进行参数测量和取样,沿提升管高度还装有热电偶管、测压管、采样口等。

沉降器是用碳钢焊制成的圆筒形设备,上段为沉降段,下段是汽提段。沉降段内装有数组旋风分离器,顶部是集气室并开有油气出口。沉降器的作用是使来自提升管的油气和催化剂分离,油气经旋风分离器分出所夹带的催化剂后经集气室去分馏系统;由提升管快速分离器出来的催化剂靠重力在沉降器中向下沉降,落入汽提段。汽提段内设有数层人字挡板和蒸汽吹入口,其作用是将催化剂夹带的油气用过热水蒸气吹出(汽提),并返回沉降段,以便减少油气损失和减小再生器的负荷。

图 2-5 是直管式提升管反应器及沉降器示意图。

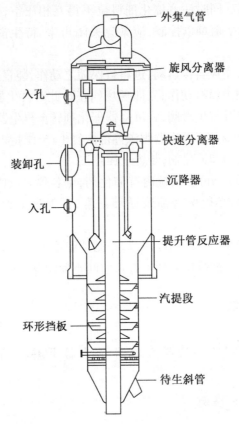

外集气管

旋风分离器

入孔

快速分离器

装卸孔

沉降器

入孔

提升管反应器

汽提段

环形挡板

待生斜管

图 2-5　直管式提升管反应器及沉降器示意图

2.5.2　再生器

再生器是催化裂化装置的重要工艺设备,其作用是为催化剂再生提供场所和条件。它的结构形式和操作状况直接影响烧焦能力和催化剂损耗。再生器由筒体和内部构件组成,是决定整个装置处理能力的关键设备。

再生器筒体是由 A3 碳钢焊接而成的,由于经常处于高温和受催化剂颗粒冲刷,因此筒体内壁敷设一层隔热、耐磨衬里以保护设备材质。筒体上部为稀相段,下部为密相段,中间变径处通常叫过渡段。密相段是待生催化剂进行流化和再生反应的主要场所,在空气作用下,待生催化剂在这里形成密相流化床层,密相床层气体线速度一般为 0.6～1.0 米/秒;稀相段实际上是催化剂的沉降段,为使催化剂易于沉降,稀相段气体线速度不能太高,要求不大于 0.6～0.7 米/秒,稀相段直径通常大于密相段直径,高度应由沉降要求和旋风分离器料腿长度要求确定。

旋风分离器用于气固分离并回收催化剂,旋风分离器由内圆柱筒、外圆柱筒、圆锥筒以及灰斗组成。灰斗下端与料腿相连,料腿出口装有翼阀。旋风分离器的作用原理都是相同的,携带催化剂颗粒的气流以很高的速度从切线方向进入旋风分离器,并沿内、外圆柱筒间的环形通道做旋转运动,使固体颗粒产生离心力,造成气固分离的条件,颗粒沿锥体下转进入灰斗,气体从内圆柱筒排出。灰斗、料腿和翼阀都是旋风分离器的组成部分。灰斗的作用是脱气,即防止气体被催化剂带入料腿;料腿的作用是将回收的催化剂输送回床层;翼阀的作用是密封,即允许催化剂流出而阻止气体倒窜。

图2-6是再生器结构示意图。

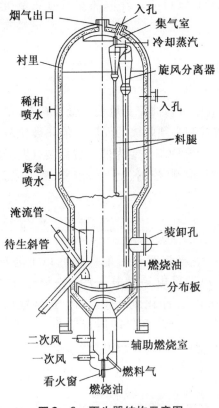

图2-6 再生器结构示意图

2.5.3 单动滑阀及双动滑阀

单动滑阀用于床层反应器催化裂化和高低并列式提升管催化裂化装置。对提升管催化裂化装置,单动滑阀安装在两根输送催化剂的斜管上,其作用是:正常操作时用来调节催化剂在两器间的循环量,出现重大事故时用以切断再生器与反应沉降器之间的联系,以防造成更大事故。

双动滑阀是一种两块阀板双向动作的超灵敏调节阀,安装在再生器出口管线上,其作用是调节再生器的压力,使之与反应沉降器保持一定的压差。设计滑阀时,两块阀板都留一缺口,即使滑阀全关时,中心仍有一定大小的通道,这样可避免再生器超压。

2.5.4 取热器

为保证催化裂化装置的正常运转,维持反应再生系统的热量平衡是至关重要的。通常,以馏分油为原料时,反应再生系统能基本维持热量平衡;但加工重质原料时,生焦率大,会使再生器提供的热量超过两器热平衡的需要,必须设法取出再生器的过剩热量。

再生器的取热方式有内、外取热两种,各有特点,但原理都是利用高温催化剂与水换热产生蒸汽达到取热的目的。内取热是直接在再生器内加设取热管,这种方式投资少,操作简便,传热系数高。但发生故障时只能停工检修,另外,取热量可调范围小。外取热是将高温催化剂引出再生器,在取热器内装取热水套管,然后再将降温后的催化剂送回再生器,如此达到取热目的。外取热器具有热量可调范围大,操作灵活和维修方便等优点。

2.6 工艺过程控制

使装置各系统工艺参数中所有被控变量处于受控状态,某些重要操纵变量又能达到其理想的经济目标,是过程控制必须解决的问题。催化裂化装置反应机理和工艺动态过程复杂,可采用集散型控制系统 DCS。专为催化裂化装置生产过程设计和配置的 DCS 系统执行全部工艺过程的管理、检测、控制、上下限报警、数据采集、打印各种工艺报表和进行工艺计算。

2.6.1 DCS 投运前的准备

根据现场生产安排,在生产装置开工前应做好以下各项准备工作。不间断电源(UPS)供电正常;24 VDC 电源供电箱供电正常。空调运转正常。机房温度控制范围 22~27,湿度范围为 45%~65%。净化风供风正常。进装置风压 0.4 MPa。DCS 系统组态完成,控制站、监测站、操作站(台)和打印运行正常。报警、连锁设定值确认无误。现场一次表与 DCS 系统联校完成,系统误差 <0.5%。

2.6.2 DCS 的运行

在生产装置开工阶段,根据生产装置开工的情况,由仪表和计算机人员协助工艺操作人员将 DCS 系统的控制回路和检测回路逐个投入运行。手动自动(串级)的投入:视生产装置开工情况等生产平稳后,仪表和计算机人员协助工艺操作人员逐个将控制回路投入运行。在正常生产运行期间,工艺操作人员可根据需要进行手动、自动(串级)或自动(串级)、手动的切换。异常情况应通知仪表和计算机人员协助处理。

报警、连锁设定值、PID 参数等有关工艺操作参数都可以在操作站(台)的细目画面上进行设定和修改。重要回路的报警设定值、连锁设定值应由工艺技术人员在开工前进行设定,并要得到有关处室和负责人的确认。PID 参数的整定;根据不同的控制对象,对每个控制回路应整定过程控制参数(PID)。参数的整定一般应有仪表和计算机人员进行。工艺操作人员在对 DCS 系统操作比较熟练的情况下也可以在 DCS 系统操作员键盘下进行操作。

操作台操作级别相同,都可以对本装置所有回路进行操作,操作人员在进行操作时必须确认是自己岗位的回路才能操作、切忌误操作其他岗位的仪表。工程单位、测量范围、回路标记等只允许在工程师键盘下操作,不允许工艺操作人员随意改动,如需改动,应通知计算机维修人员。

工艺操作人员应密切注意操作站信息区域的各种报警提示信息的显示。如显示回路报警应及时调出相关画面,判断报警原因,以便及时处理相应的异常工况。如显示 DCS 系统的故障或错误信息,应及时通知计算机维修人员,以便及时排除 DCS 系统本身的故障,并应妥善保管打印机打印的各种信息。操作站(台)台面上的各种功能按键上面是一层薄塑膜,下面为电子印刷线路板,极易损坏,操作时一定要轻按轻摸,严禁用指甲盖和其他硬性物按摸触摸开关。操作站机柜内装 CPU,这是操作站和控制站的关键部位,所以严禁用水冲洗等不文明行为的发生,以免造成整机停机,影响生产。

2.6.3 DCS 系统的故障或异常情况的应急处理

DCS 系统本身发生局部故障时,一般不会影响整机的使用,但应及时通知计算机维修人员,迅速排除异常情况,使系统正常运行。

DCS 控制系统发生故障时:如一个控制卡(HLAI)发生故障时,备件卡会自动投入运行,如多用卡(冗余卡)不能及时投入运行,这时该卡上的八个回路失灵。此时该卡的八个控制回路应改成付线操作。

如 DCS 控制站的一个主机故障,备用(冗余)主机应自动切入运行。如备用主机(冗余主机)也不能切入,这时是最可怕的,该主机所走的控制回路全部失灵,相关部分应全部改成付线操作。

停电不停风(净化风)情况下的应急处理:如发生外界供电中断故障时。该系统配置的不间断电源(UPS)能继续供电半小时左右,这时一次表、DCS 系统、调节阀等都能进行操作。如外界供电中断时间过长,应作停工处理。如发生 UPS 供电故障,此时该系统没有供电,应及时采取停工措施。

停风(净化风)不停电情况下的紧急处理:在这种情况下,电动变送器和 DCS 系统都能正常运行,但此时气动沉筒液面计和调节阀已失去作用,这时应改为付线操作。

停电又停风情况下的应急处理:如停电时间不超过半个小时,则可按"停电不停风"的办法处理,如停电时间超过半小时,应做紧急停工处理。

UPS 发生故障时,电动变送器、计算机系统都失去电源,在操作台上无法进行监视和操作,风开调节阀到全关位置,风关调节阀到全开位置,此时对操作来说是最危险的时刻,此时应紧急通知电气维修人员,同时工艺操作上也应做相应的处理。

2.7 装置安全和环境保护

2.7.1 装置操作安全技术规定

岗位人员要严格执行工艺卡片和岗位操作法、技术规程的规定,禁止违章操作。严格执行开、停工设备升温降温、升压降压速度规定。严格执行装置连锁操作管理规定,不得任意切除连锁,不得任意更改控制方案或修改控制参数;不得随意修改各类报警参数设定值,不得随意停用 DCS 的各种报警信号,仪表工处理自保系统的重要仪表时,须经运行部值班人员或有关管理人员同意,并办理相关手续。严格执行开大机组、点炉、气密、置换、引蒸汽、引瓦斯、换热器投用、排污等有关技术规定。各类声光报警、可燃气体检测仪、便携式可燃气体检测报警仪、便携式 H_2S 气体检测报警仪等按公司规定进行定期检验。进入塔、容器、地下油井、地下阀井要办理作业票,事先应进行含毒、含氧及可燃介质分析,并有专人在现场监护。含 H_2S 的采样点应挂有明显的安全标志牌,采样前要认真检查采样器是否完好,采样时须有两人,一人采样,一人监护,且须站在上风向,佩带好适宜的防毒面具。采样过程中,手阀应慢慢打开,如阀难以打开,切忌用扳手敲打阀门。

2.7.2　液化石油气安全管理规定

对液化石油气的设备及管线必须严格按照操作规程进行操作,严禁超温、超压、超速、超量运行。要做好液化气设备与管线的密闭工作,做到不渗不漏。一旦泄漏,必须立即采取措施,以防事态扩大。有关检测报警设施必须定期检查试验,确保灵敏可靠。液化石油气不准随意放空,要通过火炬排放燃烧。要认真做好从事液化石油气作业人员的安全教育和培训工作,定期进行事故预案演练,并建立安全考核档案。有液化石油气的装置和区域,必须配备可燃气体监测报警器和必要的保护装置。认真执行岗位责任制,对在用的液化石油气设备与管线要认真进行巡回检查和定期专业检查,并按规定定期检测,做好记录。储存、输送液化石油气的设备要配齐各种安全附件,要定期检修检验,保证灵敏可靠。发现问题及隐患要及时处理,采取可靠措施,防止事故发生。

2.7.3　硫化氢防止中毒管理规定

生产操作、检维修及有关作业人员上岗前必须接受有关硫化氢中毒及救护知识的教育培训,经考试合格后,方准上岗作业。各单位要摸清硫化氢的分布情况,做出硫化氢平面分布图,并在危险作业点设置警示牌。根据生产岗位和工作环境的不同特点,配备完善适用的劳动防护用品,并落实到岗位责任制中,切实加强管理。大力推进技术进步,加快工艺技术的革新改造,实现密闭化生产,使装置区或生产作业环境硫化氢浓度符合国家标准。对生产过程中的介质和作业环境中的硫化氢含量,要定期组织测定和评价。因物料改变、装置改造或操作条件发生变化致使硫化氢浓度超过国家卫生标准时,主管部门要采取相应有效的防护措施,并及时通知有关运行部、班组、岗位,防止发生中毒事故。有可能泄漏硫化氢构成中毒危险的装置或区域,要安装检测报警器。需要进入设备、容器检修,一般要经过吹扫、置换、加盲板、采样分析合格后、办理有限空间作业票才能作业。但特殊情况,必须要制订切实可行的施工方案和安全措施,方可作业。对粗汽油罐、轻质污油罐及含酸性气等介质的设备从事采样、检尺、脱水、堵漏、检修等作业时,要佩戴适用的防毒器具,应有两人同时到现场,站在上风口,一人作业,一人监护。在硫化氢污染区佩戴特种防护用品作业时,在未脱离危险区域前严禁摘下防护用具,以防中毒。从事硫化氢作业的人员,要按规定定期进行体检、对患有"职业禁忌症"的岗位人员,要按要求转换工作岗位。

2.7.4　装置环境保护管理

催化裂化装置由于工艺自身特点,污染物排放种类多、数量大。随着清洁生产工作的实施和国家对环保工作的要求不断提高,要求装置排污工作必须有规范的管理,保证装置各类排污正常、规范进行。

2.8　思考题

2.8.1　催化裂化原料和产品有哪些？催化裂化的催化剂主要性能是什么？

2.8.2　催化裂化反应转化率和什么因素有关？反应温度对催化裂化的反应有什么影响？

2.8.3　原料组成对催化裂化的汽油辛烷值影响是什么？

2.8.4　提升管出口为何要有快速分离装置？吸收塔为什么要设置中段回流？

2.8.5　分馏系统操作对汽油烯烃含量有什么影响？

2.8.6　催化分馏塔与其他分馏塔有什么样的区别？

2.8.7　催化裂化装置废气和污水的主要污染物及来源包括哪些？

参考文献

[1] 陈俊武,许友好.催化裂化工艺与工程(第三版).北京:中国石化出版社,2015.

[2] 刘英聚,张韩.催化裂化装置操作指南.北京:中国石化出版社,2005.

[3] 中国石油化工集团公司人事部.催化裂化装置操作工.北京:中国石化出版社,2009.

[4] 杨宝康.催化裂化装置培训教程(技师、高级技师).北京:化学工业出版社,2005.

[5] 张建芳,山红红,涂永善.炼油工艺基础知识.北京:中国石化出版社,2009.

[6] 卢春喜,王志安.催化裂化流态化技术.北京:中国石化出版社,2002.

第3章 加氢裂化装置

3.1 概 述

加氢裂化是石油炼制过程中在较高的压力和温度下,氢气经催化剂作用使重质油发生加氢、裂化和异构化反应,转化为轻质油的过程,实质上是加氢和催化裂化过程的有机结合,加氢裂化原料有直馏汽油、柴油、常压渣油、减压渣油、减压蜡油等。加氢裂化产品主要有喷气燃料、汽油、柴油、润滑油基础料、石脑油、尾油以及化工原料等。加氢裂化在石油化工生产流程中起到产品分布和产品质量调节器的作用,是"油-化-纤"结合的核心工艺之一。

我国是最早掌握馏分油加氢裂化技术的国家之一,20 世纪 50 年代,我国自主设计建成了第一套 4 000 kt/a 的加氢裂化装置。目前,国内加氢裂化装置约 60 余套,处理能力接近 12 000 万吨,主要产品为重石脑油、航煤、柴油和尾油。随着环保对炼油工艺本身及石油产品质量要求日趋严格,市场对清洁燃油和优质化工原料需求量的持续增长,加氢裂化技术还将在国内获得更为广泛的应用,市场竞争将日趋激烈,同时也对加氢裂化技术水平提出更高的要求。

3.2 工艺原理与技术特点

加氢裂化在临氢条件下进行催化裂化,可抑制催化裂化时发生的脱氢缩合反应,避免焦炭的生成,与催化裂化不同的是在进行催化裂化反应时,同时伴随有加氢反应,主要有高压加氢裂化和中压加氢裂化,根据工艺流程可分为一段加氢裂化流程、二段加氢裂化流程和串联加氢裂化流程,主要采用固定床反应器、沸腾床和悬浮床等加氢裂化工艺。

3.2.1 固定床一段加氢裂化工艺

该工艺主要用于由粗汽油生产液化气,由减压蜡油和脱沥青油生产航空煤油和柴油等。一段加氢裂化只有一个固定床反应器,原料油的加氢精制和加氢裂化在一个反应器内进行,反应器上部为精制段,下部为裂化段。一段加氢裂化可用原料一次通过、尾油部分循环和尾油全部循环三种方案进行操作,该流程具有工艺流程简单的特点,但对原料的适应性及产品的分布有一定限制。

3.2.2　固定床二段加氢裂化工艺

二段加氢裂化装置中有两个固定床反应器,分别装有不同性能的催化剂。第一个反应器主要进行原料油的精制,使用活性高的催化剂对原料油进行预处理;第二个反应器主要进行加氢裂化反应,在裂化活性较高的催化剂上进行裂化反应和异构化反应,最大限度地生产汽油和中间馏分油。该流程具有对原料的适应性强、操作灵活性高,产品分布可调节性大等特点,但是该工艺流程复杂,投资及操作费用较高。

3.2.3　固定床串联加氢裂化工艺

固定床串联加氢裂化是将两个反应器进行串联,第一个反应器装入脱硫、脱氮活性好的加氢催化剂,第二个反应器装入抗氨、抗硫化氢的分子筛加氢裂化催化剂。串联流程的优点在于:只要通过改变操作条件,就可以最大限度地生产汽油或航空煤油和柴油。串联加氢裂化流程既具有二段加氢裂化流程比较灵活的特点,又具有一段加氢裂化流程比较简单的特点。

3.2.4　沸腾床加氢裂化工艺

沸腾床加氢裂化工艺是借助于流体流速带动一定颗粒粒度的催化剂运动,形成气、液、固三相床层,从而使氢气、原料油和催化剂充分接触而完成加氢裂化反应。该工艺可以处理金属含量和残炭值较高的原料(如减压渣油),并可使重油深度转化。但是该工艺的操作温度较高,一般为 $400 \sim 450$ ℃。

3.2.5　悬浮床加氢裂化工艺

悬浮床加氢裂化工艺可以使用非常劣质的原料,其原理与沸腾床相似。其基本流程是以细粉状催化剂与原料预先混合,再与氢气一同进入反应器自下而上流动,并进行加氢裂化反应,催化剂悬浮于液相中,且随着反应产物一起从反应器顶部流出。

3.3　工艺流程

二段加氢裂化工艺流程主要有反应(包括循环氢脱硫)、分馏、液化气分馏及脱硫、轻烃回收和气体脱硫、溶剂再生等部分(如图 3-1~3-4)。

3.3.1　反应部分

反应部分工艺流程如下:

原料与分馏部分来的循环油混合后进入缓冲罐,再经换热器换热后,与氢气加热炉出口氢混合后进入加氢精制反应器进行反应,反应流出物进入加氢裂化反应器进行加氢裂化反应,反应流出物经换热降温后,进入热高压分离器,热高分气体经降温后,再经空冷器冷却,至冷高压分离器进行油、气、水三相分离。

循环氢(冷高分气)自冷高压分离器顶部出来,进入聚结器分液后进入循环氢脱硫塔底部。自溶剂再生部分来的贫溶剂进入循环氢脱硫塔,再经分液罐分液后升压,分成两路,一路作为急冷氢去反应器,另一路与来自新氢压缩机出口的新氢混合成为混合氢。循环氢脱硫塔底富液经泵送至溶剂再生部分。

自冷高压分离器底部出的油相进入冷低压分离器。自热高压分离器底部出的热高分油进入热低压分离器。热低分气经冷却器后与冷高分油混合进入冷低压分离器。自热低压分离器底部出的热低分油进入主汽提塔第 23 层塔盘。自冷低压分离器底部出来的冷低分油与热高分气换热后进入主汽提塔第 15 层塔盘。

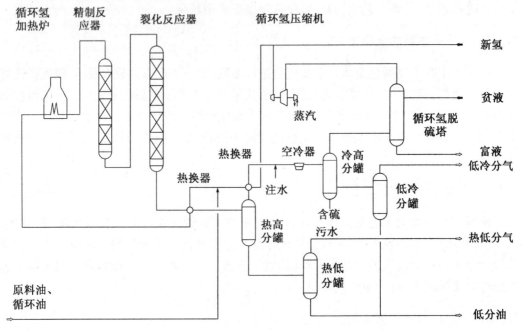

图 3-1 反应部分(包括循环氢脱硫)工艺流程

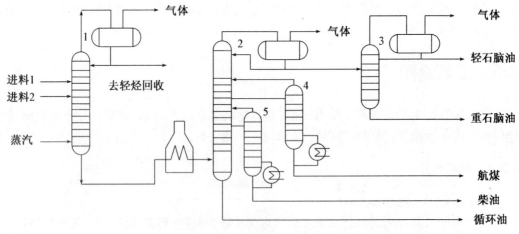

图 3-2 分馏部分工艺流程

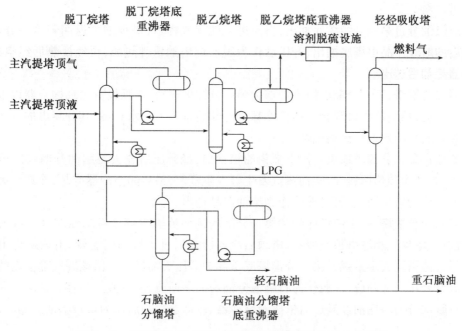

图 3-3　液化气分馏、脱硫、轻烃吸收及膜分离部分工艺流程

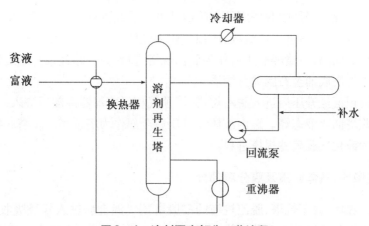

图 3-4　溶剂再生部分工艺流程

3.3.2　分馏部分

分馏部分工艺中主要有主汽提塔、第一分馏塔、第二分馏塔、石脑油分馏塔等。

主汽提塔: 自反应部分来的热低分油和冷低分油分别进入主汽提塔,塔顶气经空冷器、后冷器冷却,进入回流罐进行油、水、气三相分离,分离出的塔顶干气至轻烃吸收塔;油相分两股,一股经回流泵升压后作为主汽提塔回流。另一股经升压后作为脱丁烷塔的进料。

第一分馏塔: 主汽提塔底油进入第一分馏塔,塔顶气相经空冷器冷却至后进入回流罐,排出的低压燃料气体引至重沸炉专设的低压火嘴烧掉。由回流罐底部抽出的塔顶液分两股,一股经塔顶回流;另一股经升压后分为两股,分别作为轻烃吸收塔进料及石脑油分馏塔进料。

航煤馏分自第一分馏塔底抽出,自流进入航煤气提塔,塔顶油气返回到第一分馏塔。汽提后的航煤产品由塔底抽出,升压后作为脱乙烷塔的重沸热源,再经换热后经空冷器、后冷器冷却后送出。

第二分馏塔: 第一分馏塔塔底油作为第二分馏塔进料,塔顶设有蒸汽抽空器以维持正常操作压力,抽空器出口混合气体经冷却器冷却后排入大气水封罐,其分离出的气体去第二分馏塔底重沸炉低压火嘴燃烧。

柴油自第二分馏塔顶填料段下部集油箱抽出,经升压后先去石脑油分馏塔底重沸器作热源,再依次预热原料油、柴油蒸汽发生器发生蒸汽,最后经空冷器冷却,冷却后大部分柴油馏分作为塔顶回流,另一部分作为柴油产品送出。

石脑油分馏塔: 脱丁烷塔底液和第一分馏塔顶回流罐少部分石脑油混合后进入石脑油分馏塔,塔顶气相经塔顶空冷器、塔顶后冷器冷却后进入塔顶回流罐,由该罐排出的低压燃料气体引至火炬系统或第一分馏塔底重沸炉低压火嘴燃烧。由该罐底部抽出的液相经回流泵升压后分两股,一股作为石脑油分馏塔的顶回流;另一股作为轻石脑油产品出装置。石脑油分馏塔底油经升压后依次经空冷器、冷却器冷却后作为重石脑油产品。

3.3.3　液化气分馏及脱硫部分

主汽提塔顶液和轻烃吸收塔底的富吸收油混合后经预热后进入脱丁烷塔。塔顶气相经空冷器、后冷器冷却后进入回流罐,塔顶气体去轻烃吸收塔回收液态烃。自塔顶回流罐排出的液体分成两路,一路经升压后作为脱乙烷塔进料,另一路经泵升压后作为脱丁烷塔顶回流。脱丁烷塔底油至石脑油分馏塔。

脱丁烷塔顶液经升压后进入脱乙烷塔,塔顶气相经冷却器冷却后进入回流罐,塔顶气体去轻烃吸收塔回收液态烃。罐内液体经升压后全部作为塔顶回流。塔底物流经进料冷却器冷却作为液化气脱硫抽提塔进料。

3.3.4　轻烃吸收、气体脱硫及膜分离部分

来自主汽提塔、脱丁烷塔、脱乙烷塔的三股塔顶气混合后进入轻烃吸收塔底空间,来自第一分馏塔顶回流罐的重石脑油作为吸收油进入塔顶空间,在塔盘上进行气、液接触,完成吸收过程。塔顶气体去气体脱硫部分,塔底富吸收油经富吸收油泵升压后进入脱丁烷塔。从轻烃吸收塔顶出来的气体经干气冷却器冷却后进入干气分液罐,自其顶部引出的气体进入干气脱硫塔底部,贫液进入其顶部,由塔底上升的气体与由塔顶下流的贫液在塔中逆流接触,气体中的硫化氢被胺液吸收。

3.3.5　溶剂再生部分

循环氢脱硫塔、液态烃脱硫塔、干气脱硫塔、低分气脱硫塔底部出来的富液经过滤器除杂后,进入富液闪蒸罐降压闪蒸,富液由闪蒸罐底部抽出,进入溶剂再生塔,胺液由塔下部集液箱抽出作为溶剂再生塔底重沸器进料,经重沸加热后返回塔底部。溶剂再生塔顶部气体经空冷器、后冷器冷却后进入回流罐,回流罐顶部出来的酸性气送出,底部抽出的液体由泵升压后作为溶剂再生塔顶部回流。

再生后的胺液由溶剂再生塔底部抽出,经升压、冷却后进入溶剂缓冲罐,自缓冲罐出来的贫液分成两路,一路进循环氢脱硫塔,然后作为循环氢脱硫塔进料去反应部分;另一路经升压后分别进入液态烃脱硫塔、干气脱硫塔、低分气脱硫塔顶部。

3.4　运行操作

工艺调整总体原则,要求对参数的调节要求准确迅速;在保证开工周期的前提下,优化操作条件,提高轻油收率和保证产品质量;操作不正常时,减小危害性操作,尽快实现平稳;发生事故时,严格遵循事故处理原则,化解和减小事故造成的危害。

3.4.1　反应系统工艺参数

反应系统工艺参数主要有反应温度、反应压力、氢油比(体积比)、空速、进料量等。

精制反应器温度,是控制脱 S、脱 N 率主要手段,裂化反应器温度,是控制转化率的主要手段。通常在催化剂活性允许的条件下,采用尽可能低的反应温度。在生产中要严格控制床层温度,防止床层温度超高,造成飞温,被迫泄压放空。如果进料量原料比例改变,应迅速调整,并根据床层温度变化改变反应器入口温度和调整各床层温度。

提高反应器压力,就意味着提高反应氢分压,使反应速度加快,转化率提高。提高反应氢分压有利于氧、硫、氮化合物和胶质、沥青质的脱除;有利于芳烃化合物的加氢饱和,从而改善加氢裂化相关产品的质量。

氢油比影响加氢裂化反应过程,在较高的氢油体积比条件下操作,提高氢油比可起到保护催化剂表面的作用,防止催化剂表面缩合结焦。提高氢油体积比也可以轻微增加装置的液体收率、降低化学耗氢。

空速是指进料量与催化剂藏量之比。若反应器的容积不变,则提高反应体积空速,将增加加氢裂化装置的加工能力;较低的反应体积空速,可以在较低的反应温度下得到所期望的加氢裂化产品收率,同时可延长催化剂的使用周期。降低空速,则原料反应的时间延长,深度加大,转化率提高。但空速过低,二次裂解反应加剧,气态烃增加,液体收率下降。

3.4.2　分馏系统主要设备工艺参数

1. 主汽提塔工艺参数

主汽提塔工艺参数主要有压力、温度、进料量、排出量、回流量等。

塔的压力对整个分馏塔组分的沸点有直接影响,随着塔压升高,产品的沸点也会升高,分馏所需温度提高。如果塔的压力降低,分馏所需温度下降,塔内气体的流率会增加,塔盘负荷也要增加。正常的塔压不宜改变,塔操作的稳定由温度调节控制。

塔进料由分别来自冷、热高分的两股物料组成,这两处温度的高低决定了由进料带入塔热量的多少,影响分馏效果和主汽提塔所需汽提蒸汽的量。塔顶温度如果太高,必须加回流量或减少塔顶液体产品排出量。塔顶空气冷却器出口流体温度应宁低勿高。塔底液体温度如果太高,会降低其与其他物流换热的效率;如果太低,会降低第一分馏塔的进料温度。

进料量增加或减少,必须按比例增加或减少回流量和汽提蒸汽量,监视塔各点的温度和压力,以维持塔顶和塔底产物的质量稳定。

塔顶产品排出量的控制对产品的切割点有直接的影响。要仔细调节塔顶产品的排出量,以保证第一分馏塔生产符合规定的石脑油,其他工艺参数如回流量、温度在排出量发生变化时均需要做相应的调节。

回流量对产品的质量和收率有很大影响。当回流比增加时,塔顶产品与塔底产物之间将得到精确的分离。如果回流量和塔顶产品排出量增加,塔盘负荷也会增加。如塔的外回流温度降低时塔的内回流是会增加的,该塔的回流比应保持在 1 和 2 之间。

2. 第一分馏塔、航煤侧线汽提塔工艺参数

第一分馏塔、航煤侧线汽提塔主要工艺参数有压力、温度、进料量、排出量、回流量等。

第一分馏塔的压力是通过回流罐上的压力调节器来控制,通过控制进入回流罐的燃料气阀以及回流罐去重沸炉火咀的燃料气阀的开度来实现压力的控制的。

塔顶温度调节器设在塔顶挥发线上,通过反复调节塔顶回流量来控制塔顶温度。

进料来自主汽提塔,其流量由主汽提塔底液面控制。通过控制阀来降低进料压力使之部分汽化。

当产品排出量改变时,塔的内回流也改变。如果馏出物的总量增加,塔底温度(泡点)亦增加,必须相应调整回流和重沸炉热负荷,以维持塔的分馏效率。

系统自动地调节回流量,以便得到规定的塔顶产品。回流量越大、回流温度越低,分馏精度越高。汽提塔底重沸器的热量,由第二分馏塔底循环油提供,通过调节温度用以控制航煤的闪点。

3. 第二分馏塔工艺参数

第二分馏塔主要工艺参数有压力、温度、进料量、排出量、回流量等。第二分馏塔是在负压条件下操作的。塔顶挥发线上装有两台抽空器,自动调节气量,以保持塔的恒定压力。

其温度的高低由第一分馏塔底温决定。设在第一块塔板上的温度控制器为获得理想的柴油干点或柴油与循环油之间适当的切割点提供了保证。当输入系统的热量或分离程度不足时,应升高重沸炉出口温度。如果温度升高到极限,油循环量应逐渐增加以防止过度热裂化,并保持分馏塔在设计温度以内。

4. 脱丁烷塔工艺参数

脱丁烷塔主要工艺参数有压力、温度、进料量、排出量、回流量等。塔的压力是由设在脱丁烷塔顶挥发线上的压力调节器控制。脱丁烷塔中有三个温度显示和一个主要温度控制器。塔底再沸器出口温度控制器,控制着进入重沸器的循环油流量,以维持输入系统的足够热量。进料口温度显示由进料带入塔的热量情况。塔顶挥发线上温度显示,显示轻重组分的分离精度情况。塔底液体流出线上温度显示,显示轻重组分的分离精度情况。可以通过增加回流量,提高轻重组分的分离效率。当脱丁烷塔进料量变化时,要手动调节冷凝冷却器的冷却水量,保持塔顶回流罐不超过设定温度。

5. 脱乙烷塔工艺参数

脱乙烷塔主要工艺参数有压力、温度、进料量、排出量、回流量等。塔的压力是由设在

脱乙烷塔顶挥发线上的压力调节器控制。其作用原理和脱丁烷塔部分一样。脱乙烷塔中也有三个温度显示和一个主要温度控制器,与脱丁烷塔部分具有同样的原理和作用。当脱乙烷塔进料量变化时,要手动调节塔顶冷却器的冷却水量,保持塔顶回流罐不超过设定温度。不能直接地调节回流量,因为没有塔顶液体产品以供调节。

3.4.3　脱硫系统工艺参数

脱硫系统采用溶剂吸收法,脱硫溶剂通过吸收-再生循环使用。溶剂吸收硫化氢是放热反应,所以一般吸收宜在低温、高压下进行,而溶剂再生则是在高温、低压下进行比较有利。主要工艺参数有温度、压力、胺液循环量、N-甲基二乙醇胺浓度等。

N-甲基二乙醇胺的碱性随温度的变化而变化,即温度低,碱性强,脱硫性能好;温度高,则有利于硫化物在富液中分解。因而,脱硫操作都是在低温下进行,而再生则在较高温度下进行。对于液态烃脱硫塔,该塔是液-液抽提塔,若温度高,则液化气会汽化导致压力波动打乱操作,且 C_5 及以上沸点较高的化合物在溶液中的积累速度增大,而直接影响吸收效果,低温对操作有利。对于干气脱硫塔和低分气脱硫塔,这两塔是气-液吸收塔,温度低,一则有利于化学吸收反应,二则会使贫液中的酸气平衡分压降低,有利于气体吸收,但如果温度过低,可能会导致进料气的一部分烃类在吸收塔内冷凝,导致 N-甲基二乙醇胺溶液发泡而影响吸收效果。再生塔由再生塔和重沸器组成,温度高,有利于酸性气的解吸,但过高的温度会导致溶液的老化和分解。

压力对吸收、抽提与解吸有直接影响。压力高,有利于吸收脱硫的进行。但塔的操作压力受原料及设备设计压力的限制。较高的压力对于干气脱硫塔、低分气脱硫塔来讲则有利于气-液的溶解吸收效果,但过高的压力,会导致部分烃类气体的冷凝。所以还须控制在一定的范围内。压力低有利于 H_2S 的解吸及再生塔的操作,但要考虑溶液的氧化、老化及酸性气出装置的输送问题等。

胺液循环量决定塔的胺气比。在一定的温度、压力下,N-甲基二乙醇胺的化学脱硫、吸收脱硫、溶解度是一定的,循环量过小,满足不了脱硫的化学需要量,导致吸收、抽提效果降低,会出现净化气中的 H_2S 量过大,质量不合格;而循环量过大,则塔负荷增大,会影响吸收抽提效果,增加动力消耗,影响再生塔的再生效果,导致胺液再生质量差而反过来影响产品质量。

N-甲基二乙醇胺浓度小,富液中酸性气蒸汽压将变得较低,溶液循环量必须加大,以维持预定的酸性气负荷。相反,使用较高浓度的 N-甲基二乙醇胺溶液,将允许减少循环量,但每单位体积吸收的热量将增加,较热的富溶液腐蚀性更强。

3.5　主要设备

加氢裂化工艺的主要设备有加氢反应器、高压换热器、高压分离器、反应加热炉、新氢压缩机、循环氢压缩机等。

加氢反应器　多为固定床反应器,加氢反应属于气-液-固三相涓流床反应,加氢反应器分冷壁反应器和热壁反应器两种:冷壁反应器内有隔热衬里,热壁反应器没有隔热衬里,而是采用双层堆焊衬里。加氢反应器内的催化剂需分层装填,中间使用急冷氢,因此加氢反应器的结构复杂,反应器入口设有扩散器,内有进料分配盘、集垢篮管、催化剂支承盘、冷氢管、冷氢箱、再分配盘、出口集油器等内构件。加氢反应器的操作条件为高温、高压、临氢,操作条件苛刻,是加氢装置最重要的设备之一。

反应器出料温度较高,具有很高热焓,应尽可能回收这部分热量,因此加氢装置都设有高压换热器,用于反应器出料与原料油及循环氢换热。现在的高压换热器多为 U 形管式双壳程换热器,该种换热器可以实现纯逆流换热,提高换热效率,减小高压换热器的面积。管箱多用螺纹锁紧式端盖,其优点是结构紧凑、密封性好、便于拆装。高压换热器的操作条件为高温、高压、临氢,静密封点较多,易出现泄漏,是加氢装置的重要设备。

高压分离器 工艺作用是进行气-油-水三相分离,高压分离器的操作条件为高压、临氢,操作温度不高,在水和硫化氢存在的条件下,物料的腐蚀性增强,在使用时应引起足够重视。另外,加氢装置高压分离器的液位非常重要,如控制不好将产生严重后果,液位过高,液体易带进循环氢压缩机,损坏压缩机,液位过低,易发生高压窜低压事故,大量循环氢迅速进入低压分离器,此时,如果低压分离器的安全阀打不开或泄放量不够,将发生严重事故。因此,从安全角度讲高压分离器是很重要的设备。

加氢反应加热炉 操作条件为高温、高压、临氢,而且有明火,操作条件非常苛刻,是加氢装置的重要设备。加氢反应加热炉炉管材质一般为高 Cr、Ni 的合金钢。加氢反应加热炉的炉型多为纯辐射室双面辐射加热炉,这样设计的目的是为了增加辐射管的热强度,减小炉管的长度和弯头数,以减少炉管用量,降低系统压降。为回收烟气余热,提高加热炉热效率,加氢反应加热炉一般设余热锅炉系统。

新氢压缩机 作用就是将原料氢气增压送入反应系统,这种压缩机一般进出口的压差较大,流量相对较小,多采用往复式压缩机。往复式压缩机的每级压缩比一般为 2 ~ 3.5,根据氢气气源压力及反应系统压力,一般采用 2 ~ 3 级压缩。往复式压缩机的多数部件为往复运动部件,气流流动有脉冲性,因此往复式压缩机不能长周期运行,多设有备机。往复式压缩机一般用电动机驱动,通过刚性联轴器连接,电动机的功率较大、转速较低,多采用同步电机。

循环氢压缩机 作用是为加氢反应提供循环氢。循环氢压缩机是加氢装置的心脏。循环氢压缩机在系统中是循环做功,其出入口压差一般不大,流量相对较大,一般使用离心式压缩机。循环氢压缩机多采用汽轮机驱动,这是因为蒸汽汽轮机的转速较高,而且其转速具有可调节性。

3.6 工艺过程控制

3.6.1 自动过程控制系统(DCS)

加氢裂化工艺过程控制的核心是 DCS 系统,该系统集现代计算机技术、通信技术和过程控制技术于一体,具有控制功能强,操作监视方便、安全可靠等特点。DCS 接收来自加氢裂化装置现场的温度、压力、液位、流量、可燃气体检测、有毒气体检测、机泵状态等信息,然后又通过 DCS 将控制指令发送到加氢裂化装置现场。

基本控制回路以 PID 为主,设置必要的复杂控制回路,如加热炉出口温度与燃料气压力组成串级控制回路、上游物料作为下游工艺过程的进料时设置串级均匀控制回路等。

3.6.2　紧急停车系统(ESD)

ESD 控制系统即紧急停车系统,是一种基于安全性设计的控制系统,它可靠性高、功能强、动作迅速,能实现较复杂的逻辑控制,主要应用在大型化工生产装置、大型动力设备等的联锁保护控制系统中,使装置或设备在紧急情况下不发生任何危险事故,保障装置或设备安稳运行,减少工业事故。

自保系统(ESD)采用可编程的冗余和容错型的逻辑控制器(PLC)系统,故障安全型,即正常时带电,失电时 ESD 动作。用于 ESD 系统的电磁阀也应是长期带电工作的故障安全型。自保系统在动作元件的输入端应设置旁路开关(BYPASS),去执行器的输出端根据情况设置手动开关,提高 ESD 系统的安全性、灵活性和维护的方便性。

3.6.3　装置连锁

加氢裂化装置是一套连续化、自动化程度很高的装置,在生产过程中存在高温、高压、临氢、有毒及易燃易爆的特点,为保证安全生产,装置设置了许多安全联锁装置。

3.7　装置安全和环境保护

3.7.1　开工时的安全防范措施

加氢装置反应系统干燥、烘炉的目的是除去反应系统内的水分,加热炉烘炉时,装置需引进燃料气,在引燃料气前应认真做好瓦斯的气密及隔离工作。催化剂装填应严格按催化剂装填方案进行,填前应认真检查反应器及其内构件,检查催化剂的粉尘情况,决定催化剂是否需要过筛。

注意,置换完成后系统氧含量应小于1%,否则系统引入氢气时易发生危险;在氮气环境置换为氢气环境时应注意,使系统内气体有一个适宜的平均分子量,一般氢气纯度为85%较为适宜。气密工作的主要目的是查找漏点,消除装置隐患,保证装置安全运行。加氢反应系统的气密工作分为不同压力等级进行,氮气气密合格后用氢气作低压气密。首先开启循环氢压缩机,反应加热炉点火,系统升温,当反应器器壁温度大于100℃后,系统升压,作高压阶段气密。分馏系统冷油运的目的是检查分馏系统机泵、仪表等设备情况,分馏系统冷油运应注意工艺流程改动正确,做到不跑油、不窜油。

分馏系统热油运的目的是检查分馏系统设备热态运行状况,为接收反应生成油做好准备。分馏系统升温到100℃左右时应注意系统切水,防止泵抽空。升温到250℃左右时应进行热紧。一般要求系统升温速度为20℃左右,系统升压速度不大于1.5 MPa/h。升温升压速度过快易造成系统泄漏。加氢反应催化剂进行硫化时,要特别注意硫化氢中毒。加氢裂化催化剂进行钝化时应注意维持系统中硫化氢浓度不小于0.05%。加氢催化剂的硫化、钝化过程完成后,加氢反应系统的低氮油需要逐步切换成原料油,切换步骤应按开工方案要求的步骤进行。切换过程中应密切注意加氢反应器床层温升的变化情况。

3.7.2 正常生产时安全防范措施

加氢装置正常操作调整时必须遵守"先降温后降量""先提量后提温"的原则,防止"飞温"事故的发生。加氢装置的反应温度是最重要的控制参数,必须严格按工艺技术指标控制加氢反应温度及各床层温升。

高压分离器液位是加氢装置非常重要的工艺控制参数,如液位过高易循环氢带液,损坏循环氢压缩机;如液位过低易出现高压窜低压事故,造成低压部分设备毁坏,油品和可燃气体泄漏,以至更为严重的后果。加氢装置反应系统压力影响氢分压,对加氢反应有直接的影响,应选择经济、合理、方便地控制方案对反应系统的压力进行控制。

循环氢纯度影响氢分压,可操作条件为尾氢排放量。加大尾氢排放,循环氢纯度增加;减小尾氢排放,循环氢纯度降低。加热炉各路流量应保持均匀,并且不低于规定的值,防止炉管结焦;保持加热炉各火嘴燃烧均匀,尽量使炉膛内各点温度均匀;控制加热炉各点温度不超温;保持加热炉燃烧状态良好。

氢气火焰一般为淡蓝色,定期进行这种夜间闭灯检查。加氢装置的原料一般较重,凝点较高,通常在 $20 \sim 30 \, ℃$,容易发生冻凝。加氢装置的防冻凝问题应引起足够重视。加氢装置的循环氢压缩机多为离心式压缩机,离心式压缩机存在喘振问题,在操作中应保持压缩机在正常工况下运行,避免压缩机出现喘振。加氢装置的原料性质,对加氢装置的操作有重要影响,必须严格控制。一般控制原料的干点在规定的范围内。

硫化氢的毒性很强,允许最高浓度为 $10 \, mg/m^3$。加氢车间必须注重防硫化氢中毒问题,在高硫区域内进行切液、采样等操作时尤其注意,要求戴防毒面具并有人监护。

加氢装置的急冷氢对抑制反应温升具有重要作用。高凝点油有时倒窜入冷氢线内凝结,堵塞冷氢线,将十分危险,操作过程中要时刻保持冷氢线畅通。注意泵体、密封等处有无泄漏,有泄漏应立即处理,发生泄漏会引发重大事故。加氢装置如控制不好,在很短时间内上升很高,以至烧毁催化剂和反应器。为避免"飞温"事故发生,加氢装置设有紧急放空连锁系统。

3.7.3 停工时安全防范措施

加氢装置停工首先反应系统降温、降量,遵循"先降温后降量"的原则。加氢装置的原料油一般较重,凝点较高,在停工时易凝结在催化剂、管线及设备当中。为避免上述情况出现,在停工前应用低凝点油置换系统。

切断反应进料时,应注意反应器温度应适宜,使裂化反应器无明显温升。切断反应进料后,反应加热炉升温,用热循环氢带出催化剂中的存油,热氢气提的温度应根据催化剂的要求确定,热氢气提的温度不能过高,以避免催化剂被热氢还原。加氢反应系统按要求的速度降温、降压。

反应系统用 N_2 置换,使系统的氢烃浓度小于 1%。使用过的含碳催化剂在空气中易发生自燃,反应器是在 N_2 环境下进行卸催化剂作业。加氢装置高压部分的设备及部件,在停工后应用碱液进行清洗,以避免在接触空气后发生腐蚀,损坏设备。加氢装置停工,应将装置内的存油退出并吹扫干净,保证不留死角。加氢装置停工后将装置的火炬系统、地下污水等辅助系统处理干净,并加盲板使装置与系统防腐以使装置达到检修条件。

3.8　思考题

3.8.1　加氢精制反应器和加氢裂化反应器内主要有哪些反应？影响加氢裂化装置转化率的因素有哪些？如何调整？

3.8.2　原料性质变化对分馏系统操作有什么影响？如何处理？

3.8.3　影响溶剂再生塔再生效果的主要因素有哪些？

参考文献

[1] 方向晨.加氢裂化工艺与工程(第 2 版)[M].北京:中国石化出版社,2017.

[2] 尹向昆,邵海峰.加氢裂化尾油资源综合利用[J].中外能源,2011,16(12):70 - 73.

[3] 别东生.加氢裂化装置技术手册[M].北京:中国石化出版社,2019.

[4] 李立权.加氢裂化装置操作指南(第二版)[M].北京:中国石化出版社,2016.

[5] 孙建怀.加氢裂化装置技术问答(第二版)[M].北京:中国石化出版社,2014.

第4章 延迟焦化装置

4.1 概 述

延迟焦化装置是炼油厂提高轻质油收率和生产石油焦的主要加工装置,它将减压渣油、常压渣油、减黏渣油、重质原油、重质燃料油和煤焦油等重质低价值油品,经深度热裂化反应转化为高价值的液体和气体产品,同时生成石油焦。在延迟焦化过程中,通常使用水平管式加热炉在高流速、短停留时间的条件下将物料加热至反应温度后进入焦炭塔,在焦炭塔内一定的温度、停留时间和压力条件下,物料发生裂解和缩合反应生成气体、汽油、柴油、蜡油和焦炭。由于物料在加热炉管中停留时间很短,仅发生浅度热裂化反应,物料在快速通过加热炉炉管并获得反应所需要的能量后,它的裂化和缩合生焦反应被"延迟"到加热炉下游的焦炭塔内发生,故该过程被称为"延迟焦化"。

我国从 20 世纪 60 年代开始建设延迟焦化装置以来,延迟焦化的工艺技术和装置建设取得了较快的发展,特别是 20 世纪 90 年代以来,延迟焦化工艺在我国得到了飞速的发展,到 2005 年底我国延迟焦化装置加工能力为每年 4.245×10^7 吨,占原油一次加工能力的 12.94%,仅次于美国,居世界第 2 位。

随着全球原油的劣质化趋势和环境保护法规对燃料质量和炼厂排放要求的日趋提高,劣质渣油的深度加工势在必行。美国《石油时代》评选石油加工技术时指出"新一代炼油技术有三个:渣油催化裂化、延迟焦化和灵活焦化和渣油加氢"。其中延迟焦化工艺过程因其技术成熟、原料适应性强、产品灵活性大、操作可靠性高等优势,目前已成为全球渣油加工的主要过程之一,在 21 世纪也必将得到进一步的应用和发展。

4.2 延迟焦化工艺特点

延迟焦化工艺从 20 世纪 30 年代工业化以来,一直是一种被广泛应用的渣油加工技术。延迟焦化工业在技术、经济方面的特点可归纳为以下特点。

4.2.1 技术成熟,原料适应性广泛

延迟焦化技术成熟且容易推广的主要原因是焦化是热加工过程,不使用催化剂,所以不存在催化剂中毒、污染造成催化剂再生和更换等问题,可以处理其他重油加工工艺不能处理的高残炭、高金属含量的原料。同时焦化流程比较简单,生产成本较低,炼厂内一些其他装置不能处理的重质废油可送往焦化装置处理,这就提高了全长轻油收率和效益。例如可用三废治理中得到的废油、废渣和催化裂化的油浆作焦化原料,这不但拓宽了焦化

原料的来源,而且使这些废料产出更大的效益。这样,国际上有一些"渣油零排放"和"废油零排放"炼厂的流程就是以大型焦化为主体。

4.2.2　建设投资适中,加工费用较低,具有较好的投资回报

据有关数据报道,大型延迟焦化工业装置投资指标适中,单位生产能力(10^4 t/a)的投资指标为50万~120万美元。国内建设大型延迟焦化装置投资更低。与渣油加氢处理等过程相比,延迟焦化的加工费也比较低。图4-1为以胜利减压渣油为原料,采用延迟焦化、溶剂脱沥青或渣油加氢脱硫作为渣油预处理过程,加上催化裂化组成的各种不同方案的渣油联合加工过程单位投资额和加工费比较结果,图中ART工艺是由Engelhard公司开发的一种渣油深度热裂解工艺。利用一种球形惰性热载体将渣油加热裂解,其特点是产焦率低,渣油中重金属绝大部分可转移到热载体上。由此可以看出四个方案的轻油收率相近,但延迟焦化工艺在投资和加工费上均比其他预处理方法有一定的优势。

4.2.3　焦化产品质量易于进一步加工改质

延迟焦化产品容易精制,焦化石脑油经过加氢精制后可作汽油组分,尤其适合作乙烯裂解原料。焦化重石脑油经加氢精制可作催化重整原料油。加氢焦化柴油的质量,无论是十六烷值还是安定性方面均好于催化裂化柴油,从而有利于提高全厂柴油产品的十六烷值。焦化柴油加氢精制耗氢量低于催化裂化柴油精制的耗氢量。加氢焦化蜡油是一种很好的炼厂二次加工原料,用作催化裂化和加氢裂化原料时可增加全厂液体产品收率。

4.2.4　在油化一体化的石油化工厂中焦化装置占有特殊位置

焦化石脑油经加氢精制后是一种良好的乙烯裂解原料,乙烯收率和优质直馏石脑油相当。加氢焦化蜡油(CGO)通过加氢裂化所得到的加氢裂化尾油(HVGO)也是一种制造乙烯的好原料。因此,焦化液体产品中石脑油馏分、柴油馏分中轻柴油部分(≤200 ℃馏分)和蜡油馏分都可以直接提供乙烯裂解原料。初步估计,一套2.0 Mt/a延迟焦化装置每年可提供0.3 Mt~0.4 Mt石脑油和0.25 Mt~0.3 Mt加氢裂化尾油(由焦化蜡油进中压加氢裂化得到)作乙烯裂解原料,可年产乙烯0.155 Mt~0.2 Mt。这样,延迟焦化装置作为炼油化工一体化炼油厂的主要装置,它可以为乙烯工业提供更多、更好、更廉价的原料,从而使炼油业和石化业都获得比较好的收益,得到"双赢"的效果。

4.2.5　石油焦的用途正在不断地扩大,其价值有很大提高

延迟焦化装置石油焦的收率比较高(20%~30%)。焦化生产的石油焦有多种用途,根据焦炭质量的不同,可用作从锅炉燃料到作为制造电极用焦和针焦等一系列用途。石油焦的销售、处理比溶剂脱沥青所得的硬沥青容易得多。目前,高硫石油焦大部分作为燃料使用,其价值稍大于煤炭,是焦化装置产品结构一个主要的缺点。由于石油焦灰分很低,低硫石油焦广泛适用于冶金、炼铝工业和造气原料。近年来国内炼铝业进行了技术改造,对原料石油焦的含硫量要求有较大放宽,一些中等含硫量的石油焦也可以用于炼铝工业,从而扩大了石油焦的用途。

4.3 延迟焦化工艺流程

延迟焦化是炼油厂内一种主要的重油加工工艺,通过热裂化和缩合反应达到重质烃类轻质化的目的。常规延迟焦化装置由焦化、分馏、焦炭处理、放空系统、切焦水处理等极端工艺组成。

典型的渣油延迟焦化装置工艺流程如图 4-1 所示。焦化原料和焦化主分馏塔测线轻、重焦化蜡油换热后温度为 280~300 ℃,然后进入焦化主分馏塔底部的缓冲段,在塔底和循环油混合,温度为 340~355 ℃,再用加热炉进料泵送入加热炉。新鲜原料和循环油混合后被加热至 500~505 ℃,高温介质在加热炉中后部炉管内产生少量热裂化反应。为防止在路管内结焦,使加热炉长周期运转,需要介质在炉管内保持较高流速以控制停留时间。之后,快速经切换阀进入焦炭塔塔底,在焦炭塔内高温油气发生热裂化反应、高温液相发生热裂化和缩合反应,最终转化为轻质烃类和焦炭。从焦炭塔塔顶逸出的热油气流入焦化分馏塔,焦炭自上而下沉积在焦炭塔内。每个焦炭塔为间歇操作,交替进行生焦、冷焦、暖塔等操作。焦炭塔按预定的焦化周期切换操作,所以对延迟焦化工艺而言,焦炭塔的操作时间歇的,但焦化过程是连续的。延迟焦化装置的焦炭塔的数目通常为 2 的倍数。

从焦炭塔顶部出来的油气进入焦化主分馏塔底部的换热段,用来自上段的高温蜡油进行洗涤和换热,使循环油冷却下来进入塔底,循环油和新鲜进料在塔底混合后泵送至焦化加热炉。在焦化主分馏塔中、下部设有循环回流段,从蜡油集油箱抽出的蜡油,先后经换热把取出的循环回流热量用于预热原料,产生的蒸汽作为气体回收部分重沸器的热源。蜡油产品可经汽提塔后泵送经原料换热器、冷却器作为产品送出装置。主分馏塔中、上部为柴油精馏段,在此抽出的柴油经汽提、预热原料冷却后作为产品送出。塔顶产品为石脑油和焦化富气,富气经过增压后送入气体回收工段,分离得到液化气和焦化干气,经脱硫处理后作为装置燃料或送出装置。焦化汽油一部分作为塔顶回流,剩余部分作为焦化汽油产品送出装置。为进一步回收热量,也可以用顶部循环回流代替塔顶冷回流,国内延迟焦化装置大部分采用塔顶循环回流方案。装置含硫污水送至酸性水汽提系统进行处理。

焦化分馏部分的换热方案与原料油的性质、操作条件和分馏塔的回流取热方案及装置的组成结构和蒸汽平衡等因素有关。国内焦化分馏系统设计多采用中段回流取热,以平衡柴油、蜡油段气相负荷的分配和提高高位热能利用的程度。为了满足焦化蜡油去下游催化裂化或加氢裂化加工对原料的残碳、重金属等含量的要求,可考虑增设重蜡油抽出线。值得注意的是在图 4-1 中,焦炭塔吹气和冷却阶段产生的含烃蒸汽进入焦炭防空塔,在此塔内经塔底循环油洗涤,塔顶流出的含烃蒸汽被部分冷凝,其冷凝水可作为冷切焦水回用或送至酸性水汽提系统,未冷凝的轻烃气体经压缩后可作为燃料气使用。

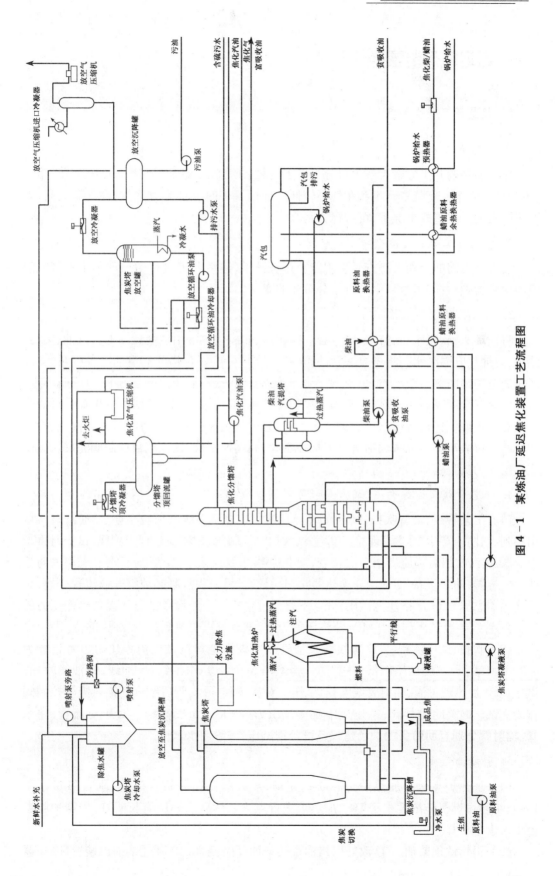

图 4 - 1　某炼油厂延迟焦化装置工艺流程图

4.4 延迟焦化装置操作要点

4.4.1 装置开工操作要点

1. 装置开工方案

焦化装置的开工方案大致上可分为以下两种：① 柴油-蜡油-渣油开工方案；② 蜡油-渣油开工方案。新装置开工和在气温较低的地区开工时应选择方案①；在气温较高、老装置未做大的改造的情况下，可选择方案②。

2. 装置开工全面大检查

装置开工前的全面大检查是装置能否正常开工，避免开工过程中出现不正常情况的重要保障，在装置开工过程中具有十分重要的意义。

3. 开工前的准备工作

将循环水、软化水、新鲜水、电、蒸汽、净化风、非净化风等引进装置。准备汽油、柴油、蜡油，并加热升温脱水。将各泵润滑油箱清理干净，更换好合格的润滑油。各机泵、空冷风机送电。消防蒸汽线给汽，并在规定接头位置装好蒸汽胶带。给上各冷却器循环水。打开所有安全阀隔断阀，投用安全阀。甩油冷却水箱加满水，加热到 70~80 ℃。封油罐加热器及重质油伴热线给汽。引进高压瓦斯，分析系统氧含量要求小于 1%。检查、检验炉子所有仪表准确、好用，辐射进料流量控制阀、温度控制阀、注汽流量控制阀完好。确认产品出厂的流程畅通，处于待命状态。

4. 工艺管线及设备吹扫、试压

(1) 工艺管线、设备吹扫、试压原则。① 吹扫前蒸汽系统必须脱净存水，通汽时汽量由小到大，防止产生"水锤"现象。② 蒸汽吹扫时控制阀、累积流量计走副线，试压时再带上。③ 蒸汽吹扫时不能启用一次仪表，防止杂物堵塞仪表。④ 蒸汽不能串入相关的管线、塔、容器，防止设备憋压。⑤ 换热器吹扫一程时，另一程排凝必须打开或流程变通，防止换热器憋压。⑥ 严格注意试压标准，不要超过指标。一般设备试压为设备操作压力的 1.5 倍，管线一般试压到 1.0 MPa 蒸汽压力为止，试点重点要放到高温、高压部位。

(2) 吹扫、试压流程。① 焦炭塔及油气线。该系统蒸汽试压流程压力参考指标为 0.3 MPa(表压)。因试压值低，注意防止焦炭塔超压。② 汽油线、柴油线、蜡油线吹扫、试压。③ 加热炉对流、辐射管线吹扫、试压。对流、辐射分支阀后给汽到辐射流量控制阀排凝。试压时关闭排凝阀，憋压至中压蒸汽压力(35 kg/cm² 等级)。对于对流管、注水管、辐射管分别有回弯头的炉子建议各段分别试压，一般用水试压。

5. 引蜡油置换

(1) 加热炉点火。加热炉炉膛吹扫完毕，点火前瓦斯分析合格(要求含氧量小于 1%)，炉膛可燃气体浓度小于 1%，加热炉进行点火。然后点燃所有长明灯，控制炉膛温度不大于 200 ℃。

(2) 引蜡油顶柴油。① 改好引蜡油置换柴油开路流程；② 开通柴油出装置，冷却器出口温度不大于 100 ℃;③ 出口确认是蜡油后,改闭路循环。

6. 系统循环升温

(1) 250 ℃恒温。① 加热炉以 40 ℃/h 的速度升温至 250 ℃,恒温 8 h;② 试翻四通阀;③ 分馏塔底热油泵开始预热。启动塔底循环泵,建立分馏塔底循环。

(2) 300 ℃恒温。① 升温至 300 ℃时,恒温 2 h;② 试翻四通阀,四通阀给小量汽封;③ 焦炭塔油气由放空改入分馏塔。

(3) 350 ℃恒温。① 以 20 ℃/h 的速度升至 350 ℃,恒温 12 h;② 有关工艺管线、设备热紧;③ 试翻四通阀。

(4) 塔底热油泵投运。① 启动塔底热油泵的主要条件:分馏塔底无水;加热炉出口达 350 ℃恒温;塔底热油泵泵体温度与分馏塔底温差小于 50 ℃;② 塔底热油泵启动正常后,封油罐要加强脱水,防止塔底热油泵抽空。

(5) 炉出口升温至 420 ℃恒温。① 360 ℃阶段恒温:向加热炉注蒸汽(35 kg/cm² 等级)或注水,控制注汽量(注水量);分馏塔顶油气分液罐见界面后,启动污水系,外送含硫污水;② 420 ℃阶段恒温 2 h:用蜡油回流量控制集油箱温度 350 ℃左右,并视集油箱液位,做好蜡油出装置准备工作;利用中段回流控制柴油集油箱温度 220 ℃左右,集油箱液面达到 50% 时,启动柴油泵建立柴油回流控制柴油集油箱温度,柴油适量外送。

7. 装置改变为渣油进料

改变渣油条件,无水封油已收好,炉出口温度 420 ℃恒温。停止闭路循环,改开路循环,将渣油引进原料油缓冲罐。严格控制渣油冷却器的渣油出口温度不大于 100 ℃。装置进料改变渣油后控制入炉流量,同时注意炉温的变化。根据分馏塔顶压力情况开气压机。

8. 升温至 460 ℃切换四通阀

无堵焦阀流程的焦化装置开工时用四通阀上部转油线预热焦炭塔,为防止此管线结焦,切换四通阀时温度可低些(450 ℃左右)。有堵焦阀流程的切换四通阀温度以 460 ℃为宜。

(1) 装置进料改变渣油正常后,根据焦炭塔退油情况,将辐射段出口温度以 20 ℃/h 的速度升至 460 ℃。

(2) 切换四通阀条件。① 开工焦炭塔底判断确实无油;② 开工焦炭塔顶温大于 380 ℃,底温大于 320 ℃;③ 开工焦炭塔顶、底压力接近;④ 接触冷却塔等放空系统循环正常。

(3) 切换四通阀。① 关闭甩(退)油隔断阀,将四通阀由开工线切向底部进料,切换时设专人监护焦炭塔顶压力,严防超压,注意炉出口压力,防止产生憋压;② 切换四通阀 30 min 后开始对开工线和甩油系统扫线。

9. 炉出口升温至 500 ℃调节操作至正常

切换四通阀正常后,加热炉以 60 ℃/h 的速度升温至炉出口 500 ℃。入炉流量以 5 t/h 的速度提至总进料量。系统压力由分馏塔顶富气去气压机压力控制来控制。调整加热炉各支路进料量的分配,控制好循环比。渣油进分馏塔上、下层,根据分馏塔顶温度控制情况,将冷回流切至顶循环回流。启动分馏塔顶循环回流泵时注意放空排净泵体内气体、水,防止抽空。加热炉改烧自产瓦斯。全面检查工艺、设备、仪表等运行,消除隐患。按工艺卡片调整各部操作、平稳生产、保证装置安稳长运转、产品质量合格。

4.4.2 装置停工方案

1. 装置停工原则

焦化装置停工是从后部停至前部,退油,吹扫。即先停吸收脱硫系统,停气压机,再停焦化部分。停工过程中禁止大幅度降温降量。当炉出口温度低于 480 ℃时,将四通阀切向停工塔开工线,进行降温循环。应按油品轻重次序,先重后轻原则进行吹扫,即先吹扫渣油线、蜡油线,后吹扫柴油线、汽油线等。

2. 停工前的准备工作

(1)焦化部分停工前,将吸收脱硫系统及气压机先停掉,焦化富气由分馏塔顶分液罐经压控直接排放火炬,同时试引界区外瓦斯至燃料气分液罐,以备停工用。

(2)按正常操作法进行焦炭塔试压,预热,开工线用蒸汽贯通,油气预热。

(3)降温前 4 h,以 5 t/h 的速度将辐射炉管进料量降至低量(例:1.0 Mt/a 焦化装置降至 25 t/h、分支)。

(4)降量同时,提高蒸汽注入量。

(5)提前预热甩油泵,为停车退油做准备。

3. 辅助系统停工步骤

(1)停柴油吸收及脱硫部分。① 停送柴油去焦化富气柴油吸收部分,将焦化富气缓慢切出焦化柴油吸收系统,并将其改为火炬系统。再生塔顶酸性气改酸气专用放火炬线;② 再生塔底重沸器降温至 80 ℃,停用蒸汽;③ 保持系统压力及循环,当贫液冷后温度降至 60 ℃时,停止胺液循环;④ 将装置的液态烃、汽油最大限度地送出装置;⑤ 将溶剂退至溶剂储罐。

(2)停气压机。① 和柴油吸收及脱硫部分配合好,将气压机出口切至火炬线;② 加大反飞动量,防止气压机抽空,按停机步骤停机,停机前利用调速旋钮或风压信号降速至临界转速以下,运行 3 min;③ 原动机为背压透平的,将背压蒸汽切除出系统,打开蒸汽放空阀;④ 由启动手轮降速,逐渐关出口阀和反飞动阀,直至全关;⑤ 顺时针方向转动手轮,继续转速降至 2 000 r/min,关闭压缩机轴封处的注入蒸汽阀门,停止注汽,同时逐渐关小抽气器,当确认机体内无富气时,方可关闭抽气器;⑥ 继续降速至 1 000 r/min 按下危急保安器手柄,立即关闭入口风动闸阀,机组停稳后,将启动器手轮调到最高位置;⑦ 关闭 主蒸汽隔离阀,打开二次吸管排凝阀。关闭 3.58 MPa 蒸汽进装置阀、打开一次暖管排凝阀;⑧ 机组停运 20 min 后或回流温度低于 45 ℃,且汽轮机体不高于 120 ℃时,可停润滑油泵。关闭润滑油、汽封冷却器、中间冷却器的循环水;⑨ 气压机体内用氮气置换。

4. 焦化部分停工步骤

(1)准备工作。① 降温前 4 h,加热炉以 5 t/h 速度将辐射炉管流量(以 1.0 Mt/a 装置为例)降至 25 t/h(分支),降量同时将注汽量逐渐提高;② 停工塔按正常操作法进行试压、预热,开工线用蒸汽贯通随塔预热。

(2)降温循环。① 四通阀切向停工塔开工线前 10 min,将辐射炉管出口温度降至

485 ℃;② 按规定将四通阀切至停工塔上部转油线,进入塔顶按循环流程降温循环;③ 切换正常后以 60 ℃/h 速度降炉辐射段出口温度;④ 甩油罐继续甩油,并严格控制甩油出口温度不大于 100 ℃,同时老塔(指正在进料生焦的焦炭塔)按正常操作法进行处理;⑤ 炉出口温度 460 ℃时,调节分馏塔柴油回流,当柴油泵抽空时,停柴油泵;⑥ 炉出口温度 440 ℃时,中压蒸汽(35 kg/cm² 等级)改放空,蒸汽切除,降中段回流、蜡油回流;⑦ 降温时应严格控制分馏塔底液面,严防分馏塔底热油泵抽空;⑧ 炉出口温度降至 400 ℃时,停工塔顶油气改去接触冷却塔;⑨ 炉出口温度降至 350 ℃时,应降低注蒸汽量。原料油缓冲罐液面控制在 30% 左右,停进渣油。分馏塔各侧线抽空后停泵。

(3) 退油、扫线。按退油流程退油,原则是要多次停泵、开泵反复操作,做到退净退空。各岗位按扫线流程进行全面扫线。

(4) 蒸塔、洗塔。① 分馏塔:从塔顶给水,顶回流给汽。各侧线返塔继续给汽,将水加热。开始塔底含污油较多的污水用甩油泵经油管线送出装置。当塔底污水含油较少时,建立塔底液面,或蜡油集油箱建立高液面,启动蜡油泵建立回流。循环 2 h 后,用甩油管送出装置,送后再建立循环。反复多次,直至蒸煮干净;② 放空系统:由塔顶给水,回流线、塔底给汽,水温 80 ~ 90 ℃,用接触放空塔循环 2 h 后送出装置。继续水循环,反复多次,直至蒸煮干净。

(5) 停工装置现场处理。盲板按列表加好,地沟、下水井封好,开人孔、容器等必须事先进行有毒气体和爆炸气体分析。

(6) 冷焦水、切焦水停工后处理方法。① 切焦水储罐内存水,用临时泵接至下水井;② 沉淀池憋高水位至冷焦水池,然后由切焦水提升泵的泵出口接临时线送至下水井;③ 污抽池内油用泵抽净;④ 最后沉淀池内存水临时泵抽净。

4.5　装置主要设备

延迟焦化装置设备主要包括:焦炭塔、水力除焦设备、焦化加热炉和分馏塔。

4.5.1　焦炭塔

焦炭塔是用厚锅炉钢板制成的空筒,是进行焦化反应的场所。一般地,焦炭塔的高度在 30 米以下为宜。若焦炭塔过高,弊端有二:① 操作时容易产生振动或损坏塔壁;② 造成钢材的浪费。

塔顶部设有除焦口、油气出口;塔侧设有料面指示计口。延迟焦化的化学反应主要在焦炭塔内进行,生成的焦炭也都积存在此塔内。随着油料的不断引入,焦炭层也逐渐升高。为了防止泡沫层冲出塔顶而引起油气管线及分馏塔的结焦,在焦炭塔的不同高度位置,装有能检测焦炭高度的料位计。塔底部为锥形,锥形底端为排焦口,正常生产时用法兰盖封死,排焦时打开。

焦炭塔的工艺特点是操作温度高,最高可达 500 ℃,操作温度频繁变化,每一个操作周期都要由常温变化到最高操作温度,并且生焦周期越短,温度变化速度越快。焦炭塔不但是一个反应器,而且还是一个装焦炭的容器,操作不当会使生焦的塔内泡沫溢出,完成后部系统结焦。焦炭塔在生煎过程中基本处于恒温操作;在除焦过程中要经过先降温再升温的变化过程,往往由于这一个变温操作过程,使焦炭塔及相关系统的设计复杂化。

焦炭塔一般是两台一组,每一套延迟焦化的装置中有的是一组(两台),有的是两组(四台)焦炭塔。在每组塔中,一台塔在反应生焦时,另一台塔则处于除焦阶段。即当一台塔内焦炭聚集到一定高度时进行切换,切换后先通入少量蒸汽把轻质烃类汽提去分馏塔,再大量通入蒸汽,汽提重质烃类去放空冷却塔,回收重油和水。待含在焦炭内的大量油分被吹出后在通入冷却水使焦炭冷却到 80 ℃左右,然后除焦。除焦完成后再把另一个塔的油气预热该塔到 320 ℃到 380 ℃左右,然后切换进料。每台塔的切换使用周期一般为 48 h,其中生焦 24 h,除焦以及其他辅助操作 24 h。除焦采用高压水,高压水压力达15 Mpa ~ 35 MPa,压力值主要取决于塔径的大小和焦炭的性质。随着技术的进步,目前每台塔的切换周期已缩短,一般用 30 ~ 36 h,除切下的焦炭落入焦池,然后用桥式起重抓斗经皮带输送到别处存放或装车外运。装置所产的气体和汽油,分别用气体压缩机和泵输入稳定吸收系统进行分离,得到干气及液化气,并使汽油的蒸汽压指标合格。焦化汽油和柴油需要加氢精制,焦化蜡油可作为催化裂化及加氢裂化原料或燃料油。

4.5.2 水利除焦设备

焦炭塔是间歇使用的,即当一个塔内焦炭聚到一定高度时,通过四通阀将原料切换到另一个焦炭塔。聚结焦炭的焦炭塔先用蒸汽冷却,然后进行水利除焦。

为了适应延迟焦化装置的不断发展对水力除焦技术的要求,1976 年美国 PACIFIC 公司研制成功了除焦控制阀。1979 年美国 CONOCO 公司研制成功了水力除焦程控系统。在消化引进技术的基础上,1996 年国内也先后开发了除焦控制阀、水力除焦程控系统、自动化切换除焦器。国内开发的典型的水力除焦系统主要包括高压、高压水管道、高压切断阀、除焦控制阀、高压胶管、钻杆、风动水龙头、水涡轮减速器、自动或半自动切换除焦器、钻机绞车、滑轮组和除焦控制系统、焦炭塔顶盖机和焦炭塔底盖装卸机等。

由高压水泵输送的高压水经过水龙带、钻杆到水力切焦器的喷嘴,从水力切焦器的喷嘴喷出的高压水形成高压射流,借助高压射流的强大冲击力将石油焦切割下来,使之与水一起从塔底流出。钻杆不断地升降和转动,直到把焦炭全部除净为止。

4.5.3 焦化加热炉

延迟焦化工艺对加热炉的要求是把渣油加热到所需温度而炉管内不结焦或少结焦,即使结焦也能够方便快捷地把所结的焦炭清除,同时提高效率、节省燃料。加热炉的技术发展也是围绕此目的进行的,如双面辐射、附墙燃烧、扁平火焰火嘴、多点注汽、高冷油流速、耐高温炉管表面温度和炉膛温度的检测和控制、操作连锁系统等都是减少炉管结焦的相关技术,在线清焦、在线烧焦、机械清焦和双向烧焦等都是炉管除焦的技术,热管空气预热器、板式空气预热器、铸铁预热器、水热媒预热器、氧含量分析仪变频调速鼓引风机和燃料气深度脱硫等都是提高热效率的技术。焦化加热炉的在线清焦周期一般为 3 ~ 6 周,停炉机械清焦或蒸汽-空气烧焦的周期一般为 1.5 ~ 3 年。单管程在线清焦的时间为12 ~ 24 h,四管程加热炉的机械清焦或蒸汽-空气烧焦的时间一般为 1 ~ 3 天。良好的焦化加热炉应该具有以下特点:对给定的原料好加热炉进料性质及相应的工艺参数,有较强的适应性和可靠性;辐射室炉管的热强度周向不均匀系数小;有适宜的均匀的热强度,确保炉管内的油品有较短的停留时间;炉膛内温度场和热强度场应尽可能均匀,确保介质有相对稳定的温升梯度;应具备多点注汽(水)、在线清洗等功能;应有较高的热效率,一般要求 90% 以上;应有较长的连续运行时间,一般应在 1 年以上。

4.5.4　分馏塔

延迟焦化装置的分馏塔有分流和换热两个作用:① 分流作用:分馏塔的分流作用是从焦炭塔顶来的高温油气中所含的汽油、柴油、蜡油及部分循环油,按其组分的挥发度不同切割成不同沸点范围的石油产品。② 换热作用:原料油(减压渣油)在分流塔底与高温油气换热后,温度可达 300～400 ℃,该过程可提高全装置的热能利用率和减轻加热炉辐射室的热负荷。

焦化分馏塔与普通分馏塔的基本原理相同,只是进料方式有所差别,焦化分馏塔分为上、下两段:精馏段和洗涤脱过热段。

1. 精馏段

可按常规分馏塔考虑塔径、塔盘数及其布置。塔径的确定可按照塔的最大气液负荷来定。最大气液负荷不是正常操作工况,而对应焦炭塔最小吹气工况。塔盘数量应视产品和分离要求而定。一般情况下,焦化汽油和焦化柴油的分离要 6～9 块塔板,焦化柴油和焦化蜡油的分离要 8～10 块塔板。为了提高塔分馏段的能力,一般采用高通量塔盘和规整填料。当塔内负荷以气相为主时,一般采用规整填料;当塔内负荷以液相为主时,一般采用高通量塔盘。精馏段塔内件一般包括塔板、浮阀、集油箱、抽出斗及回流液体分布器等。其中集油箱、抽出斗及回流液体分布器与一般分馏塔无异,塔板及浮阀的设计与选型有所不同。

2. 洗涤脱过热段

洗涤脱过热段的内件一般包括换热挡板、高校分布器、和滤焦器。① 换热挡板一般采用 5～6 层人字挡板,为减少雾沫夹带,板间距一般较大,为 900～2 200 mm。② 为了保证反应油气和洗涤油充分接触,分别对这两种介质使用反应油气分布器和洗涤油分布器,油气在界面上的分布更为均匀,洗涤油对反应油气的洗涤效果更好。③ 焦化分馏塔底一般都装有滤焦器,以防止焦块进入管线或者带入泵中或其他设备中,影响正常运转。

4.6　延迟焦化装置的工艺过程调整

4.6.1　延迟焦化装置循环比的调整

循环比　在实际生产中参加化学反应的原料不是渣油而是加热炉进料(焦化油),即是原料和循环油的混合物。循环油相当于重蜡油或蜡油,在加热炉和焦炭塔也产生部分热裂化反应。一般把循环油与原料油的比值称为循环比。

确定循环比的理论依据　渣油热转化反应是一种非常复杂的裂化和缩合相平衡的顺序反应,很难用化学反应方程式来表达。同时焦化热转化反应是自由的、无选择性的热裂化反应,不同于催化裂化、加氢裂化在催化剂的作用下发生的选择性裂化反应,因此焦化热转化反应的产品分布和产品质量只和原料性质及操作条件有关。基于焦化的特点,对于一个确定的装置,操作条件(反应温度和反应压力)的调节范围很小。焦化油的性质成为影响焦化过程的主要因素,调节循环比是改变焦化油性质的主要手段。焦化油的组成很复杂,常用的分析手段是将焦化油分为四组分,即饱和烃、芳香烃、胶质、沥青质。同时分析焦化油的康氏残炭和进行临界分解温度试验等。

确定循环比的原则 低循环比下液收高,焦炭收率低,蜡油收率高,但柴油收率低、汽油收率略低;低循环比下蜡油变重、变稠;低循环比下焦化炉进料油性质变差,特别是康残和沥青质含量提高,必然会影响到焦化炉运行周期;低循环比可提高装置处理量。调节循环比实际上是通过对焦化油组成的调节实现焦化装置在开工周期、液收、能耗等方面找到一个最佳效益平衡点。由于延迟焦化装置的原料油是经过减压深拔的渣油,为保证开工周期采用大循环比,设计循环比0.2。在实际生产中开工阶段或原料变化时应对原料油、循环油、焦化油的四组分、康氏残炭、密度、馏程等进行采样分析,通过计算胶体不稳定性指数、蜡性因子、稳定因子、API来确定循环比。

延迟焦化装置的循环比操作方法 在开工初期循环油量不足或操作异常循环油量不足的情况下,可采用将蜡油下回流通直接补入分馏塔底来维持循环比。因为蜡油下回流温度为361 ℃,分馏塔底温度为368 ℃,注入分馏塔底后基本上无汽化,作用和循环油注入混合器前大体相同。

4.6.2 焦炭塔泡沫层高度的控制

泡沫层在焦炭塔中,焦炭层以上为主要反应区,即泡沫层。泡沫层分油相泡沫和气相泡沫,气相泡沫在上部,其密度约为30 ~ 100 kg/m³,油相泡沫在焦层以上,其密度约为100 ~ 700 kg/m³。

影响泡沫层高度的因素 泡沫层高度和装置处理量、原料性质、反应温度、反应压力及消泡剂的注入量和效果有关。一般情况下处理量大,泡沫层高度大;生焦率高的渣油反应的泡沫层高度小,生焦率低的渣油的泡沫层高度大;反应温度高,泡沫层高度小;反应压力高,泡沫层高度低;当在焦炭塔内注入消泡剂后,泡沫层的高度减小。

泡沫层高度对生产的影响 国内设计的焦炭塔一般安全空高大于等于5 m,国外焦炭塔的安全空高一般为2 ~ 3 m。空高越大,焦炭塔的利用率越低,但油气在塔内的停留时间延长,对减少油气线和分馏塔内结焦有利。空高越小,焦炭塔线速大时越容易冲塔。

泡沫层高度的调整 实际生产中主要是通过在生焦周期的后期注入适量的消泡剂来降低泡沫层高度,此外在生焦后期适当提高反应温度(提高炉出口温度)以及必要时适当降低处理量均可起到一定的效果。

4.6.3 生焦周期的调整

生焦周期是指焦炭塔从开始生焦到切换另外一个焦炭塔生产的时间间隔。生焦周期的确定依据主要与焦化原料的生焦率、焦炭塔的气相线速、装置的处理量与焦炭塔容积等因素有关。对于新建装置,缩短生焦周期则可降低焦炭塔高度,节省投资。国外焦化装置为降低投资,多采用短焦化周期的方案,典型的焦化周期为16 ~ 20 h。对于已有的焦化装置,缩短生焦周期可在不增加焦炭塔投资的情况下提高装置的加工能力。如生焦周期由

24 h 缩短为 20 h,则装置处理能力增加 10%~15%。但是在焦化加热炉、分馏塔、辐射进料泵以及气压机等主要设备必须均有余量,而焦炭塔的高度是瓶颈时,才可能通过缩短生焦周期来提高装置处理量,否则,装置的其他部分将成为新的瓶颈。

延长生焦周期实际上一定程度上延长了焦化反应的停留时间,对于提高汽柴油收率和改善焦炭质量都有益处。

选择生焦周期时,应考虑以下因素:焦炭塔的使用寿命要满足要求;生产管理体制能否适应生焦周期的变化;缩短生焦周期必须正确注入消泡剂、并借助中子料位计准确监测焦炭塔泡沫层高度,保证装置安全生产;对于已有的焦化装置,缩短生焦周期提高处理量后,焦炭塔气速普遍增加,焦粉夹带量增大,容易造成分馏塔底部和加热炉炉管结焦,缩短装置的开工周期;在我国目前焦化配套机械设备现状条件下,焦化装置采用 16~18 h 的生焦周期在技术上可以实现。

4.7　装置安全和环境保护

4.7.1　装置技术安全隐患及消除

1. 对于焦化基础理论、设计软件和材料可靠性研究不够

延迟焦化装置应用的基础理论有:热裂化反应机理(包括生焦机理)、反应动力学等。由于研究不深、不透,有的只有一些定性的概念,不同原料的定量分析研究数据缺乏,造成分析问题时的困难。设计软件的开发也涉及应用许多理论知识,如传热理论、精馏原理、传质理论、流体力学等,虽然上述理论都是一些景点的基础知识,但是不同人研究的定量表达式却不同,这说明不同设计软件设计出的结果是不同的,采用不可靠的或不符合实际的软件设计出的装置就存在一定的安全隐患。金属材料金相分析的准确性,不同材料在不同条件下的强度研究的准确性以及防腐理论等,都影响到材料的正确使用,根据基础研究使用材料只是符合相关标准规范,但不一定万无一失,随着基础理论的研究和发展,会发现以往涉及的工程装置也存在一定的隐患。

2. 对于装置设计及操作的时空性重视不够

焦化装置的安全隐患之一是人们的经验主义,如认为某炼油厂延迟焦化装置的某一个单元是如何操作,本厂也可以照搬这样操作;某炼油厂延迟焦化装置的某一个事故是如何处理,本厂发生类似事故也可以这样处理;某炼油厂延迟焦化装置的某设备材质采用碳钢,本厂相应设备材质采用碳钢也应该没问题;加工原料相似,设计选材也可一样;今年装置操作安全,明年也不会有太大问题等。一个设计有它的针对性、地域性以及原料的适应性,所有设备都有其使用寿命与生产制造的特殊性,在安全隐患面前坚持实事求是的科学态度是十分重要的。

4.7.2　消除延迟焦化装置安全隐患的措施

1. 严格执行各项安全规范

(1) 石油化工企业设计防火规范《石油化工企业设计防火规范》中对液化烃、可燃液

体的火灾危险性分类列于表 4-1、表 4-2。

表 4-1 液化烃、可燃液体的火灾危险性分类

类别		名称	特征
甲	A	液化烃	15 ℃时蒸汽压 >0.1 MPa 的烃类液体及其他类似的液体
	B		甲 A 类以外,闪点 <28 ℃
乙	A	可燃液体	28 ℃≤闪点≤45 ℃
	B		45 ℃<闪点 <60 ℃
丙	A		60 ℃≤闪点≤120 ℃
	B		闪点 >120 ℃

表 4-2 可燃气体的火灾危险性分类

类别	可燃气体与空气混合的爆炸下限(体积分数)	类别	可燃气体与空气混合的爆炸下限(体积分数)
甲	<10%	乙	≥10%

(2)设备及管道应根据其内部物料的火灾危险性和操作条件,设置相应的仪表报警讯号自动联锁保护系统或紧急停车措施。

(3)设备、建筑物布置间距应符合防火间距要求,如介质温度等于或高于自燃点的工艺设备,距控制室、办公楼、化验室的防火距离要大于等于 15 m。距明火设备的防火距离要大于等于 4.5 m。距压缩机的防火距离要大于等于 9 m。

(4)为防止结焦、堵塞、控制温降、压降和避免发生副反应等有工艺要求的相关设备,可靠近布置。

(5)明火加热炉附属的燃料气分液罐、燃料气加热器等与炉体的防火距离,不应小于 6 m。

(6)明火加热炉宜集中布置在装置的边缘,且应位于可燃气体、液化烃、甲 B 类液体设备的全年最小频率风向的下风侧。

(7)焦化装置的加热炉,应设置有炉内可燃液体事故紧急防控冷却处理设备。

2. 严格执行石油化工剧毒、可燃介质管道工程施工及验收规范

见表 4-3、表 4-4。

表 4-3 石油化工剧毒、可燃介质管道工程施工及验收规范

管道级别	适用范围
SHA	① 毒性程度为极度危害介质管道; ② 设计压力等于或大于 10 MPa 的 SHB 管道
SHB	① 毒性程度为高度危害介质管道; ② 设计压力小于 10 MPa 的甲类、乙类可燃性气体和甲 A 类液化烃、甲 B 类可燃液体介质管道; ③ 乙 A 可燃液体介质管道

表4-4　焦化装置管道级别及类别

序号	介质名称	管道级别及类别	材质
1	减压渣油	SHB	C.S 或 Cr_5Mo
2	干气、富气、汽油、柴油	SHB	C.S
3	蜡油、甩油	SHB	≤240 ℃采用 C.S
	蜡油、甩油	SHB	≥240 ℃采用 Cr_5Mo
4	焦化油(≤380 ℃)	SHB	Cr_5Mo
	焦化油(>380 ℃)	SHB	Cr_5Mo 或 Cr_9Mo
5	高温油气(≤380 ℃)	SHB	Cr_5Mo 或 15CrMo
	高温油气(>380 ℃)	SHB	C.S
6	污油、封油、冲洗油	SHB	C.S
7	凝缩油、密封干气、润滑油	SHB	C.S
8	冷切焦水、低压软化水	SHB	C.S
9	高压切焦水	SHA	C.S
10	燃料气管道	SHB	C.S

3. 设计阶段采取必要的安全措施

安全程度分三级,一级是本质安全,如管道或设备的设计压力远大于压力源的最大压力,该管道或设备永远不会超压,也不会出现安全事故;二级是安全防护,如焦炭塔的设计压力不可能高于原料泵的出口压力,应设置安全阀,当设备超压时安全阀卸压以保护焦炭塔;三级是安全处理,例如放炉出口管线着火后,火焰能够及时扑灭掉,人能安全撤离,减少更大损失。

消除安全隐患应从本质安全和安全防护着手,首先应根据工艺条件检查所有设备、管道、阀门、法兰、垫片、螺栓、螺母、仪表等是否安全可靠,如超过使用寿命或不符合安全要求应更换;其次应该分析整个工艺过程,对有超温、超压、泄漏、误操作等可能存在的因素,采取相应的安全措施,如安全阀、安全连锁等,目前国内焦化装置中的连锁主要有加热炉的安全连锁、压缩机的安全连锁、四通阀系统的 PLC、水力除焦系统的 PLC 等,和国外焦化装置中的连锁相比数量要少得多,建议有条件的装置可适当增加安全连锁,以保障装置的安全生产。另外高温管线震动也给装置带来一定的安全隐患,应找出震源,进行应力分析和合理配管,消除震动。

4. 高硫原油加工的安全设计要求

(1)加工高硫原油装置主要设备设计选材。设计必须考虑原油硫含量的不均匀性所带来的影响,装置匹配能力应按可能到达的苛刻条件考虑,按《加工高含硫原油重点装置主要设备设计选材导则》(SH/T3096—1999)规定,合理选用设备、管线材质。

(2)设备设计寿命。一般装置的设计寿命:大型厚壁反应器/容器(包括不可拆卸的内件和催化剂支撑横梁)30 年,可拆卸的反应器内件 20 年,塔、容器 20 年,换热器壳和类似用途的部件 20 年,高合金换热器管束 10 年,加热炉管 10 年,管线 15 年,碳钢/低合金换热器管束 5 年。

（3）工艺容器和泵之间的自动连锁阀。对下列情况考虑在工艺容器和泵入口阀之间设置自动连锁阀：体积超过 8 m³ 轻组分（LPG）的工艺容器；体积超过 8 m³ 且装有超过自燃温度的产品或温度大于 250 ℃ 工艺容器；体积超过 16 m³ 并且装有易燃产品的工艺容器；自动连锁阀的关闭应导致相关泵的自动停车；采用手动切换，操作机构应离火源（泵体）15 m 以上。

（4）装置应采取措施保证装置安全运行及操作人员的人身安全。① 危险物料控制：在危险物料的输送、运输、使用、存储、加注等各环节，严格按照程序要求等操作，根据具体情况，设置相应的安全措施。如放射性料位计的安全措施、洗眼器设施、有毒气体采样时的防毒面具措施等；② 按相关规范和规定要求设置安全泄放设施；③ 按相关规范和规定要求设置必要的检测、报警设施，如设置可燃气体报警仪、有毒气体报警仪（如硫化氢报警仪）等；④ 采取必要的生产过程中的报警/停车联锁保护措施：根据工艺要求设置液位、温度、压力、流量等高低报警，甚至高高、低低报警。

（5）加热炉应设自动停炉连锁系统。① 烟气出对流室的温度高于 500 ℃ 时，主火火嘴长明灯的燃料气切断，炉膛紧急灭火蒸汽打开。烟道挡板打开，停鼓风机和引风机，切断加热炉进料，停加热炉进料泵，打开在线清焦蒸汽向所有炉管吹气；② 由于意外事故需要装置紧急停工，采用手动紧急停炉按钮；③ 下列情况加热炉局部停工：加热炉原料进料流量低报警时，对应炉膛的主火嘴燃料气切断、长明灯燃料气不切断；加热炉炉膛温度高报警时，对应炉膛的主火嘴燃料气切断、长明灯燃料气不切断；主火嘴的燃料气压力低报警时，对应炉膛的主火嘴燃料气切断、长明灯燃料气不切断；长明灯的燃料气压力低报警时，对应炉膛的主火嘴燃料气切断、长明灯燃料气切断，先主火嘴燃料气切断，后长明灯燃料气切断；热管空气预热器烟气入口温度大于 420 ℃ 或出口温度大于 240 ℃ 时，连锁打开烟道挡板，打开自然通风门，停烟气引风机；空气鼓风机出口压力小于 600 Pa 时，连锁打开烟道挡板，打开自然通风门，停烟气鼓风机和空气鼓风机；烟气出预热器压力大于 600 Pa 时，连锁打开烟道挡板，打开自然通风门，停烟气引风机和空气鼓风机。

（6）消防设施：根据消防设计的要求，在装置的不同地方设置不同的消防设施。如在甲、乙类设备高于 15m 框架平台等处设置消防竖管，在相应部位摆放灭火器、设置水炮等。

（7）注意安全距离、疏散和急救通道。制定通风、降温、减噪及防高空坠落等防护措施。装置内应配备个人劳保用品等急救设施。

4.7.3 装置环境保护特点

保持好生态环境，实现可持续发展、环保发展，越来越被人们所重视，环境的优劣关系到人类的健康与生存，也关系到企业的生存发展，人人都有保护环境的职责。作为生产的实体，要严格按环境保护、清洁生产的有关规定组织生产，真正做到环保设施与主体生产装置"三同时"，即：同时设计、同时施工、同时投入生产和使用。

1. 停工过程

（1）按停工方案编制吹扫方案，报相关部门审批，安全平稳组织停工。

（2）稳定吸收系统在吹扫前必须先拆压，余压向火炬线赶尽塔内瓦斯，然后再向分馏塔吹扫。

（3）瓦斯管线吹扫前必须先用蒸汽将管内瓦斯向火炬线赶尽后，再转入分馏塔吹扫，严禁直接向大气排放。

（4）汽油管线、冷却器要先用水顶线后方可向分馏塔扫线。加热炉辐射管线、对流管线必须先向焦炭塔吹扫，顶部气体进入放空塔系统，底部污油进入甩油罐，抽送出装置。然后改向由重污油线向接触放空塔吹扫，严禁向冷焦水回用系统紧急放空塔吹扫。

（5）容器中的油要全部压净，严禁大量油直接排放。

（6）扫线期间的含硫、含油污水必须各行其道，必要时可增加临时设施以达到密闭吹扫的目的。吹扫期间要保持空冷设备的正常运行。

2. 停工期间

（1）加强环保设施中设备的维修，保证环保设备在开工期间正常好用。环保系统中存在的问题要想方设法解决。

（2）隔油池、阴井中的污油要全部清理干净。泄漏的设备、管线要按标准检修好。

（3）要加强设备检修过程中的检查，发现问题要及时提出，把问题解决在装置检修结束之前。

3. 开工过程

（1）在装置开工进油前，将环保设施中的设备安装就位，达至运行条件。

（2）各低点排空、放空要全部关死，油进装置期间，要加强检查，以防跑油。

（3）要控制好各容器的界、液位，严禁装满跑油或切水带油。及时回收隔油池中的污油。

（4）加强跑、冒、滴、漏检查，发现泄漏及时联系保运人员处理。瓦斯凝缩液送到汽油罐内，严禁直接排入大气。

4. 正常生产期间

（1）每天要对环境设施中的设备进行检查，发现故障及时处理，确保尾气放空系统、切焦水回用系统、冷焦水回用系统正常运行。定期安排尾气放空系统操作员进行隔油池的收油工作。

（2）加强跑、冒、滴、漏的整改工作，常查常改不间断。焦炭塔尾气严禁乱排，正常生产期间该尾气应经尾气回收系统后不凝气排入厂低瓦斯管网。

（3）按工艺卡片要求控制好含油污水、明沟水、假定净水含油量不超标。

4.7.4　装置主要污染物和污染源排放

1. 废水排放及治理原则

延迟焦化废水排放主要有含油污水、含硫污水、生产废水。

（1）含硫污水。延迟焦化装置含硫污水分两部分，一部分来自分馏塔顶气液分离罐排水，另一部分来自焦化富气分液罐的脱水，此两部分污水用泵密闭送往酸性水处理装置。延迟焦化装置的含硫污水中一般硫含量为小于 1 500 mg/L，采用蒸汽汽提的方式将水中所含的硫除去，汽提后的净化水中硫含量小于 20 mg/L，可送至污水处理装置和含油污水混合处理。在正常生产中应控制好含硫污水的含油量小于 500 mg/L，以确保酸性水装置的正常操作。

（2）含油污水。延迟焦化装置含油污水主要来自机泵冷却水、容器脱水和除焦水、冷焦水定期置换。机泵使用循环水进行冷却，其中定期反冲部分排放到含油污水管道，控制水中的含油量小于 200 mg/L。容器脱水为间歇排水，排入含油污水系统，要求脱水时应严格按照操作规程的要求进行操作，控制好水中的含油量小于 200 mg/L。含油污水经装置隔油池进行污油回收后排到污水处理场处理。

2. 废气排放及治理

（1）燃烧废气主要为加热炉燃烧的脱硫瓦斯，主要污染物为二氧化硫、氮氧化物和总悬浮颗粒物；加热炉采用的燃料为脱硫后的燃料气，燃烧烟气通过 60 m 高的烟囱排放。排放污染物的浓度为 27 mg/m^3，TSP 为 30 mg/m^3，排放速率 SO$_2$ 为 1.5 kg/h，NO$_x$ 为 11 kg/h，TSP 为 1.7 kg/h，符合《大气污染物综合排放标准》[GB 16297—1996]的要求。

（2）非正常工况下的安全阀起跳主要污染物是烃类，全部为密闭通过管道送往火炬系统；冷焦水系统的尾气，进入紧急放空系统。

4.8 思考题

4.8.1 什么是延迟焦化？延迟焦化装置的原料是什么？各有什么特点？

4.8.2 影响延迟焦化的因素有哪些？焦炭的生成机理是什么？

4.8.3 焦化加热炉的作用是什么？现代焦化加热炉的设计应该具有哪些特点？

4.8.4 装置出现哪些情况应该紧急停车？紧急停工时的处理原则是什么？

4.8.5 焦化装置内废水、废气和污油的来源有哪些？应如何治理？

第5章　蜡油加氢装置

5.1　概述

蜡油是原料经二次加工以后得到的产品,主要包括常减压生产的减压蜡油和延迟焦化装置生产的焦化蜡油。蜡油主要可用作催化裂化原料、加氢裂化原料和润滑油原料。

蜡油含有较多的硫、氮、氧化合物和烯烃。一方面这些杂质在油品贮存过程中不稳定,胶质很快增加,严重影响油品的贮存安定性和燃烧性能;另一方面随着汽油质量标准的提高,也需要对催化裂化原料蜡油进行加氢处理,以降低原料油中杂质(如硫、氮、重金属等)的含量,从而改善催化裂化装置的进料质量和产品分布。因此,为了使二次加工的蜡油达到催化裂化装置的要求,必须对焦化蜡油和减压蜡油进行加氢精制,除去硫、氮、氧化合物和不稳定物质(烯烃),获取安定性和质量都好的优质产品。

5.2　工艺原理及装置技术特点

现代炼油工业的加氢技术是在二次世界大战以前经典的煤和煤焦油高压催化加氢技术的基础上发展起来的。1950年炼油厂出现了加氢精制装置。1959年出现了加氢裂化装置。1963年出现了沸腾床渣油低转化率加氢裂化装置。1969年出现了固定床重油(常压渣油)加氢脱硫装置。1984年出现了沸腾床渣油高转化率加氢裂化装置。这些加氢技术的发明和工业应用,使加氢技术由发生、发展走向成熟。

5.2.1　工艺原理

蜡油加氢精制过程是在临氢及一定的温度、压力和催化剂的作用下,以焦化蜡油、沙轻减压蜡油和沙中减压蜡油的混合油为原料,经过催化加氢反应,脱除原料中的硫、氮、金属等杂质,降低残炭含量,同时,烯烃发生加氢饱和反应,从而改善油品的质量,为催化裂化装置提供原料,同时生产部分柴油,并副产少量石脑油和干气。生产的石脑油可作为乙烯原料和重整原料,柴油是优质的低硫轻柴油产品,精制蜡油是优质的催化裂化原料。与其他油品精制相比较,加氢精制具有产品收率高、质量好的特点。通常情况下,加氢过程发生如下一些反应:

1. 含硫化合物的加氢脱硫反应

在加氢原料中硫化物的存在形态是多种多样的。轻馏分中的硫化物如硫醚、硫醇、二硫醇是非常容易被脱除转化为硫化氢的。重馏分中的硫化物如杂环含硫化物及多苯并噻吩类硫化物是较难被脱除的。各种类型硫化物的脱硫反应如下:

① 硫醇　$RSH + H_2 \longrightarrow RH + H_2S$

② 硫醚　$RSR' + H_2 \longrightarrow R'SH + RH \longrightarrow R'H + RH + H_2S$

③ 二硫化物　$RSSR + H_2 \longrightarrow 2RSH \longrightarrow 2RH + H_2S$

④ 噻吩：

$$\text{（噻吩）} + 2H_2 \longrightarrow \text{（四氢噻吩）} \xrightarrow{H_2} C_4H_6 + H_2S$$
$$\downarrow H_2$$
$$C_4H_{10}$$

⑤ 苯并噻吩

$$\text{（苯并噻吩）} + 3H_2 \longrightarrow \text{（乙苯）} CH_2CH_3 + H_2S\uparrow$$

上面介绍的是在加氢精制过程中各种典型硫化物加氢后的最终产物变化情况。实际上,在加氢精制过程中,它们被脱除的先后顺序也各不相同。

2. 加氢脱氮反应

含氮化合物对产品质量的稳定性有较大危害,并且在燃烧时会排放出 NO_x,污染环境。加氢脱氮反应较加氢脱硫要更加困难。石油馏分中的含氮化合物主要是杂环化合物,非杂环化合物较少。杂环氮化物又可分为非碱性杂环化合物和碱性杂环化合物(如吡啶)。

① 非杂环化合物加氢(如脂族胺类):加氢反应时脱氮比较容易。

$$R{-}NH_2 + H_2 \longrightarrow RH + NH_3$$

$$RCN + 3H_2 \longrightarrow RCH_3 + NH_3$$

② 非碱性杂环氮化物(如吡咯):加氢反应时脱氮比较困难。

吡咯加氢脱氮包括五元环加氢、四氢吡咯中的 C—N 键断裂以及正丁胺的脱氮等步骤。

$$\text{（吡咯）} + 2H_2 \longrightarrow \text{（四氢吡咯）} + H_2 \longrightarrow C_4H_9NH_2 + H_2 \longrightarrow C_4H_{10} + NH_3$$

③ 碱性杂环氮化物如(吡啶):加氢反应时脱氮比较困难。

吡啶加氢脱氮也经历六元环加氢饱和、开环和脱氮等步骤。

$$\text{（吡啶）} + 3H_2 \longrightarrow \text{（哌啶）} + H_2 \longrightarrow C_5H_{11}NH_2 + H_2 \longrightarrow C_5H_{12} + NH_3$$

④ 喹啉类:

$$\text{（喹啉）} + 4H_2 \longrightarrow \text{（正丙苯）} CH_2CH_2CH_3 + NH_3$$

3. 含氧化合物的加氢反应

加氢原料中的含氧化合物含量远低于硫、氮化合物。氧化物的存在形式包括苯酚类、呋喃类、醚类、羧酸类。这些氧化物加氢反应时转化成水和烃。

① 环烷酸：环烷酸在加氢条件下进行脱羧基或羧基转化为甲基的反应。

② 苯酚：苯酚中的 C—O 键较稳定，要在较苛刻的条件下才能反应。

4. 烯烃饱和反应

原料油中的烯烃在加氢精制条件下得到饱和，生成烷烃。烯烃都很容易加氢饱和，但烯烃加氢饱和反应是放热反应，在不饱和烃含量高的油品加氢时，要注意反应器床层温度的控制。

5. 芳烃和稠环芳烃的加氢反应

芳烃加氢主要是稠环芳烃部分加氢饱和。稠环芳烃的第一个芳香环的加氢反应速度比苯快，但第二、第三个芳香环继续加氢时的反应速度依次急剧降低，芳香烃上带有烷基侧链会使芳香环的加氢更困难。

6. 脱金属反应

油品中的重金属有机化合物（如砷、铜、汞、铅等）在高温并有催化剂的作用下，与硫化氢反应成金属硫化物沉积在催化剂的表面。

在实际反应中，以上几种反应都以不同的速度进行，从而使产品有不同的精制效果。它们的相对速度次序大致为：烯烃＞脱硫＞脱氧＞多环芳烃加氢＞脱氮＞单环芳烃加氢饱和。在加氢的反应过程中，除了上述几种反应外，还有脱卤素、聚合反应等。

5.2.2　装置技术特点

本蜡油加氢流程的技术特点包括：反应床层间设急冷氢，便于灵活控制床层温升，相对提高反应入口温度，提高催化剂的利用效率，避免中、下床层超温结焦；高压换热流程采用气、液两相流混合换热流程，具有传热系数高、换热不易结焦、节省换热面积等优点；该装置反应产物分离采用热高分流程，热低分离器流程，技术成熟可靠；减少换热面积，有利于装置能耗的降低；在热高分顶出口空冷器上游设置注水设施，避免铵盐析出堵塞管线和设备；设置循环氢脱硫单元，可降低设备腐蚀、提高循环氢的氢纯度，减少废氢的排放；采用原料自动反冲洗过滤器，防止原料中固体杂质携带入反应器床层；分馏部分采用双塔汽提流程，设置分馏进料加热炉与加氢炉"二合一"共用一个对流段。

5.3　工艺流程

各炼油厂由于原油和产品不同，蜡油加氢流程各不相同，但基本原理相差无几。一般蜡油加氢流程主要由反应部分、分馏部分、循环氢脱硫部分和公用工程以及辅助系统等部分组成。其中反应部分可以分为原料预处理系统、原料升压系统、原料及氢气换热和加热系统、反应器系统、反应产物分离系统、循环氢脱硫系统、循环氢压缩机系统和补充氢压缩机系统、注水系统。分馏部分也可以分为主分馏塔系统、柴油汽提塔和中段回流系统以及产品冷却系统等。蜡油加氢工艺流程简图见图 5-1。

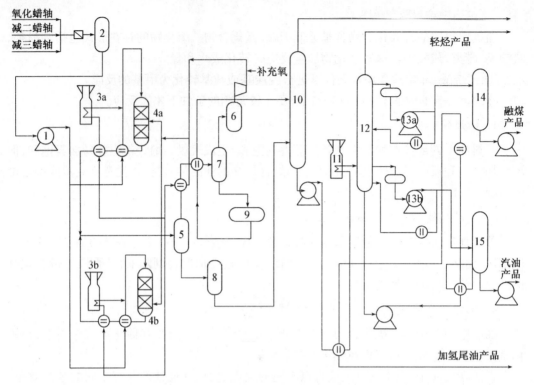

图 5-1　典型蜡油加氢装置工艺流程简图

1—反应进料泵;2—反应原料罐;3a～3b—混氢加热炉;4a～4b—加氢反应器;5—热高压分离器;6—分液罐;7—
冷高压分离器;8—热低压分离器;9—冷低压分离器;10—硫化氢汽提塔;11—分馏加热炉;12—主分馏塔;13a～
13b—中段回流泵;14—航煤汽提塔;15—柴油汽提塔

5.3.1　反应部分

　　来自常减压装置的减压蜡油和焦化装置的焦化蜡油进入原料油中间罐,经过高压进料泵升压、过滤除去杂质后进入滤后原料油罐。原料油经反应进料泵升压后与部分已预热的混合氢混合,混氢原料油经高压换热器与反应产物换热、反应加热炉加热至反应需要的温度后,进入加氢处理反应器,在催化剂的作用下进行加氢精制反应。反应器设有多个床层,在每个床层之间设有冷氢点,以控制各催化剂床层温度。反应产物自反应器流出后换热,然后进入热高压分离器,进行气、液分离。从热高压分离器底部抽出的热高分油经减压后进入热低压分离器,在低压下将其溶解的气体闪蒸出来。热低压分离器中的液体直接进入分馏系统。热高分气经冷却至 50 ℃左右进入冷高压分离器进行气、液、水三相分离。冷高压分离器顶部出来的高浓度氢气经分液、胺液洗涤脱除硫化氢后返回循环机入口循环回反应系统。从冷高压分离器抽出的液体经减压后与从热低压分离器分离出的气体混合进入冷低压分离器,进一步进行气、油、水三相分离。从冷低压分离器分离出的气体送至气体脱硫部分,冷低分油与热低分油混合后送入硫化氢汽提塔,用蒸汽汽提除去硫化氢及轻组分。补充氢经过补充氢压缩机升压后与循环氢混合先与热高分气换热,然后进入反应系统。

5.3.2 分馏部分

分馏部分设置硫化氢汽提塔、分馏塔、侧线汽提塔和分馏进料加热炉。热低分油直接进入硫化氢汽提塔,冷低分油经过换热后进入硫化氢汽提塔。硫化氢汽提塔顶气体去吸收稳定部分,为粗汽油。硫化氢汽提塔塔底油经泵送入分馏进料加热炉加热后至分馏塔。分馏塔切割出混合石脑油、航煤、柴油和循环油。分馏塔设置三个中段回流,两个侧线汽提塔。塔底为加氢蜡油。

5.4 运行操作要点

5.4.1 开工操作

1. 开车准备

(1) 工艺、设备工程师负责全面检查:确认检修项目已全部完成,装置内所有施工项目已结束并做到工完、料净、场地清并验收合格。设备工程师负责检查确认易燃易爆的密闭设备内的梯子、平台、栏杆、照明等劳动保护设施已全部恢复,并达到完好状态。安全附件已经定检、检验并安装就位,并处于备用状态。设备工程师负责检查确认控制系统的连锁停车、安全装置调试复位以达到开工要求。

(2) 安全工程师负责检查确认装置内的安全、卫生、消防、环保设施已处于完好备用状态。工艺工程师负责检查确认管线已按工艺要求进行气体置换,设备管线的盲板已确认按开工流程要求加堵或拆除完毕。工艺工程师负责编写装置的开工方案并负责对车间职工进行培训考核,确定车间职工已经掌握操作方法。

2. 管线吹扫和冲洗

(1) 临氢系统吹扫、试压 从补充氢压缩机入口引工业风,向补充氢出口进行正向吹扫;正向吹扫完毕后,接着反向吹扫补充氢入装置线;最后从补充氢压缩机入口引工业风,打开压缩机入口废氢阀,反向吹扫废氢入装置线;反复进行多次吹扫。吹扫干净后将断开的法兰恢复。

(2) 原料及分馏和脱硫单元蒸汽吹扫、试压 转动设备不进行蒸汽吹扫,但必须检查设备内部是否有杂物;仪表线及采样线的吹扫:先关闭仪表引压阀及采样引出阀,待设备及管线吹扫干净后再吹扫;冷换设备的吹扫:与冷换设备连接的管道先拆开连设备的法兰,并在拆开处靠设备端加铁皮阻隔,严禁将脏物吹进设备内,必须待管道吹扫干净后,方可吹扫设备本体;引蒸汽时要慢,应先排凝后引汽,严防水击现象。吹扫给汽遵循先小量贯通、排凝、暖线,再提量吹扫的原则;吹扫时应先吹主管线,后吹支管;蒸汽尽量向下或水平吹扫,避免向上吹扫;为有效吹出死角和上行管道的污物,可采用在允许压力范围内憋压的吹扫方法。

3. 分馏单元水冲洗、水联运

引消防水进水罐,水运阶段保持液面在 3~4 m,按冲洗流程逐条管线进行冲洗,从管线断开处及低点放空处观察排出的介质,干净后再继续往后冲洗;仪表人员同时冲洗有关仪表管线;分馏系统水冲洗完毕,连通系统流程,进行系统水联运;改通分馏系统流程,并经班长、技术员、副主任三级确认;改通内部装置流程。

4. 脱硫系统开工

系统水冲洗及蒸汽吹扫合格;脱硫系统溶剂配制:加新鲜水或软化水,然后将一乙醇胺倒入容器,配制乙醇胺溶液,浓度10%~15%;建立循环并调整到正常操作。

5. 氢气水洗系统

检查区域内所属设备安装是否完好,泵完好可用,安全阀是否投用。改通循环流程;启动泵抽新鲜水,投用塔液面控制系统。

6. 催化剂的装填

划好反应器内瓷球和催化剂的装填标记线;卸料口内填满保温泥。在反应器底部填一层大瓷球,将出口集合管盖住。再填一层小瓷球,其装填厚度大约在100 mm左右,耙平;按装填标记线装入催化剂,确保催化剂装填均匀;装完下床层后,回装下床层分布盘及冷氢盘、上床层支撑盘。按同样方法装上床层催化剂,装至规定高度时,装入防垢篮,然后再装催化剂及瓷球。最后装剂完毕,封好反应器头盖,向反应器内充入少量氮气,保证反应器内呈微正压。

7. 催化剂预硫化

加氢催化剂经烧焦再生后或第一次用新催化剂必须预硫化处理。预硫化的目的,在于使催化剂的活性组分金属氧化态转变为硫化态,以提高催化剂的活性和稳定性。本装置可以采用干法或湿法预硫化。

引氢气至反应系统,系统压力升至1.0 MPa时,在高压分离器处采样分析氢纯度大于80%为合格,否则将氢气放空至紧急放空,再充氢气,至取样分析合格为准;检查注硫系统是否具备准确、可靠的预硫化物流量测量和调控手段,催化剂预硫化流程是否准确无误;升温至150℃,然后升压至高分压力5.5 MPa(升压速率小于2.0 MPa/h),启动循环氢压缩机,控制循环氢流量不小于30 000 Nm³/h,循环2 h;按预硫化升温程序调整反应器入口温度到150℃,恒温2 h后启动注硫泵按预先计算好的速率注入硫化剂。注硫系统稳定后以7℃/h速率升温至215℃,恒温1 h;215℃恒温结束后以7℃/h的升温速率升至230℃,恒温4 h。恒温结束后继续以5℃/h升温至290℃,升温到290℃后改升温速率为6℃/小时向360℃升温,当温度升到360℃停止升温并在360℃恒温8 h。

5.4.2 停工操作

1. 停车准备

正常停工是由于装置运转一个周期后,设备需要检修及维护、催化剂需要再生或更换而进行的有计划停工。装置应按下述步骤进行停工。

① 装置停工前,车间工程技术人员应编制停工网络图,使停工各个步骤按时间表准点进行。② 根据每次停工要求,详细制订停工措施,若进行催化剂再生或卸出催化剂应制订相应的方案。③ 把装置停工的准确时间通知各岗位操作人员及与装置有关的单位做好相应的停工准备;联系调度,准备好不合格产品退油线与油罐,并准备好充足的合格

氮气。④ 按停工检修项目要求,提出需要检修、维护、清扫的设备或其他工作,通知有关维修部门,以便做好相应的准备工作;按停工检修项目要求制定出盲板图,并准备好相应的盲板。⑤ 停工后,各项程序所需的备品、材料均准备妥当。

2. 反应部分停工

(1) 降低反应器温度和停止进料　将反应器入口温度降低 10 ℃,当所有催化剂床层温度比正常低 10 ℃ 或更多时,逐渐将新鲜进料降到设计量的 60%。并切换产品柴油作加氢原料 4 ~ 6 小时,进行油品置换。油品置换期完成后,中断进料。当轻油加氢料缓冲罐液体面降到低限时,加氢反应中断进料,并继续氢气循环。在加氢反应中断进料后,立即用循环氢把油从进料线和换热器组中油冲洗入反应器。停注软化水。

(2) 催化剂汽提　若催化剂不进行再生或不从反应器中卸出,则以最大流率在全压下继续循环氢循环(关闭急冷氢阀),并以每小时 20 ~ 25 ℃ 速度冷却催化剂床层,直至催化剂床层达到下一步操作所要求的温度为止。若要进行催化剂再生或卸出催化剂,则在进料中断后,以最大流率进行氢气循环,反应器入口温度以每小时 20 ~ 25 ℃ 的速度升到380 ~ 400 ℃,保持 24 小时,使吸附的烃类全部从催化剂中汽提出来。高分排油、排水,直到低液位报警。然后关闭液位及界位调节阀。

(3) 压缩机停运和装置降压　在进料切断后,新氢机以 50% 负荷运行,用来维持系统压力。当反应系统停止补充新氢后,新氢压缩机停运;确认临氢系统存油退净,逐步将系统压力以 0.020 MPa/min ~ 0.025 MPa/min(1.2 MPa/h ~ 1.5 MPa/h)的速度降至2.9 MPa。

(4) 反应系统泄压至大气　泄压前隔离反应系统。加氢进料泵出口管线上的冲洗氢阀打开。通过高分泄压系统旁路线,逐渐装置压力降到常压。

(5) 引氮气吹扫反应系统　在循环氢压缩机出口、进料泵出口引入氮气,对反应器进行自上而下地吹扫,并让氮气通过反应系统所有管线进行全面吹扫。在吹扫过程中,密切注视反应器温度,如任何一点温度开始升高,则停止氮气吹扫;用氮气反复升压和降压,直至系统气体中氢和烃类含量小于 1%。最后系统泄压至常压。

3. 分馏部分停工

反应部分进料和操作温度降低后,分馏部分按下述步骤停工。

(1) 产品切换　当反应系统降温、降量后,各塔底及各回流罐应控制在低液位下操作。在反应降量到 60% 负荷之前,应尽量保持产品合格,当产品不合格时,必须立即切换至不合格油线。

(2) 加热炉熄火停炉　当塔的回流停止时,加热炉尽快停炉。打开烟道挡板用鼓风机吹扫冷却加热炉。

(3) 系统冷却、泵停运,系统泄压和排污,吹扫　从各塔、轻油加氢料缓冲罐底部吹入蒸汽,同时打开塔和上述容器顶部的放空口。当塔顶放空口有蒸汽冒出时,开始向回流罐吹扫。打开排液口排液,到排出的液体不带油为止。

5.4.3　紧急事故及处理

1. 进装置原料中断

当进装置流量指示为零与原料罐液面指示急剧下降时,联系调度、尽快恢复供油;通知调度切换原料罐,装置降量生产,如不能维持进料生产,则改循环;控制阀改走副线,联系仪表处理。

2. 反应器进料中断

如果出现加氢进料泵出口流量指示回零,或者换热器壳层出口温度、反应器床层上部温度突然升高时,按以下办法处理。

按停电事故处理;如果控制阀卡住,可改走副线,维持生产并联系仪表修理;停止反应进料,同时将反应器入口温度降至200 ℃;停注水泵,并关闭出、入口阀;当没有油水进入高分时,关闭高分向低分减油阀和界面控制阀前阀;当没有油水进入分馏塔时,关闭液控阀,加热炉熄火,分馏系统改循环,反应系统氢气循环;当没有油进入回流罐时,停回流泵;高压系统循环降温,把反应器床层温度降至与反应器入口温度一致;当进料恢复正常时,按正常开工程序开工;司泵岗位协助反应岗位停泵,压缩机岗位配合操作,开好新氢机和循氢机。

3. 循环氢中断

如果出现加热炉炉膛温度、反应器入口温度迅速上升,或者循环氢指示流量回零,或者高分压力下降,处理方法如下:

停原料泵:关闭出口阀、流控前手阀,加热炉熄火,炉膛给汽;联系制氢:新氢机以最大量补氢,同时高分排放,保持系统内有气体流动;注意反应器床层温度变化:若床层有升温,则加快高分排放速度;注意高分压力和液面:严防高分串压串油;联系氮气:当系统压力降至0.8 MPa时,打开氮气入系统阀,以尽可能大的氮气量吹扫系统;停新氢机、注水泵:当没有油水进入高分时,关闭液控、界控阀,高分保液面;床层继续保持气体流动,直至150 ℃以下;分馏系统改循环:停炉,回流罐保液面,保压力,停回流泵;循环氢恢复正常后,按正常开工步骤开工。

4. 高分液控失灵

当液控调节无作用与高分液面突然上升或下降时,立即改走副线控制,根据液位高低进行手动调节;联系供风,恢复正常供风,或向净化风中补氮气,维持生产;联系仪表工尽快恢复。

5. 高压分离器串压

当高分液面下降,或低分压力指示上升,或高分减油线上的压力摆动大时,将高分液控改手动控制,切断减油,待高分液面上升后控制在正常范围内;将低分压力降至正常操作压力;联系仪表,检查高分液控阀并处理。

6. 原料油带水

若发生加热炉出口温度下降、反应器床层温度下降,或反应器出口压差增大、系统压差上升,或生产油颜色变深这些现象,则采用以下办法处理。

加强原料罐脱水;联系罐区脱水,必要时可换罐;联系压缩机岗位,防止系统超压;注意系统压差,如果上升很快而降不下来,可减少进油量和氢气量;因原料带水引起炉出口、反应器床层温度下降时,炉出口温度不能提得过高,以免原料不带水时引起床层超温。

7. 进料量猛增

若发生原料油流量指示增大、原料油换热器出口温度下降、炉出口温度下降(炉温自控,瓦斯流量增大)、系统压差增大时,则要查找原因,降低处理量。

8. 系统压力超高

若发生新氢机出口压力、系统压力指示升高或新氢流量、原料流量下降时,则要减少新氢量和进料量、开大废氢排放量。若压力仍降不下来,则可开紧急放空。

9. 新氢中 CO、CO_2 含量增高

在炉出口温度、进料量、氢气量、压力不变的情况下,反应器床层温度突然升高;循环氢中甲烷含量增加,循氢纯度下降。这些现象发生时,应该迅速减少瓦斯量,降低炉出口温度;增大冷氢,压低床层温度;减少新氢量或停新氢机。

10. 反应器床层温度高于正常值

如果反应器床层温度高于正常值 10～15 ℃时,压低炉出口温度;开大冷氢,降低床层温度;当整个床层温度不再上升,可逐渐减小冷氢,平稳炉出口温度,恢复正常操作条件。

如果反应器床层温度高于正常值 15～30 ℃时,开大废氢放空阀及泄压阀,适当降低操作压力;降低进料量,分析原料性质,必要时可切换原料罐;当整个床层温度低于正常值 10 ℃时,恢复正常生产。

11. 高压管线破裂(不能用阀门切断部分)

常见的不能用阀门切断部位。压力表引出管、氢气在线分析引出管、仪表配管及孔板引出管等;循氢机出入口阀门的高压管线;冷氢管线破裂,而单向阀不严时;高分出口管线破裂。这些现象发生时,紧急停新氢、停油、停水,加热炉灭火,关新氢入系统总阀,开循氢放空阀将系统压力放掉;室内管线破裂,在采取上述措施的同时,立即开大门窗,严禁启动一切不防爆的电气设备,严禁穿带钉鞋走动;通知调度,若发生火灾,通知消防队,在班长统一指挥下扑火;压力泄完后,联系氮气进行系统置换,合格后进行处理,处理方法及恢复生产方法视具体情况而定。

12. 回流带水

回流罐界面失灵;回流量在塔顶温度自控时下降,塔压力下降,在塔顶温度手控时,温度不变,压力升高。这些故障发生时,应该修理仪表界控阀,加强回流罐脱水;若塔压力上升,则可采取减回流量、降进料量、降炉温等措施,保证塔压力在工艺指标内;如果是由粗汽油中水冷器内漏造成带水时,在无法处理时,可按紧急停工处理。

13. 燃料气带油

瓦斯压力不变;炉膛温度升高;炉出口温度升高;由看火孔看出有油滴;烟筒冒黑烟。这些现象出现时,应该降低炉膛温度,改手控,适当减少火嘴,防止炉温上升过快;开大加热蒸汽;联系调度,要求瓦斯系统脱油;如果炉底着火,关闭瓦斯阀门,火灾消除后重新点火。

14. 装置瞬时停电

没有自保系统的机泵,空冷风机停运,流量指示为零;温度、压力指示仪表暂时失灵;照明灯闪耀。这些情况发生时,应该严格控制加热炉温度,必要时降温或熄火;快速启动各泵、空冷风机等;及时调节高分、低分液面及压力;装置改大循环,并调整各操作参数至正常,产品分析合格后送出装置。

15. 装置长时间停电

当所有机、泵、空冷风机、压缩机停运,流量指示回零,或照明灯熄灭,或仪表指示失灵时,加热炉立即熄火,炉膛给汽,开大烟道挡板,关闭风门;关闭机泵出入口阀;系统紧急泄压,并注意适当的排放速度;关低分去分馏塔入口阀,开不合格线出装置;分馏岗位按停工处理,分馏塔保液面;当系统压力降至小于 0.8 MPa 时,引氮气吹扫系统;保持氮气吹扫,来电后,按正常开工步骤开工。

5.5 装置主要设备

本装置设备类型包括加热炉、反应器、汽提塔、分馏塔、空冷、冷换器、氢压机、机泵、容器等。

5.5.1 进料加热炉

反应进料加热炉采用对流辐射型、双面辐射立式炉。介质流型设计状态为雾状流。辐射室采用单排双面辐射,其特点是炉管受双面辐射,沿炉管圆周方向受热均匀。

5.5.2 压缩机

循环氢压缩机:采用垂直剖分离心式压缩机。新氢压缩机:选用对称平衡型往复式压缩机,二级压缩,二列布置,一台操作,一台备用。

5.5.3 非定型设备

加氢精制反应器:采用热壁式结构,内设两段催化剂床层,并有进料分配器、冷氢箱、出口收集器等设施。脱硫化氢塔:脱硫化氢塔采用浮阀塔盘,塔底部有汽提蒸汽入口,用于过热蒸汽汽提用。分馏塔:采用浮阀塔盘,塔底用重沸炉加热循环。循环氢脱硫塔:采用单溢流浮阀塔盘。冷换设备:高压部分选用 V 型管系列换热器;低压部分采用浮头式系列换热器。进料泵:采用筒形多级离心泵,驱动机可使用隔爆型或增安型系列异步电机。一台操作,一台备用。

5.6 工艺过程控制

常见控制参数主要包括流量、温度、压力和液位控制;控制仪表分为气动控制仪表和电动控制仪表。

5.6.1　反应系统压力控制

反应系统压力控制的核心是冷高压分离器的压力控制,采用自动控制的压力控制回路,以保证装置操作压力的稳定。

5.6.2　反应器温度控制

直插式热电偶:反应器的三个床层分别设置有两个由内至外的三点测温,以监测床层内的各点温度。反应器温度控制:采用反应器床层注冷氢方案来控制各反应床层的温度,具体方案为用冷氢阀的开度来控制反应器二段床层、三段床层温度。

5.6.3　反应器压差测量

反应器压差测量对于判断反应器运行状态和维护装置长周期运转具有重要作用。反应器压降测量:反应器床层出入口引出仪表管线,设置高压压差变送器,并在回路中设置现场一次表,安装于地面醒目处,供操作人员观察。在反应器出、入口设置高精度压力表,用于现场监视反应器的压力变化。

5.6.4　原料油进装置液位控制

原料油经过过滤后进入原料缓冲罐,原料缓冲罐与泵出口流量组成回路,控制原料缓冲罐液面。

5.6.5　反应进料加热炉

反应进料加热炉介质分两路进入加热炉对流室上部,经过对流室后进入辐射室,从辐射室出炉。两路进料分别设置流量控制阀,保证两路进料平均分配,避免因分配不均而造成炉管结焦;两路出口分别设有热电偶,在两路分配均匀的情况下,保证两路炉膛的温度均匀一致;在炉膛顶部设置一台氧含量分析仪,通过实时数据可以了解到加热炉的热效率高低,从而做出及时调整。

5.6.6　DCS 控制系统

本装置采用集散控制系统(DCS)。送入 DCS 的过程参数经过数据处理,实时在线控制装置所有控制点,同时将经过数据处理的参数生成各种操作、安全管理等用途的控制画面来执行。蜡油加氢装置的 DCS 操作室距离现场比较远,装置现场所有重要参数均传入 DCS 室,当生产过程中有关参数超限时,中控室设有报警显示,提醒生产人员及时处理。

在软件组态上,本装置的所有组态画面均装入相邻装置的操作站中,紧急情况下可以互相起到备用作用,避免装置因 DCS 系统的局部故障而停工。

5.7 安全和环境保护

5.7.1 安全规章制度

1. 防火防爆禁令

严禁在厂内吸烟及携带火柴、打火机、易爆、有毒及易腐蚀物品入厂。严禁未按规定在厂区内进行施工用火或生活用火。严禁穿易产生静电的服装进入油气区工作。严禁穿带铁钉的鞋进入油气区及易燃易爆装置。严禁用汽油、易挥发溶剂擦洗各种设备、衣物、工具及地面。严禁未经批准的各种机动车辆进入生产装置,罐区及易燃易爆区。严禁就地排放轻质油品、液化气及瓦斯,化学危险品。严禁在各种油气区用黑色金属工具敲打。

2. 生产使用氢气规定

生产使用氢气,必须根据生产工艺特性和安全生产的实际需要,建立健全"氢气生产安全技术规程",制定压缩机、管道以及放空过程中防静电的安全管理措施。经企业主管领导、主管部门和有关技术负责人审批后,严格实施。切实加强临氢系统的设备管理,对高压临氢部位设备的氢腐蚀等情况,定期进行技术分析和系统检漏。装置、系统引氢、充氢前,须用氮气等惰性气体或注水排气法进行吹扫置换,直至系统采样分析合格为止。严禁在装置、厂房内排放氢气。吹扫置换及放空降压时,须通过系统火炬管网放空。当氢气大量泄漏、积聚时,应立即切断氢源,开蒸汽掩护或进行通风,不得进行可能产生火花的一切操作。使用氢气,要建立健全定期夜间闭灯检查氢气泄漏等的制度。外购氢气的单位,必须严格氢气进厂质量检查制度,按 3%~5% 随瓶抽样分析。发现质量问题,须 100% 采样分析。充灌氢气瓶接口管,须采用铜管和铜接头,严禁用橡胶制品代替。

3. 防止硫化氢中毒规定

各企业要摸清硫化氢的分布情况,做出平面分布图,并在危险作业点设置警示牌。大力推进技术进步,实现密闭化生产,使装置区或生产作业环境硫化氢浓度符合国家卫生标准。生产过程中的介质和作业环境中的硫化氢,须定期组织测定和评价,对因物料改变、装置改造或操作条件发生变化致使硫化氢浓度超过常规含量时,主管部门要采取相应有效的防护措施,防止发生中毒事故。有可能泄漏硫化氢构成中毒危险的装置或区域,要安装自动检测报警器。在粗汽油罐、轻质污油罐及含酸性气的设备上从事采样、脱水、堵漏、检修等作业时,应选用适用的防毒面具,并有两人同时到现场,站在上风向,一人作业,一人监护。佩戴特殊防护用品在硫化氢污染区作业,在未脱离危险区域前严禁脱下防护用品,以防中毒。

4. 操作使用设备的安全规定

启动重沸器、换热器、冷却器时先开冷流,后开热流;停用时,先停热流,后停冷流;冷却器停用后要将存水放掉。启动空冷时,要先检查风机有无问题。管壳式换热器若用蒸汽吹扫时,必须要打开另一程的放空阀,防止液体汽化憋压损坏设备。对高温临氢管线要坚持夜间闭灯检查,发现问题及时处理。

5. 检修中的安全

打开容器、塔等设备人孔时,先打开最上一层人孔,然后从上向下顺序进行。罐、槽、塔等容器设备不经测爆与氧含量分析合格及有毒气体含量分析合格,不准入内作业。检修期间所有设备的电源由电工切断,防止发生意外。拆卸设备、容器、管线等法兰、压盖、丝堵时,要慢慢松开防止残压喷出伤人。高空作业时,所用的工具及物品要求牢固好用,并携带好,防止脱落伤人、伤物,工作面上的跳板、脚手架必须牢固可靠。不准站在管线或防护栏杆上进行工作,离地面2 m以上工作时,应系安全带。冷换设备吹扫干净后,须打开低点放空,排尽冷凝水。塔与容器等设备检修完毕封人孔前,必须查明里面有无遗物,各抽出口返回管线是否有杂物堵塞,特别要确定里面无施工人员和其他人员时才能封人孔。

6. 进入容器的安全注意事项

任何人在进入容器作业之前,必须要有气防人员或其他人员对其进行进罐作业的安全教育。

5.7.2 环境保护措施

1. 废油、废水排放控制措施

含硫、含氨废水:由反应部分冷高压分离器、冷低压分离器和分馏部分脱硫化氢汽提塔顶回流罐排出的含硫、含氨污水送至酸性水汽提装置处理,以回收硫化氢和氨。含油污水:产品分馏塔顶回流罐、机泵及地面冲洗等产生的含油污水,送至污水处理场。

2. 废气

脱硫气体:脱硫化氢汽提塔顶气脱硫后排至燃料气管网。再生塔顶回流罐顶排放的酸性气送至硫黄回收装置。热炉烟气:燃料燃烧过程中产生的燃烧废气,经回收能量后由烟囱高空排放。放空气体:装置各部分设置的安全阀及放空系统,包括紧急放空排放的含烃气体均排入密闭的火炬系统;富液闪蒸罐排放的轻烃气体排入低压瓦斯系统。

3. 固体废物排放控制措施

废保护剂:由加氢反应器排出,约2年一次,送废催化剂厂回收或无害化填埋。废催化剂:由加氢反应器排出,约2年一次,送废催化剂厂回收或无害化填埋。废瓷球:由加氢反应器排出,约2年一次,无害化填埋。

4. 化学用剂控制措施

二硫化碳等化学用剂在装卸过程中,注意避免泄漏,运转过程中,杜绝跑、冒、滴、漏现象。乙醇胺、溶剂、助溶剂装填过程中,避免落入地面,运转过程中,杜绝跑、冒、滴、漏现象。

5. 防毒保护

凡需进入人的设备均用蒸汽或空气进行一定时间的吹扫或置换,对大型的设备蒸汽吹扫或置换达24 h以上。在设备进人前应从不同的点取样分析氧含量及其他气体分析,以确定设备内是否存在有毒气体或爆炸气体。设备打开后不允许立即进人,应将人孔尽量全部打开以保证最大限度地对流通风,不能对流的应放入风管,强制通风。设备容器进人检修时,必须有2人以上操作,设备外留人防护,进入容器者腰上需系安全防护绳,便于救护,以免发生意外人身事故。需要在有害气体环境内工作时,应戴有经确认完好的防毒面具,备用的防毒面具,应经常检查使其处于良好的备用状态;有害气体排放口的顺风处不许站人,应站在上风处作业。如发生意外中毒事故,救护者不可惊慌,应实施准确的现场急救,将患者送到有新鲜空气通气的地方实施救护,并立即通知卫生所进行抢救。

5.8　思考题

5.8.1　热高压分离器、冷高压分离器在流程中起什么作用?

5.8.2　蜡油加氢的基本原理是什么?

5.8.3　在蜡油加氢过程中主要发生哪些反应?

5.8.4　如果进装置原料突然中断会产生哪些现象? 如何解决?

第6章 汽油加氢装置

6.1 概述

汽油加氢采用固定床催化工艺,在适当的温度、压力、氢油比和空速条件下,汽油和氢气进行反应,使油品中的杂质,即硫、氮、氧化物转化成为相应的烃类及易于除去的 H_2S、NH_3 和 H_2O,同时,不饱和烃(包括芳烃)得到加氢饱和,从而满足乙烯料和重整原料的要求。汽油加氢工艺分三套:Ⅰ汽油加氢:主要是加工焦化汽油,生产石脑油供扬子或连续重整;Ⅱ汽油加氢:主要加工溶剂油,也作为扬巴料出厂;Ⅲ汽油加氢:催化汽油选择性加氢,主要是脱硫,烯烃少量饱和,并进行部分芳构化以减少催化汽油辛烷值的损失。

20 世纪 50 年代,加氢方法在石油炼制工业中得到应用和发展,60 年代因催化重整装置增多,石油炼厂可以得到廉价的副产氢气,加氢精制应用日益广泛。据 80 年代初统计,主要工业国家的加氢精制占原油加工能力的 38.8% ~ 63.6%。加氢精制可用于各种来源的汽油、煤油、柴油的精制,催化重整原料的精制,润滑油、石油蜡的精制,喷气燃料中芳烃的部分加氢饱和,燃料油的加氢脱硫,渣油脱重金属及脱沥青预处理等。氢分压一般为 1 Mpa ~ 10 MPa,温度 300 ~ 450 ℃。催化剂中的活性金属组分常为钼、钨、钴、镍中的两种(称为二元金属组分),催化剂载体主要为氧化铝,或加入少量的氧化硅、分子筛和氧化硼,有时还加入磷作为助催化剂。喷气燃料中的芳烃部分加氢则选用镍、铂等金属。双烯烃选择加氢多选用钯。

各种油品加氢精制工艺流程基本相同,原料油与氢气混合后,送入加热炉加热到规定温度,再进入装有颗粒状催化剂的反应器(绝大多数的加氢过程采用固定床反应器)中。反应完成后,氢气在分离器中分出,并经压缩机循环使用。产品则在稳定塔中分出硫化氢、氨、水以及在反应过程中少量分解而产生的气态氢。

6.2 工艺原理及装置技术特点

加氢精制工艺就是在催化剂和较高的氢压作用下脱除油品中含硫、氮、氧等化合物中的硫、氮、氧等杂质原子。对二次加工后的焦化汽油等,加氢精制能使汽油中的烯烃、二烯烃以及芳烃加氢饱和,以改善油品的质量。

6.2.1 加氢精制的化学反应

1. 烯烃和二烯烃的加氢

烯烃的加氢速度很快,常温下即可进行,二烯烃加氢速度比单烯烃快。如:

（a）$R—CH \!=\! CH—R' + H_2 \longrightarrow R—CH_2—CH_2—R'$

（b）$R—CH \!=\! CH—CH \!=\! CH—R' + 2H_2 \longrightarrow R—CH_2—CH_2—CH_2—CH_2—R'$

2. 含硫化合物的加氢

在加氢条件下，二次加工汽油中各种含硫化合物转化为相应的烃和 H_2S，从而脱除硫。如：

硫醇：$RSH + H_2 \longrightarrow RH + H_2S \uparrow$

硫醚：$RSR' + H_2 \longrightarrow RR' + H_2S \uparrow$

二硫化物：$RSSR + H_2 \longrightarrow RSR'$

$\qquad\qquad RSSR'H + 4H_2 \longrightarrow RR' + 2H_2S$

噻吩：$C_4H_4S + 2H_2 \longrightarrow C_4H_8S$

$\qquad C_4H_8S + H_2 \longrightarrow C_4H_9SH$

$\qquad C_4H_9SH + H_2 \longrightarrow C_4H_{10} + H_2S$

3. 含氮化合物的加氢

在加氢过程，氮化物在氢作用下转化为 NH_3 和相应的烃，从而被除去，加氢脱氮反应比脱硫反应困难得多，为了使脱氮比较完全，往往要用比脱硫更苛刻的条件以及更高活性的催化剂。如：

吡啶：$C_5H_5N + 3H_2 \longrightarrow C_5H_{11}N$

吡咯：$C_4H_5N + 2H_2 \longrightarrow C_4H_9N \quad C_4H_9N + H_2 \longrightarrow C_4H_9NH_2$

$\qquad C_4H_9NH_2 + H_2 \longrightarrow C_4H_{10} + NH_3 \uparrow$

4. 含氧化合物的加氢

苯酚：$C_6H_6O + H_2 \longrightarrow C_6H_6 + H_2O$

环烷酸：$C_nH_{2n}—COOH + 3H_2 \longrightarrow C_nH_{2n}—CH_3 + 2H_2O$

5. 芳烃和稠环芳烃的加氢

苯：$C_6H_6 + 3H_2 \longrightarrow C_6H_{12}$

萘：$C_{10}H_8 + 2H_2 \longrightarrow C_{10}H_{12} \quad C_{10}H_{12} + 3H_2 \longrightarrow C_{10}H_{18}$（氢萘）

稠环芳烃的第一个芳香环的加氢反应速度比苯高，但第二、第三继续加氢时的反应速度依次急剧下降，芳香烃上带有烷基侧链会使芳香烃的加氢更困难。在加氢反应过程中，除了上述五类反应外，还有脱金属、脱卤素、聚合反应等。聚合反应结果，会在催化剂上形成含氢少的稠环分子，多数情况下，反应的中间产物是多环的稠环芳烃。在反应温度一定时，较高的氢分压有利于降低这类中间产物的浓度，从而可以减少积炭的生成，温度升高时，有利于生成中间产物，积炭增加。因此，原料中稠环分子浓度越高，积炭速度就越快。

6.2.2 装置技术特点

延迟焦化等装置生产的二次加工汽油含有大量的烯烃、芳烃以及硫氮、重金属等杂质，油品具有腐蚀性和臭味，安定性差，不能直接使用，必须经过精制处理才能作为商品出售或作深加工的原料。本装置的任务是采用加氢精制工艺将延迟焦化等装置生产的二次加工汽油精制成优质汽油，作为车用燃料组分和石油化工原料。装置设计规模：年处理焦化汽油 30 万吨,生产精制石脑油 29.04 万吨/年。装置年操作时数:8 000 小时。

原料:焦化粗汽油、氢气。当精制焦化汽油作为重整原料时,其馏程较轻,干点控制在不大于 174 ℃。

产品:优质石脑油或作重整预加氢原料。当精制油直接作为连续重整原料时,其总硫,总氮必须控制在小于 0.5 ppm。

副产品:主要有富氢气、排放氢、瓦斯气。

催化剂:加氢精制催化剂。

瓷球:耐酸惰性氧化铝瓷球。

硫化剂:二硫化碳(CS_2)。

6.3　工艺流程

原料焦化汽油从外界送入装置内,经过滤器 K - 0201 进入原料油缓冲罐(V - 0201),V0201 采用火炬气作气封。V - 0201 的原料油经进料泵 P - 0201 升压至 5.74 MPa(G)左右,经 E - 0201,E - 0203 与反应生成油换热到约 220 ℃ ~ 230 ℃,进入 F - 0201 加热至222 ~ 250 ℃,再进入加氢反应器 R - 0201 进行加氢反应。加氢反应产物分别经 E - 0203,E - 0202 的管程,E - 0204,E - 0201 的壳程换热至 130 ℃,进入反应产物空冷器 A - 0201冷却至 60 ℃,进入反应产物水冷器 E - 0205/AB 冷却至 40 ℃ 以后,再进入高压分离器 V - 0202 进行气液分离。气相为循环氢气,部分减压排放至管网系统,其余循环氢气送至氢气压缩工序循环使用。

高压分离器 V - 0202 的液相为高分油,减压后进入低压分离器 V - 0203 内再次进行气液分离。V - 0203 顶气相为富氢气体,经压控阀减压后送出界区至脱硫装置。V - 0203 底部液相为低分油,经减压进入 E - 0207 壳程与汽提塔(T - 0201)底抽出的精制汽油换热后分两路,一路油与 E - 0204 换热,然后与 E - 0207 出的另一路油混合,油温达130 ℃左右进入汽提塔 T - 0201。

汽提塔采用 1.0 MPa 过热蒸气作为汽提介质,塔顶气相经 E - 0208 冷却至 40 ℃,进入汽提塔顶回流罐 V - 0206。回流罐内的不凝气作低压瓦斯,粗汽油经泵 P - 0204 升压后打入塔顶作回流。

汽提塔底精制汽油经 E - 0207 与低分油换热至 83 ℃后,经水冷器 E - 0209 冷却至40 ℃后进入精制汽油沉降罐 V - 0207,V - 0207 中进行油水分层。上部精制汽油经泵 P - 0205升压后送出装置,底部含硫污水排入含硫污水罐 V - 0210,V - 0210 中污水经 P - 0206 送出装置。

该装置生产所需原料氢气,由连续重整装置或制氢装置提供。进装置氢气压力为1.20 MPa,稳压后进入新氢分液罐 V - 0209,经新氢压缩机 C - 0201/AB 升压至 4.85 MPa后与 C - 0201 出来的循环氢混合后进入 E - 0202。

从反应工序高压分离罐 V - 0202 来的循环氢经分液罐 V - 0208 分液后,进入循环氢压缩机 C - 0202 升压至 4.85 MPa 后,与 C - 0201A/B 来的原料氢气混合后进入 E - 0202,换热至 245 ℃后再与 E - 0201 换热来的反应进料混合,在 E - 0203 与反应生成物换热至 230 ℃进入加热炉 F - 0201。

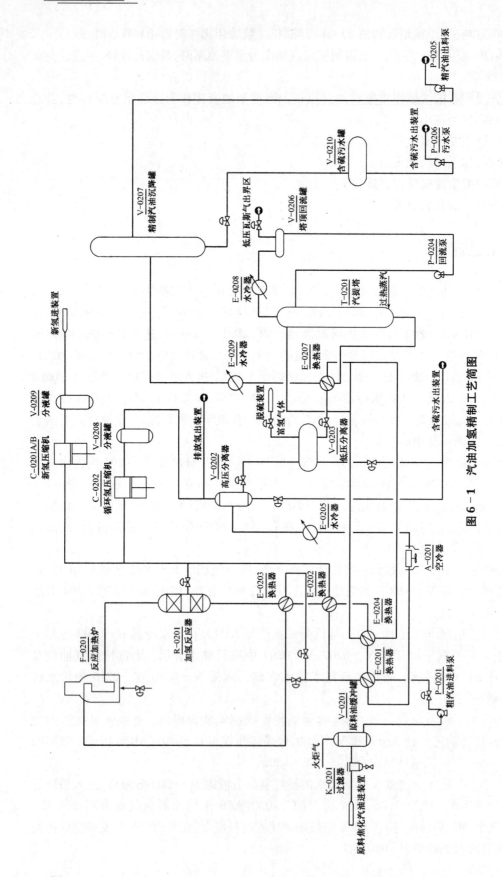

图 6-1 汽油加氢精制工艺简图

本装置由四个工序组成:1）氢气压缩工序;2）反应工序;3）产品汽提工序;4）燃料,蒸汽等辅助工序。

6.4　汽油精制装置运行操作要点

6.4.1　装置开工

1. 初始气密性检查

装置的设备、管线安装检修完毕后,为检查漏点,消除隐患,确保后续的各项开工准备工作顺利进行,以及装置的正常开工与安全运行,必须在装置工程施工质量验收后,对装置的所有系统进行初始气密,尤其是装置的反应高压系统在正常生产时处于高温、高压、临氢状态,初始气密工作必不可少。

初始气密性检查应在有关部分的施工安装完毕,经检查质量合格后进行。包括有关人孔手孔、法兰、孔板、盲板、阀门等均安装完毕;有关设备及管线冲洗吹扫结束;隔离气密系统,关闭与之相关联的阀门并在较低压容器拆法兰;有关的安全阀已投用;有关的仪表引压线隔断阀打开;有关的压力表安装可靠,量程正确,随时可用;所有排凝和排气的阀门及采样分析器的阀门关闭。

检查前联系调度,安排好气密所要求的氮气等介质,备好足够的肥皂、桶、毛刷、洗耳球或带插管的塑料瓶、标准压力表、便携式可燃气体报警仪等气密工具,气密所用的临时脚手架搭好。

检查时升压或减压过程要尽量平稳,速度不大于 1.5 MPa/h。注意检查与气密系统相连的其他系统有无意外内漏现象,严防其他单元的设备超压,发生事故。气密过程中,密切注意气温升高等其他原因导致的气体膨胀而引起设备超压,发生事故。与气密系统有关的泵或压缩机其出入口阀门之间的配管,要在相应管线气密完毕后,慢慢打开其入口阀,在短时间内检查有无泄漏。压力排放时,要小心降压,以免产生过大的差压,损坏有关的设备构件,若向低压单元泄压,更要缓慢进行,严防低压单元出现超压事故。气密过程中,如果出现漏点,应停止升压,在较低压力下,经安全部门许可,方可带压处理。否则须放至常压,再进行处理。不进行气密的一侧设备其通气孔或排气孔排凝阀要打开,观察内漏与否并严防串压而发生超压事故。对特殊换热器壳,管层压力差必须控制在允许范围内。气密系统的流程包括仪表引压线等要仔细检查,确保正确无误。

对低温低压部分:用蒸汽贯通试压,先要贯通排淋,防止水击,并检查有关切断阀是否内漏。对反应高压系统抽真空到 0.017 MPa(125 mmHg)时,用真空压力表检查,真空度下降至不大于 0.003 MPa(25 mmHg)为合格。反应高压系统氢密时用便携式可燃气报警仪检查,报警仪不报警为合格。当高压系统压力（以高压分离器 V－0202 为准）为 4.0 MPa 时静止压降不大于 0.01 MPa/h,其他低压系统压降不大于 0.01 MPa/h。

2. 反应系统干燥

为了避免催化剂因吸水而受损,影响其寿命。催化剂装填前必须脱除反应系统包括反应器、反应系统管线、加热炉、冷换设备等残留水分。

加热炉按规程分析合格后点火升温,以 10~15 ℃/h 的升温速度把反应器入口温度提至 150 ℃,恒温 4 个小时,V-0202 低点排液。第一阶段烘干后,F-0201 以 10~15 ℃/h 的升温速度升到 250 ℃恒温 8 个小时,以 V-0202 低点没有排出液体为烘干原则。烘干结束后,若继续进行 3.0 MPa 以上的气密,则以 20 ℃/h 速度把反应器入口温度降至 150 ℃,并保证 E-0203 的出口温度不小于 135 ℃。若临氢系统 4.0 MPa 气密合格,则将反应系统压力降到 2.0 MPa 再继续以 20 ℃/h 的速度降低反应器入口温度,当 R-0201 出口温度低于 80 ℃时,系统卸压至 0.1 Mpa,再用 N_2 反复置换反应系统,并启用 J-0201,分析系统中 H_2 与烃的含量小于 1% 为合格,直到反应器能进人,进行催化剂装填。为了加快冷却速度,F-0201 熄火,风门烟道挡板均应全开,冷却结束,R-0201 温度低于 80 ℃时 C-0202 停运。在反应系统干燥的同时,对于那些无法进行加热干燥的管线,如冷氢线、进料线等也应该用氮气尽可能把存在的积水吹干。反应系统干燥结束后,倒吹 P-0201 出口至 F-0201 入口温控段管线。

3. 催化剂装填

催化剂的管理要求 催化剂桶只能在装剂前才能打开,避免潮湿。装催化剂时,除非因天气不好而中断,原则上装催化剂工作应昼夜进行(安排好照明,落实好防护措施),一次装完。

装催化剂安全措施 若反应器内含有可燃的烃类蒸汽,则应在打开和进入反应器之前用 N_2 吹扫。再用空气置换,要确保反应器内有足够的氧含量。向反应器内通入足够的新鲜空气,以便除去在运转过程中所产生的烟气和剩余热量。凡是与反应器相连的管线均拆法兰上盲板,确保人身安全。在反应器内工作的人员必须戴上防化学品护目镜和防尘呼吸器。

对有毒物质和可燃物质的检查 当初次打开反应器人孔时,要用适当的仪器检验反应器内的有毒物(硫化氢)和可燃物及含氧量。化验应在反应器外面进行。只有在化验分析出反应器内无有毒物质和可燃气体及含氧量达 21% 时,工作人员才能进入反应器。当有人在反应器内进行工作时,要定期分析有毒物质和可燃气体及氧含量以确保反应器内工作人员的安全。

防护措施 在反应器内工作人员与反应器外工作人员彼此之间,以及守候在反应器旁的保护人员,要用声音、目视和信号,保持直接联络,在可呼叫的距离内至少要有 2 名保护人员。准备好担架或救护车,作为在紧急情况下从反应器内撤出人员救护之用。在反应器外面至少要准备两台呼吸设备(尽可能多几台)。职防人员和医护人员守候在现场不得离开。催化剂装填人员应身穿防静电服,并戴好口罩、防护帽。

反应器装料步骤

装惰性瓷球 在催化剂卸料口装填时,用保温灰填满卸料口,并用重锤砸结实。按催化剂装填图要求,依次把不同规格的瓷球小心地放入反应器内。在反应器底部,应小心地把某种规格瓷球装好,瓷球装完后要铺平,再装另一规格瓷球。测量各种规格瓷球的装填高度并做记录。

装催化剂 在反应入口法兰上安好装催化剂用的固定漏斗,漏斗底部装好帆布管,管的下端距离瓷球(或催化剂)床层 0.6 m 以内。揩擦催化剂装用的活动漏斗。将催化剂放入活动漏斗内,用电动葫芦吊到反应器顶部,并把活动漏斗内的催化剂卸入固定漏斗内,然后通过帆布管缓缓落到反应器内。反应器内应有一个人紧紧把住装满催化剂的帆布管,此人应戴着新鲜面罩,穿着适当的防护服装,人应站在踏板上,不允许直接站在催化剂上或在催化剂床层上走动,踏板底面面积至少不少于 $0.28 m^2$。为了减少催化剂的破碎,须用节流方法使帆布袋经常充满催化剂。在反应器中用木耙将帆布袋中流出的催化剂耙平,使催化剂在反应器里均匀分布。当反应器内催化剂的水平高度达到帆布袋的底部时,走最低的帆布,重新开始装催化剂,除去应器中全部帆布碎屑。把催化剂装到设计的水平高度,录下实际的高度。

装瓷球 此之前,确认反应器下部催化剂床层装填完毕。安装好冷氢盘和催化剂支承盘,确认全部工具和其他辅助设备从反应器下部催化剂床层取出。仔细检查上、下催化剂床层间的联通管,确认安装好后装入直径为 13 mm 的瓷球。反应器上部催化剂床层装填方法与反应器下部催化剂装填方法相同,所用瓷球见催化剂装填图。上部催化剂装到规定要求后,上防垢篮相邻的防垢篮距离要相等,通过防垢篮和组合件穿入不锈钢链用金属丝把各单独的防垢篮和组合件扎紧在链环节,上除垢篮被催化剂和瓷球掩平,保证除垢篮里无杂物。确认无任何工具和辅助设备遗留在反应器中。装上分配盘,上反应器头盖。清理催化剂装填现场。

4. 装置投料开工

准备工作 全面检查流程确认内外各系统,包括原料、产品、不合格油线、新氢、CS_2 线污水、火炬线等均具备开工条件。C-201/AB,C-202 及各机泵处于备用状态。经过水、油联运、烘炉,初次气密暴露出来的问题处理完毕。DCS 系统及各种仪表调校好用。安全消防器材及设施齐全好用。开工方案经学习并能掌握。联系有关单位准备好 N_2、H_2、软化水。缓蚀剂、CS_2(或 DMDS)进入车间,并能投用。联系钳工(施工)、仪表、电气、化验分析等单位做好配合。催化剂装填完毕,反应器头盖复位。通知调度和油品车间备好 500 吨直馏汽油,并随时可以投用。火炬系统经 1.0 MPa 蒸汽吹扫后投用(详见附案"火炬系统投用方案")。装置全面检查结束,具体详见"装置全面检查"部分。各种环保设施可以投用(详见附案"环保注意事项")。低压系统气密合格,可投用。分流系统已经进行油联运(方案详见"分流系统油联运方案")。瓦斯按加热炉点火规程引进F-0201 前。

装置全面检查 加热炉:查火嘴、堵头、吹扫口、烟道挡板和人孔、热电偶、压力表及所属零部件等是否安装完好,烟道挡板,防爆门,看火孔,一、二次风门是否灵活好用,炉内炉墙是否有裂纹或脱落现象,炉管及炉管固定件是否完好,炉膛内是否有杂物,检查完毕符合要求。分馏塔:查塔内杂物是否清除,人孔与塔连接的法兰、阀门等是否安要求全紧固,安全阀、压力表、热电偶、液面计、汽提蒸汽分配器、塔盘、放空阀是否按要求安装齐全好用。换热器、冷却器、抽空器、空冷器,应检查出入口管线安装是否正确,温度计、压力表、放空阀、地脚螺丝是否按要求安装齐全,空冷风机各部件是否安装好,并能随时投用。压缩机泵:查盘车是否灵活,冷却系统、润滑系统、封油系统是否畅通正常,防护罩、接地线、流表、源开关、仪表线路、压力表等是否齐全好用。工艺管线:管线安装,焊接和材质是否符合工艺要求,管线支架是否齐全牢固。阀门、法兰、垫片、螺母、螺栓材质是否符合要求,是否全部上紧,单向阀方向是否正确。容器:压力表、度计、全阀、电偶、液位计、放空阀、排凝阀是否齐全好用。消防器材:是否按消防规定要求准备齐全,消防蒸汽皮带安装就位,安全措施落实。仪表控制系统:是否联校合格,灵活好用。装置盲板是否按要求拆装,须拆的界区盲板应按开工程序先后逐个拆掉。必须严格执行"四不准开工"的规定,即安装或整改质量不好不开工,堵漏不彻底不开工,安全设施不好不开工,卫生不好不开工,严格执行三级检查制度。开工中应严格按车间防冻防凝方案,做好防冻防凝工作。

新氢系统投用 改好氢气系统流程,各导凝阀关死,从界区外给氮气至氢气管线(界区阀关死),V-0209 入口盲板拆掉。从 V-0209 底和 V-0209 压控往地面排放置换 15 分钟,并进行 1.2 MPa 气密。化验分析 V-0209 气体中氧含量,氧含量小于 0.5%(V)为合格。新氢系统分析合格后,引氮气至 V-0209,并注意 V-0209 的切水,防止新氢带液。

反应系统最终气密 本次气密是第二次气密,主要检查反应器入口法兰、卸料口法兰和第一次合格后所动过的设备,若是泄压控制标准还达不到指标,则再检查系统其他密封点。

气密条件 装置经第一次气密合格后,F-0201 烘炉结束,R-0201 催化剂装填完毕。各压缩机、泵处于良好的备用状态。各种仪表检查完毕,处于良好备用状态。火炬系统可以投用。

气密准备工作 联系调度和空分站,准备充足的氮气。准备小桶、皂、毛刷、洗耳球、标准压力表、便携式可燃气体报警仪等气密工具。反应高压系统安全阀参加气密。与试压系统有关分析的取样点用阀隔断。全部阀门经检查后关闭,待用时逐一打开。仪表引线阀门打开,参加气密。有关的排气阀和导凝阀关死。注意事项(与初始气密的注意事项相同)。升压或减压过程要尽量平稳,速度不大于 1.5 MPa/h。注意检查与气密系统相连的其他系统有无意外内漏险象,严防其他单元的设备超压,发生事故。气密过程中,密切注意气温升高等其他原因导致的气体膨胀而引起设备超压,发生事故。与气密系统有关的泵或压缩机其出入口阀门之间的配管,要在相应管线气密完毕时,慢慢打开其入口阀,在短时间内检查有无泄漏。压力排放时,要小心降压,以免产生过大的差压,损坏有关的设备构件,若向低压单元泄压,更要缓慢进行,严防低压单元出现超压事故。气密过程中,如果出现漏点,应停止升压,在较低压力下,经安全部门许可方可带压处理,否则须放至常压,再进行处理。不进行气密的一侧设备其通气孔或排气孔排凝阀要打开,观察内漏否并严防串压而发生超压事故,对特殊换热器壳,管层压力差必须控制在允许范围内。气密系统的流程包括仪表引压线等要仔细检查,确保正确无误。低压系统气密已经合格(气密方案详见"低压系统气密方法与流程"部分),并可投用。

气密标准 用肥皂水进行气密检查,以不冒泡为准观察泄压速度,以小于 0.05 MPa/h 为准。气密压力和观察泄压速度均以 V-0202 标准压力表为准。

催化剂干燥 催化剂吸水性最强,在包装、贮运和装填中难免会吸附一定水分,吸附水能降低催化剂活性和强度,因而需要脱水干燥。

催化剂干燥条件 反应系统在 2.0 MPa 氮密合格;反应系统,氧含量 <0.5%,如不合格则必须用氮气置换直到置换合格。

催化剂干燥 启动循环压缩机全量氮气循环,循环流程与高压气密流程相同;加热炉按规程(具体请见烘炉方案)点火,并严格按催化剂干燥阶段进行;干燥期间各换热器低点、高压分离器(V-0202)循环机入口分液缸(V-0208)经常脱水并有专人记录水量;干燥结束后系统压力降至循环机允许的最低压力(不少于 0.3 MPa)。R－0201 入口温降到 150 ℃，并保持在 150 ℃；从 C－0201 引氢气置换直至反应系统中循环氢气纯度大于 80% 为止，否则继续循环置换；置换合格，同时 R－0201 入口温度在 150 ℃时并保证 E－0203 出口温度在 135 ℃以上，将压力升至 3.0 MPa 进行气密直至 4.0 MPa 气密合格；4.0 MPa 气密合格后，维持系统压力，使反应器床层温度最高点不大于 150 ℃；准备催化剂预硫化。

5. 催化剂预硫化

加氢催化剂经烧焦再生或第一次用的新催化剂必须经预硫化处理；预硫化目的在于 使催化剂活性组分金属从氧化态转变为硫化态，以提高催化剂的活性和稳定性；本装置催 化剂硫化采用湿式预硫化，硫化剂一般为 CS_2。

预硫化的条件和准备工作 装置最终气密合格，催化剂干燥已结束；通知调度和原料 车间做好送油准备，准备好 300～400 t 直馏低氮汽油，作为催化剂硫化之用；硫化剂罐 V－0109(柴油加氢)装好 4.0 吨二硫化碳，现场 CS_2 桶清理干净；用氮气将预硫化管线中 的积水置换干净；预硫化操作参数及指标。

硫化过程注意事项 当床层温升很低或消失时，可适当提高温度或提高注硫量；当循 环氢中硫化氢浓度大于 1% 时，为了防止管线腐蚀，则可考虑停止注硫或增加注水。CS_2 是有毒易燃物质，操作应特别小心，戴好防毒面具，禁止外排和装置用火，CS_2 装进 V－0109 后，一定要水封，以防挥发。硫化完毕换原料油时，应置换 P－0205 至 V－0201 的循环油线。硫化工作应密切注意床层温升，若温升大于 30 ℃且有上升的趋势，则应降 低注硫量，待温升稳定后可继续进行注硫；注硫量根据床层温升情况缓慢增加，不可一次 提高过大，以防温升加剧。

催化剂硫化操作步骤 系统干燥结束，并且系统氢浓度置换合格(氢浓度大于 80%)，R－0201 床层最高温度降到 150 ℃，并确保 E－0203 出口温度在 135 ℃以上，系统 压力保持 3.8 MPa(V－202 压控控制)。联系原料车间送直馏汽油，V－0201 液面到 60% 时，启动泵 P－0201 抽 V－0201 直馏汽油，进料量控制在 30 t/h，严防泵 P－0201 抽空。 系统进油后，应密切注意 V－0202 液面，当达到 40% 时启动液控向 V－0203 进油， V－0203 液面达到 40% 时启用液控开始向装置外(罐区)送油，进行系统置换，置换时 V－0201、V－0202 界控低点间断排淋。反应系统用直馏汽油置换 4 小时后开始硫化操 作，此时开始投用装置硫化油循环流程。开注硫泵，在 P－0201 入口注入 CS_2，注 CS_2 速 度为 120～250 公斤/时，CS_2 注入前应先放空排淋直至排出的 CS_2 中不含水为止。在 150 ℃温度条件下保持注硫速度预湿 4 个小时。150 ℃恒温硫化结束后以 20 ℃/h 的速度将 R－0201 入口温度提至 220 ℃，在此温度下恒温 8 小时，升温时应密切注意 R－0201 的床 层温升。当 220 ℃硫化时，按规定注入量均匀加入 CS_2。催化剂硫化是放热反应，要经常 检查 R－0201 床层温度的变化，最高温度不能超过 290 ℃。循环气中 H_2S 含量达 1.8%～2.0%时，逐渐减少 CS_2 的注入量，维持 H_2S 含量在 2% 以下。CS_2 注完后，再以 20 ℃/h 速度升温至 290 ℃，恒温循环 6 小时，H_2S 含量不小于 1.0%(v%) 则硫化结束 (此时应无温升)。硫化过程中每 4 小时从 V－0202 底脱水一次，并计量。硫化过程中， 当循环气中 H_2S 含量大于 2.0% 时，开 P－0202 送水至反应系统，以防管线腐蚀，此时应 每隔半小时分析一次循环气中 H_2S，如连续三次都大于 2.0%，则可考虑停止注硫。硫化 结束，硫化油继续循环，C－201 改负荷，并保持 V－0202 压力 3.8 MPa，准备切换原料，退硫化油。

6. 切换原料和调整操作

催化剂预硫化结束后,系统保压 3.8 MPa、R-0201 入口温度以 15~20 ℃/h 速度降至 220 ℃,新氢机和循环机运转正常,并联系调度,准备送直馏汽油以及接收硫化后的硫化油。联系调度和油品车间,将原料罐脱水,改好流程。原料车间送直馏汽油置换反应系统硫化油,关闭反应岗位硫化油循环阀,同时打开 V-0203 到不合格油线阀,将硫化油退至不合格油线,置换 8 小时,分馏岗位继续循环。换油时要密切注视 R-0201 床层温升情况,置换油继续至不合格油线。换油 8 小时后,V-0202 通过液控向 V-0203 减油,V-0203 液位达到 50% 时,向 T-0201 进料。T-0201 油通过泵 P-0207 送至不合格油线,装置实行开路大循环。调整 V-0202、V-0203、R-0201 的操作,当反应器出现温升时;开注水泵注水,注水量为 4~6 t/h 并投用 V-0202、V-0203 界控,排出的含硫污水送 V-0210。调整 T-0201 进料温度至 130 ℃,并投用汽提蒸汽,蒸汽量控制在 300~800 kg/h。在 T-0201 进料的同时,投用塔顶水冷换热器。调节 T-0201 顶温度,控制在 60±2 ℃,启用 V-0206 压控,控制压力在 0.25±0.02 MPa。当 V-0206 液面达到 50% 时,启动回流泵打回流,塔 T-0201 进行全回流操作,当 V-0206 界面形成时投用界控,含硫污水排至 V-0210。根据反应产物的分析结果(主要指脱硫率、脱氮率、烯烃饱和率等)调节反应器入口温度。根据操作指标,调整各部分操作条件。分析 V-0207 出口精制汽油,合格后,联系调度,将精制汽油送往罐区。当 V-0210 液面达到 40%~50% 时,启动含硫污水泵,将污水送出装置。

注意:要严格控制 R-0201 的入口温度,R-0201 在 220 ℃时换焦化汽油后,不要急于提温,要观察反应温升情况,当床层温度达 380 ℃时,要启用冷氢。

6.4.2 装置停工

1. 停工准备工作

联系调度准备好不合格产品退油线与油罐,并准备好合格的 N_2。通知制氢、重整、原料、钳工、电气、仪表车间做好相应的准备工作,准备好盲板,并落实专人负责和登记。准备好停工检修所需的各种材料。

2. 停工注意事项

V-0202 压力在 2.4 MPa 以上必须保持 R-0201 出口温度 135 ℃。降温期间经常检查炉子燃烧情况,并及时调整烟道挡板、风门,以防火嘴熄灭。停进料、停注水、停汽提蒸汽时,应特别注意各液面和界面,以防串油、串压。严格按照装置停工方案程序停工。停工过程中应把安全放在首位,严防急进蛮干。停工过程中应遵守环保的有关规定。地下管线严禁用蒸汽吹扫。停工后应做好催化剂的烧焦和保护工作。

3. 停工程序

精制油循环

装置改闭路循环:通知调度和原料罐区停送原料。关原料进装置和精制汽油出装置阀门,精制油改进 V-0201,V-0201 要加强切水。反应系统保压:反应系统压力通过

FV-1108 调节 C-0201 出口返氢量来控制,停止排放循环氢,保证循环氢中的 H_2S 含量不小于 0.1%(v)。保持反应入口温度不变,床层无温升时再循环 4 小时,以 5 t/h 的速度将反应进料降至 20 t/h,停反应进料泵、停闭路循环,同时改装置分馏系统单独循环。停注水:在闭路循环过程中,催化剂床层无温升时停止注水,停注水时,V-0202、V-0203 界面应为满界面。停汽提蒸汽:分馏改单独循环后停汽提蒸汽。

热氢吹扫床层与 N_2 置换反应系统　P-0201 停运后,联系厂调和原料车间,将反应系统循环带入 V-0203 的油改入不合格油线,分馏系统继续单独循环。R-0201 没有温升,停注水泵 P-0202 后,R-0201 开始循环带油,V-0202 液面不上涨后 R-0201 开始向 250℃升温。R-0201 入口 250℃恒温循环带油 8 小时,在循环带油过程中要严密注意 V-0202 液位,液位高时,及时减到 V-0203,由 V-0203 排入 T-0201。V-0202 液位不再上升时,停 C-0201,R-0201 入口温度以 20℃/h 速度降温至 150℃,分馏系统将 T-0201 存油送完后,将 V-0201 中的存油也通过泵 P-0205 送往原料罐(通过不合格油线)。在 R-0201 入口温度降到 150℃时,以 1.5 MPa/h 的速度将反应系统压力降到 2.4 MPa(在降压前停 C-0201,并关制氢和重整氢新氢界区阀)。当 R-0201 入口降到 150℃时,停 F-0201,可将其风门及烟道挡板打开,以加速降温。当 R-0201 最高床层温度低于 80℃时,停 C-0202。反应系统降压到 1.5 MPa,将 V-0202 连同 V-0203 内存油全部退到 T-0201,通过 P-0205 全部送往原料罐。将反应系统压力降至 0.05 MPa。联系厂调和氮气站,供高压 N_2,在反应系统降压到 0.05 MPa 时进行 N_2 置换。充 N_2 在 C-0201/A、B 出口,放空点为 V-0202 压控及 C-0202 入口排放线,置换 30 分钟后,停止充压 N_2,在置换中,反应的反飞动系统,吹扫氢系统,急冷氢系统,V-0202 的安全阀部位,各低点排凝,放空和 R-0201 出口采样器,仪表引压线等死角部位都要进行反复置换。停止充 N_2 反应系统抽真空到 0.06 MPa ～ 0.07 MPa(真空度),再充 N_2 到 0.3 MPa,重复抽真空与充 N_2,直至反应系统 0.3 MPa 时气体中烃和氢的总含量低于 1.0%(体)为合格。反应系统 N_2 置换合格后,充 N_2 至 1.0MPa,此时可开炉进料冷热流温控,引 N_2 把两温控下游阀后的存油置换干尽。从 V-0202 引 N_2 置换 V-0203,置换气体排入火炬系统,置换 2～3 次后分析气体中氢+烃含量不大于 1% 为合格。V-0203 置换合格后,保持压力 0.5 MPa N_2,向 T-0201 压液 2～3 次。反应系统置换合格后,关炉进料温控(冷热流)副线阀,在 P-0201 出口导淋处接胶皮管,把 P-0201 至温控阀存油放入地下管道,见气为止。反应系统置换合格后,从二返一(或者直接引新鲜 N_2)置换新氢系统(新氢先排火炬泄压至 0.05 MPa),置换 2～3 次后分析系统中 H_2 + 烃小于 1% 为合格。反应系统 N_2 置换合格后,充 N_2 至 1.0 MPa,封闭反应系统,并做好烧焦准备工作。

6.4.3　紧急停车

装置出现下列情况须立即采取紧急停工措施。加热炉炉管破裂,漏气、漏油着火。反应高压系统出现严重的泄漏。装置关键设备着火、爆炸。循环氢压缩机停运,停中压蒸气。装置停电,停仪表风且短时间难恢复。高分液位超高报警,且难以控制。催化剂床层出现飞温,且难以控制。

紧急停工步骤加热炉熄火。→切断反应进料。→停运 C-0201、C-0202。→反应高压系统放火炬,系统撤压至 2.0 MPa,向系统内补充氮气,冷却反应系统。→汽提塔停汽提蒸汽。紧急停工中要严密监视高分液位、压力及催化剂床层温度。

6.4.4　异常处理

1. 停循环水

本装置使用循环水的设备有 E-0205, E-0208, E-0209 等,当循环水中断时,立即联系恢复,若恢复时间较长,则应采取以下措施:反应适当降温降量,循环水中断时,E-0205 冷却效果将会变差,这时可根据实际情况增开或全开 A-0201,确保 V-0202 入口温度不超过 45 ℃。汽提塔可适当降低塔进料温度和塔顶温度,确保 V-0206 入口温度维持在 45 ℃左右。氢压机 C-0201 停循环水时,则应考虑停氢压机,并与操作岗位联系好,反应准备改闭路循环。循环氢压缩机 C-0202 视润滑油温度而定,温度偏高时应停机。

2. 停新鲜水

本装置新鲜水主要用在 P-0201、P-0204、P-0205 的冷却,停新鲜水时应视轴承温度情况停泵处理。

3. 停软化水

本装置正常生产时软化水用于反应系统的注水,软化水中断时,可用净化水作为反应系统的注水。当软化水、净化水全中断时应立即降至反应最低进料量,并适当降低反应的温度,若停水时间超过 8 小时,则装置应改闭路循环或停工处理。

4. 停仪表风

仪表风压低于 0.4 MPa 时将发出报警,此时应立即报告车间和厂调度,联系提高仪表风压,若仪表风全部中断,则装置按停工处理。

5. 停中压蒸汽

本装置的中压蒸汽用于循环氢压缩机的蒸汽透平,若中压蒸汽压力波动,则联系厂调度和动力车间进行适当的调整,若中压蒸汽完全中断,则循环氢压缩机停运处理,操作岗位相应地做停工处理。

6. 晃电

仪表电与 UPS 不间断电源相接,晃电时仪表用电一般不受影响。

晃电时照明灯会突然闪动。装置发生晃电时,按以下方法处理:立即到现场检查,停下的电机立即启动。对操作波动较大的仪表改为手动操作,操作平稳后改为自动控制。仔细检查各工艺操作参数,并按工艺指标进行适当的调整。对启动不了的,应启动相应的备用机泵。长时间停电。

装置出现长时间停电,按以下方法处理:加热炉熄火,开大风门和烟道挡板。注意反应器床层温度,如温度超过 400 ℃,则由高分向火炬系统排放气体,降压速度为 1.5 MPa/h,如压力低于 0.5 MPa,则向反应系统补入 N_2,将反应系统压力保持在 0.5 MPa 以上。尽量维持反应系统压力,利用循环气体带出反应系统内的热量,降低系统的温度。汽提塔停止吹汽,保持塔和各容器的正常液面。了解停电原因及复电时间,复电后按开工步骤开工。

7. 原料中断

反应器入口温度降至200℃,若床层温度高于370℃,则向反应器打急冷氢。高、低分维持正常液位。高、低分维持正常压力值,二返一线控制好氢气流量。若在5~10分钟内能恢复进料,则重新恢复操作,否则保持200℃温度,等待各项条件具备后再进油开工。汽提塔停汽,改为单塔循环,等待反应进油。

8. 氢气中断

氢气部分中断　根据新氢供应量,反应系统降温降量。控制好高分压力和V-0209压力,循环氢压缩机调节好入口流量,严防喘振。汽提塔调整好操作平衡,保证产品合格出装置。

氢气全部中断　联系恢复时间,若中断在1小时内,则反应系统降温降量到最低限度,分馏系统做相应的调整。若中断时间超过1小时,则反应系统切断进料,装置各部分按原料中断处理。处理过程中要严防循环氢压缩机出现喘振现象。

9. 瓦斯中断

瓦斯部分中断　及时联系厂调提高瓦斯压力。反应系统根据情况降量处理,确保原料的精制效果,加热炉调整好炉膛负压。分馏部分调整物料平衡,确保产品合格出装置。

瓦斯全部中断　当F-0201出口即R-0201入口温度低于200℃时,反应系统切断进料,装置按停工处理。

10. 催化剂超温

反应器根据超温情况打急冷氢。适当降低反应器入口温度,降低反应物料的反应深度。控制好高分压力,确保高分及反应器内有气体流动。

11. 高分液位高高报警

装置按紧急停工处理。加快向低分送油,尽快将高分液位恢复正常。加强V-0208的切液,若切液不能解决问题,则停循环机,并对压缩机进行检查,尤其是压缩机入口要进行排油处理。

12. 加热炉回火

如某个火嘴回火,则停该火嘴检查。如三个火嘴都回火,则应分别处理:炉膛正压调节烟道挡板,控制好炉膛负压;瓦斯带液V-0211切液,并开蒸汽伴热。

13. 加热炉炉管结焦

如某一分支结焦,则装置按停工处理。如两分支均结焦,则加强平稳操作,严禁进料中断;调整加热炉运行条件,严禁炉管超温。

6.5　装置主要设备

汽油加氢装置主要设备有加氢反应器、汽提塔、加热炉、容器、换热器。

6.6 工艺过程控制

6.6.1 主要操作指标

1. 反应进料量 22～44 t/h

反应进料量的调整操作是通过进料流控阀 FICA－0201 控制 P－0201 出口进反应系统的原料油流量来调节的。

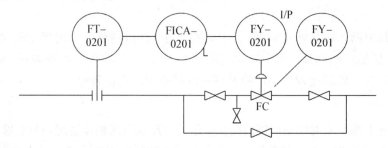

2. 反应器 R－0201 入口温度 220～280 ℃

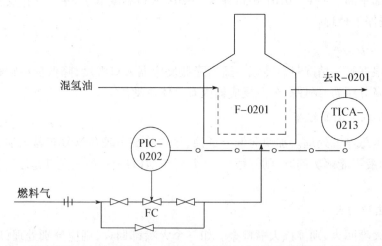

反应器入口温度是通过调节炉 F－0201 消耗燃料气量和换热后的原料油越氢气的混合物来控制的,提降温度和进料量应遵循先提量后提温,先降温后降量的原则 R－0201 入口温度是由 TICA－0213 串级 F－0201 燃料气压控 PIC－0202 通过控制燃料气量来实现的,如图所示。设置的温控 TICA－0213 是通过调整进出换热器的物料量来控制热高分入口温度。

3. 反应器 R－0201 床层温度控制

床层最高温度不大于 410 ℃床层温度是判断反应温度分布是否均匀、是否上下合理,反映是否正常和加氢深度的标志。如图所示,反应器床层温度主要是通过反应器入口温度和通过二床层入口温度 TIC－0204B 控制下床层冷氢注入量来调节的。

4. 反应系统压力

反应压力对精制深度的影响是通过氢分压来体现的。氢分压增加可提高催化剂的加

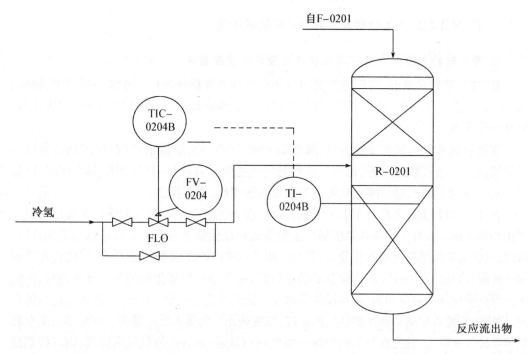

氢脱硫、加氢脱氮和芳烃饱和活性,有利于改善产品的活性。反应系统压力主要通过新氢不断补入反应系统,由 PV-1102 向高压瓦斯系统(或富气系统)排放废 H_2 来控制的,事故状态下,可向火炬系统排放。

5. 汽提塔操作

目前状况下,加工焦化汽油时,塔进料温度是通过冷热旁路来控制的。温度过高,塔顶温度难以控制,并且产品收率下降;温度低会造成塔底油闪点,腐蚀不合格。进料温度低影响因素有进料带水;冷热旁路仪表故障反应器出口温度低;V-0203 界控失灵。一般通过加强 V-0201 脱水;联系仪表处理;适当提高反应出口温度;加强 V-0202,V-0203 界控控制,仪表失灵联系仪表处理。

塔顶温度是通过顶温与回流量串级调节来控制的,塔顶温度是控制塔底精制汽油初馏点和提高汽油收率的一个关键参数,也是影响塔底产品质量腐蚀合格与否的一个重要因素。塔顶温度高影响因素有塔顶回流量小;回流温度高;进料温度高;塔底汽提蒸汽量过大;仪表显示失灵。一般通过增大塔顶回流量;降低回流温度;降低塔进料温度;适当降低吹汽量;联系仪表处理。塔压力正常操作是通过压控阀 PV-1104 来控制的。压力过高,精制汽油中轻组分过多,蒸汽压大,H_2S 等不易解析,使腐蚀不合格,甚至危及安全生产;压力低塔底产品收率低。汽提塔液位是由控制阀 LV-1108 调节精制油出装置量来控制的。液面高,易引起冲塔事故;液面低,易引起塔底泵 P-0205 抽空。

6.7　安全管理

加氢精制装置属于高温高压生产,生产物料属于甲类危险品,生产过程为化学反应,可能产生有毒气体硫化氢、氨气等,所以在炼油厂中易出现事故,设备故障率也较高。

6.7.1 开、停工危险因素分析及其安全预防管理措施

1. 开工时的危险因素及可以采取的安全预防管理措施

开工时,装置从常温、常压逐渐升温升压到各项正常操作指标。在这一过程中,物料、水、电、汽逐步引入装置,所以在开工时,装置的参数变化较大,可能出现的问题也比较多,容易产生事故。

柴油加氢开工的基本步骤为:临氢系统干燥、烘炉→反应器催化剂、保护剂的装填→压缩机试车→临氢系统气密(氮气气密和氢气气密两个阶段)→低压系统蒸汽贯通,建立冷油运→反应系统进油,升温、硫化→与低压系统串联,调整操作。

在开工阶段,上述各个环节紧密关联,因此,在开工过程中必须注意保持系统内的压力平衡和热平衡。对开工阶段各系统易发生的事故可以做如下分析。在反应系统干燥、烘炉阶段,点炉前要做燃料气的爆炸分析,并彻底用蒸汽吹扫炉膛,不能残留可燃气体,以免达到爆炸极限,容易诱发事故。在催化剂的装填阶段,应严格按照催化剂的装填方案进行,同时还须保证催化剂的装填均匀,避免反应器内发生偏流或热点现象。此外,对进入反应器的人员,还应特别检查穿戴劳动保护装置的情况,以便防止异物落入反应器内。在压缩机试车和临氢系统气密阶段,首先在开工前必须用氮气进行贯通;然后在氢气气密阶段,则应特别注意检查泄漏点,以避免着火事故的发生。在反应系统进油和硫化阶段,升温时,需要注意缓慢而循序渐进地进行,以免反应床层超温或"飞温"现象发生;另外,当高分油与低压系统串联时,应随时注意调节系统压力等参数,以避免高压窜低压而引起重大事故的发生。

2. 停工时的危险因素分析及其防范管理

装置停工是一个由正常操作状态逐渐降温、降压、降量的过程,操作参数变化较大,属于不稳定操作状态,也曾发生因操作不当而造成着火、爆炸、中毒的事故。在停工时,主要应注意以下几点:严格按停工方案进行,根据实际情况进行操作。降量时,应遵循先降温后降量的原则,防止反应器床层超温或"飞温"。临氢系统循环带油时,要严格控制高压分离器的液位,避免高压窜低压事故的发生;退油时,防止冷热油互窜,避免发生突沸爆炸事故。退油结束后,高硫容器一定要进行冷却或水溶解、冲洗,避免容器内硫化铁自燃和人员中毒事件发生;同时在打开设备前,要有防护措施。处理干净装置的辅助流程管线和地下污油罐中的残油,避免动火可能造成着火或爆炸。

6.7.2 正常生产中危险因素及可以采取的安全预防管理措施

加氢精制装置在长周期运转过程中,由于受工艺设备、公用工程条件、加工量调节、人员操作水平、仪表可靠度等诸多因素的影响,对正常生产时较稳定的工艺参数可能产生影响,导致不安全因素的产生。现将各单元的危险因素和可以采取的安全预防管理措施进行简单分析。

1. 反应系统单元

加氢精制反应过程中总的热效应为放热反应。为了保持反应温度的稳定,必须及时导出反应余热。可以采取的工艺措施主要为在催化剂床层间注冷氢,从而防止和控制催化剂床层的"超温"和"飞温"现象发生。

2. 汽提分馏单元

汽提分馏系统是将反应生成油按沸点范围分割成柴油、粗汽油和干气等馏分。在这一过程中必须注意控制影响本单元安全的因素:塔顶压力、顶回流、进料温度和汽提蒸汽等参数。

3. 脱硫单元

该单元的脱硫溶剂一般为乙醇胺,乙醇胺在低温下呈碱性,高温下呈中性,因此注意控制乙醇胺的进料温度。

4. 压缩机单元

本单元的压缩机为新氢机和循环氢机,这些都是装置的重要设备,一旦出故障,轻则造成装置停工,重则可能发生着火甚至爆炸等恶性事故。因此,在日常的生产中首先应重视压缩机单元的故障,一经发现应及时处理,以尽量避免严重事故的发生。

6.8　思考题

为何延迟焦化等装置生产的二次加工汽油必须经过精制处理才能作为商品出售或作深加工的原料?

参考文献

[1] 李大东. 加氢处理工艺与工程. 北京:中国石化出版社,2004.

[2] 中国石油化工集团. 汽油加氢装置操作工. 北京:中国石化出版社,2003.

第7章 S-Zorb 装置

7.1 概述

目前,随着世界各国对环境保护要求的不断提高,全球汽油硫含量的指标亦趋严格,我国于 2018 年 1 月 1 日全面实行了国五标准(即汽油中硫质量分数小于 10 ppm)。这就对炼油企业汽油脱硫技术提出了更高的要求。S-Zorb 技术是由美国 ConocoPhillips (COP)公司开发的主要用于催化汽油的脱硫技术。S-Zorb 催化汽油吸附脱硫技术,能以较低的辛烷值损耗来生产含硫 10 ppm 以下的汽油,且对于一般加氢技术难以脱去的噻吩类硫,该工艺也可以较易脱除。

1998 年 COP 开始研制 S-Zorb 吸附剂,同期开始研究 S-Zorb 工艺技术,1999 年吸附剂实现工业化,并建成中试实验装置,2001 年 4 月 Borger 炼油厂工业示范装置开工。2007 年中国石化公司整体收购了 S-Zorb 工艺技术,对该专利技术具有完全拥有权。2007 年燕山石化分公司建成国内首套 S-Zorb 装置。2008—2010 年中石化进一步开发、完善,并于 2011 年完成"S-Zob 技术"的十条龙科技攻关,到 2017 年我国国内投用的 S-Zorb 装置有 24 套,在建 7 套,美国建有 6 套,现运行的有 4 套。

7.2 工艺原理及装置技术特点

7.2.1 S-Zorb 脱硫与加氢脱硫机理的比较

加氢脱硫工艺:通过加氢反应使 S 变为 H_2S 进入瓦斯气,然后气体去脱硫,脱硫后的酸性气到硫回收装置制备硫黄。

S-Zorb 脱硫工艺:通过吸附反应 S 转移到吸附剂上,通过对吸附剂再生,使其变为 SO_2 进入再生烟气中,之后去硫回收装置。

7.2.2　S-Zorb 工艺主要反应

在 S-Zorb 过程中有六步主要的化学反应:硫的吸附→烯烃加氢→烯烃加氢异构化→吸附剂氧化→吸附剂还原→尾气吸收。

1. 硫的吸附原理

通过对硫的吸附可以将汽油中的硫降低到所希望的范围内。硫原子基本可以从汽油中"吸"出来暂时保留到吸附剂上。吸附剂有镍及氧化锌两种成分,在脱硫过程中先后发挥作用,氧化锌与硫原子的结合能力大于镍。因此,镍将汽油中的硫原子"吸"出来后,硫原子即与氧化锌发生反应,生成硫化锌。自由的镍原子再从汽油中吸附出其他硫原子。其反应过程如下:

$$R—S + Ni + H_2 \longrightarrow R—2H + NiS$$
$$NiS + ZnO + H_2 \longrightarrow Ni + ZnS + H_2O$$

注:该反应需在气态氢存在的条件下进行。

2. 烯烃加氢原理

烯烃加氢反应是我们不希望在反应器内发生的反应,这一反应也可在还原剂上发生。烯烃加氢反应会降低汽油产品的辛烷值。烯烃来自原料汽油中,它们是含有双键的碳氢化合物,化学式如下表示:C—C—C—C =C,烯烃通常在汽油馏分的初始部分(轻组分),主要是 C_5、C_6 和 C_7。典型的烯烃加氢反应可表示如下:C—C—C—C =C + H_2 $\longrightarrow$ C—C—C—C—C。烯烃加氢反应之所以使产品的辛烷值降低是由于烷烃的辛烷值通常低于烯烃的辛烷值,如上例:戊烷的辛烷值是 61.8(RON),而 1 - 戊烯的辛烷值是 90.9(RON)。烯烃加氢反应是强放热反应,若反应器内发生大量的加氢反应,将会使反应器内温度升高且氢气损耗加大,而反应温度的升高又反过来会抑制烯烃加氢反应的进行,因此这是一个自我调节的过程。

3. 烯烃加氢异构化原理

烯烃的异构化反应是我们希望在反应器内发生的反应,它将使汽油产品的辛烷值提高,正如 2.2 中所述。烯烃是汽油进料中带来的含有双键的碳氢化合物,可写为 C =C—C—C—C。烯烃通常在汽油馏分的前部分,主要是 C_5、C_6 和 C_7。典型的异构化反应如下:

$$C =C—C—C—C—C + H_2 \longrightarrow C—C =C—C—C—C + H_2$$
$$C =C—C—C—C + H_2 \longrightarrow C—C—C =C—C—C + H_2$$

烯烃加氢异构化反应之所以使辛烷值提高是由于双键在内部的烯烃的辛烷值高于双键在边上的烯烃的辛烷值。如上面的例子:1 - 己烯的辛烷值为 76.4(RON),而 2 - 己烯和 3 - 己烯的辛烷值分别为 92.7(RON)和 94.0(RON)。这类反应有助于由于烯烃加氢反应而造成的辛烷值损失,有时还可以使总的辛烷值有所增加。因为烯烃的加氢异构化反应是微放热反应,而且在汽油组分中所占比例很小,所以不会使反应器的温度产生显著的变化。

4. 吸附剂氧化原理

氧化反应发生在再生器内。氧化反应可以脱除吸附剂上的硫,同时使吸附剂上的镍和锌转变成氧化物的形式。氧化反应也可以称为燃烧,这类似于 FCC 再生器内所发生的过程。吸附剂的氧化过程中共有以下六种反应,第一和第二种中涉及了硫和锌的氧化反应,第三、第四、第五里涉及了碳和氢的氧化反应,第六种里涉及了镍的氧化反应。以下六种反应均为放热反应:

① $ZnS + 1.5O_2 \longrightarrow ZnO + SO_2$　　② $3ZnS + 5.5O_2 \longrightarrow Zn_3O(SO_4)_2 + SO_2$

③ $C + O_2 \longrightarrow CO_2$　　④ $C + 0.5O_2 \longrightarrow CO$

⑤ $H_2 + 0.5O_2 \longrightarrow H_2O$　　⑥ $Ni + 0.5O_2 \longrightarrow NiO$

再生烟气中主要是 N_2、SO_2 和 CO_2 以及少量的水蒸气,另外还有少许 CO。

5. 吸附剂还原

还原反应主要发生在还原反应器内,其目的是使氧化了的吸附剂回到还原状态以保持其活性,所谓"还原"就是使金属化合物中的金属回到单质状态,镍的还原反应如下:

$$NiO + H_2 \longrightarrow Ni + H_2O$$

除了镍的还原反应外,还有锌的硫氧化物(再生器中第二步反应所产生的含锌化合物)在还原器内的转变,生成水、氧化锌和硫化锌。

$$Zn_3O(SO_4)_2 + 8H_2 \longrightarrow 2ZnS + ZnO + 8H_2O$$

这些反应都是吸热反应,因此还原反应器内温升很小。

注:水是反应产物之一,这些水被循环气体携带至反应器内,聚集到产品分离器和稳定塔顶部的回流罐内。

6. 尾气吸收原理

S-Zorb 吸附剂吸附饱和后需循环再生,将吸附剂上吸附的硫转化为 SO_2,随再生烟气送出装置,吸附剂循环使用。因此,再生烟气中含有较高的 SO_2。国外 S-Zorb 装置采用碱液吸收方法除去 SO_2,但中国石化买断的 S-Zorb 汽油吸附脱硫技术工艺包中,未包含 S-Zorb 再生烟气的处理技术。一是由于中国石化系统内多家企业无碱液吸收装置,二是废碱液处理也会产生二次污染,并浪费了硫资源。考虑到中国石化系统各炼油厂均配备一套或多套硫黄回收装置,因此,选择烟气进入硫黄回收装置是较好的处理方式,既不会造成污染,又能变废为宝。

根据 S-Zorb 再生烟气的特点,中石化齐鲁分公司研究院开发了 LSH-03 低温耐氧高活性克劳斯尾气加氢催化剂,该催化剂使用钛铝复合载体,具有易硫化、不易反硫化、不易发生硫酸盐化的特点;对活性组分的匹配方式进行了优化,使其具有良好的脱氧活性及较高的 SO_2 加氢活性;同时发明了清洁无污染的制备工艺。采用 LSH-03 催化剂,可在较低的反应温度(220～240 ℃)下,将 S-Zorb 汽油吸附脱硫再生烟气在 Claus 装置尾气加氢单元进行脱硫处理,在回收汽油中硫元素的同时,没有增加二次污染。

7.2.3 装置技术特点

装置采用 S-Zorb 吸附脱硫专利技术,基于吸附作用原理对汽油进行脱硫,通过吸附剂选择性地吸附含硫化合物中的硫原子而达到脱硫目的。与传统的加氢技术比较,采用该技术处理催化汽油,不但可以得到超低硫的精制汽油产品,而且辛烷值损失少、氢耗少、液收率高和能耗低。除此以外装置还具有以下主要特点:本装置反应器采用流化吸附反应床,反应物料自反应器下部进入。装置中吸附剂连续再生,再生器也采用流化反应,再生空气一次通过。反应部分为高压临氢环境,再生部分为低压含氧环境,通过闭锁料斗步序控制实现氢、氧环境的隔离和吸附剂的输送。再生部分设置内取热系统,用于降低再生器和再生器接收器内部的温度。为了避免工艺物料携带出吸附剂,再生器内通过旋风分离器实现气固分离;反应器、闭锁料斗、吸附剂储罐等设备则设置精密过滤器。为了降低能耗,反应产物分离部分采用热高分流程。

吸附剂循环系统是本装置的关键和核心部分,通过闭锁料斗的操作,将反应器内的待生吸附剂送往再生器,再将再生器内的再生吸附剂送往反应器,完成吸附剂的反应——再生循环。具体过程:在待生吸附剂填充阶段,待生吸附剂靠重力从反应接受器降落至闭锁料斗。闭锁料斗降压后用氮气吹扫;在吸附剂排空阶段,经过吹扫的吸附剂依靠自身重力流入再生进料罐。在再生吸附剂填充阶段,已再生过的吸附剂从再生器接收器流入闭锁料斗。闭锁料斗用氮气吹扫并用氢气加压;在吸附剂排空阶段,再生过的吸附剂依靠自身重力流到还原器。闭锁料斗的压力在不同过程操作之前进行相应调整,以满足不同过程的需要。

7.3　工艺流程

装置主要包括进料与脱硫反应、吸附剂再生、吸附剂循环和产品稳定四个部分。

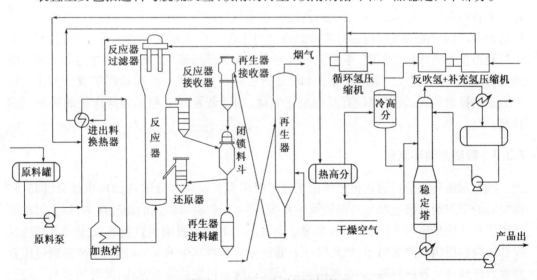

图 7 – 1　S-Zorb 装置流程简图

7.3.1　进料与脱硫反应部分流程

由催化装置来的含硫汽油经过滤器过滤后进入原料缓冲罐,经吸附反应进料泵升压后,经原料-精制油换热器换热至 70 ℃,然后与循环氢混合后与脱硫反应器顶部产物经吸附产物换热器进行换热,换热后的混氢原料去进料加热炉进一步加热,达到预定的温度后进入脱硫反应器底部并在反应器中进行吸附脱硫反应,脱硫反应器内装有吸附剂,混氢原料在反应器内部自下而上流动使反应器内成流化床状态,原料经吸附剂作用后将其中的有机硫化物脱除。为了防止吸附剂带入到后续系统,在反应器顶部设有反应器过滤器和自动脉冲反吹设施,用于分离产物中携带的吸附剂粉尘和在线清洗过滤器。

自脱硫反应器顶部出来的热反应产物,大部分与混氢原料换热后去热产物气液分离罐,热产物气液分离罐底部的液体直接进入稳定塔,罐顶气相部分则经反应产物空冷器、吸附产物冷却器水冷后直接去冷产物气液分离罐。冷产物气液分离罐底部液体经稳定塔进料/凝结水换热器换热后去稳定塔上部,其顶部气体经循环氢压缩机升压后与外来的经补充氢压缩机加压后的新氢混合。混合后的氢气绝大部分返回到反应系统中与汽油原料混合后循环使用,少部分气体经进料加热炉对流室和电加热器加热后用于闭锁料斗升压、吸附剂还原等操作,冷产物气液分离罐顶部少部分气体经反吹氢压缩机升压,与反应产物经反吹氢/反应产物换热器换热后去反吹气体聚集器,用于反应器过滤器的反吹。

7.3.2 吸附剂再生流程

为了维持吸附剂的活性,使装置能够连续操作,装置设有吸附剂连续再生系统。再生过程是以空气作为氧化剂的氧化反应,压缩空气依次经过空气干燥器、再生空气预热器和再生气体电加热器加热后送入再生器底部,与再生进料罐来的待生吸附剂发生氧化再生反应;再生器内的吸附剂为流化床,再生后的吸附剂用氮气提升到再生接收器送至闭锁料斗。再生器内部装有二级旋风分离器,再生生成的烟气经旋风分离器与吸附剂分离后自再生器顶部排出;再生烟气主要成分为氮气、二氧化碳和二氧化硫,先经再生烟气冷却器并与来自冷凝水罐顶部的蒸汽换热,再经再生烟气过滤器除去烟气中挟带的吸附剂粉尘后送到全厂锅炉的烟气脱硫部分进行处理。再生器和再生器接收器内设有冷凝盘管,为了控制再生器内床层的温度,本装置设有一套热水循环系统,用于取出再生过程中释放的热量,并预热再生空气。吸附剂循环和输送过程中磨损生成的细粉最终被收集到再生粉尘罐定期排出装置;装置中设有吸附剂进料罐,用于装置开工和正常操作中的吸附剂的补充。

7.3.3 吸附剂循环流程

吸附剂循环部分目的是将已吸附了硫的吸附剂自反应部分输送到再生部分,同时将再生后的吸附剂自再生部分送回到反应系统,并可以控制吸附剂的循环速率;以上过程通过闭锁料斗的步序自动控制实现,吸附了硫后活性下降的吸附剂自脱硫反应器上部的反应器接收器压送到闭锁料斗,然后降压并通过氮气置换其中的氢气,置换合格后通过压差和重力送到再生器进料罐,实现吸附剂从反应系统向再生系统的输送;此时闭锁料斗处于等待时间,然后,再生器进料罐的吸附剂则通过氮气提升到再生器内进行再生反应;再生器进料罐的吸附剂输送线上装有滑阀,用于控制吸附剂循环速率;再生器内已完成再生的吸附剂通过滑阀和氮气提升到再生器接收器,通过压差和重力送到闭锁料斗,先用氮气置换闭锁料斗中的氧气,置换合格后用氢气升压,最后通过压差和重力送到还原器,还原后返回到反应系统中。再生与待生的吸附剂通过闭锁料斗实现反应系统和再生系统的相互输送和氢、氧环境的隔离、步序和操作由闭锁料斗控制系统(LMS)完成,按设计的再生规模,每小时完成三次循环。

7.3.4　产品稳定流程

稳定塔用于处理脱硫后的汽油产品使其稳定。稳定塔的进料分别从热产物气液分离罐和冷产物气液分离罐的罐底来。稳定塔顶部的气体经空冷器、水冷器冷却后进入稳定塔顶回流罐,罐底油经过稳定塔回流泵打回稳定塔作为冷回流。罐顶燃料气部分用于原料缓冲罐气封(无氧气),其余的送至燃料气系统。塔底稳定的精制低硫汽油产品先经原料-精制油换热器换热,再经汽油产品空冷器和产品冷却器冷却后,经泵送出装置。

7.4　运行操作要点

7.4.1　装置的正常开工

1. 开工总则

装置检修全面结束,现场达到"工完料尽场地清"的标准,在车间的统一领导下,开展装置的开工工作。在装置整个开工过程中,把安全开工放在首位考虑,一切工作,如指导思想、进度安排、开工程序、技术方案、设备管理及操作法等凡与安全有矛盾的均应服从"安全"这个原则。在开工正常后,应尽快投用烟气余热回收系统。凡参加装置开工人员,包括技术人员、操作人员,都应学习开工方案。在装置开工过程中,强调统一指挥,分工负责,按开工形象进度安排有条不紊地工作,力求有秩序,忙而不乱。

2. 开工准备

开工工作在生产科的统一指挥下进行,并联系调度、罐区、电气、仪表、安全部门,做好开工准备工作,以便使开工工作顺利进行。公用工程满足要求。电气、仪表调试好。各类通信设备齐全完好。消防器材完好。各种工具配备齐全。

3. 开工步骤

全面大检查

工艺部分(重点检查动焊、拆卸部位)　工艺管线及管件、阀门、法兰、螺栓、垫片、孔板等是否符合设计规定,与材质要求。特别对于高压部位更应认真检查,做好记录。阀门、法兰的螺栓是否旋紧,螺栓是否满扣,各阀门是否开关灵活(所有阀门均应开、关各一次),操作是否方便。单向阀、截止阀、碟阀等有方向性的阀门是否安装正确。重点检查进口阀门情况。温度计、热电偶、压力表等计量表是否齐全,是否符合要求。检查各下水井,地漏是否完好,畅通。工艺管线的介质名称,流向是否标明,特别是进出装置处。

设备检查　所有设备是否正确安装就位。设备的材质、规格是否符合设计要求,出厂合格证、竣工图及有关技术资料是否齐全,准确。设备各部位螺栓是否满扣,紧固,有无弯曲变形。设备与管线的支撑、吊架是否正确安装。容器内是否有杂物,内构件是否完好,安装质量是否符合设计要求,设备最后封孔是否有检查签字。

自控系统检查　各控制阀的动作是否灵活,准确,有无卡涩松动,并能全开关。各仪表运行情况,指示值应无异常现象。各仪表专用电源、气源,是否可靠,安全,注意检查仪表风是否清洁,无水,无杂质。各信号的动作值、灯光及报警声响系统是否正确可靠。仪表 DCS 系统启用,运行,停用,事故处理的有关注意事项,装置给予配合。

电气系统检查　电器设备均应有额定铭牌,是否符合设计及生产要求。防爆标志、出厂合格证是否齐全。启动,保护装置齐全,灵活好用,电缆不漏电,符合设计要求。各电器设备外观整洁,继电保护齐全,动作可靠,连锁、接地线等零部件安全可靠。通讯,照明是否合理,是否方便操作。

安全、环保设施检查　安全阀安装位置是否正确。铭牌齐全,准确。各消防蒸汽,消防水是否畅通。各安全排空线、排空口安装是否正确合理。明沟、各污水线、井是否畅通。可燃气体报警器,火灾报警点,现场电话安装是否完好。各种灭火器具、安全防护用具,是否齐全完好,并放在指定地点。各设备、框架接地是否完好可靠。

公用工程引进　循环水、新鲜水、除氧水、1.0 MPa 蒸汽、净化风、0.7 MPa 氮气按照相关要求缓慢引进。燃料气系统可以先蒸汽吹扫、氮气置换,用测爆仪测量各炉膛内可燃气体,合格后可进行点炉。若燃料气还未引到火嘴,可重复以上步骤,直到火嘴点燃。

引氢气　系统热氮气密结束后,逐步降低温度,当反应器入口温度降至 60 ℃时,停压缩机,泄压。保证炉出口温度在 50 ℃左右,不得熄灭加热炉所有长明灯。当反应器系统压力低于 0.034 45 MPa 时。开始通入氢气,用氢贯通反应器,经火炬集合管,直至氢气到达火炬,然后关闭通往火炬集合管的阀门。继续通入氢气,直至反应器内压力达到启动循环氢压缩机的条件。检查并按设备规定操作的最低流量启动循环氢压缩机。检查并开始使用反应器反吹系统,按生产设备启动程序的最低流量启动反吹氢压缩机。检查所有的循环氢和反吹氢流量。通过氢气流量检查所有反应器仪表反吹系统。检查反吹氢流化线路从反吹气体聚集器到反应器出口管线。按需要调节循环氢流量并维持稳定。按正常程序启动反应器进料加热炉。按加热速率为 25 ℃/小时开始加热反应器,达到炉膛操作温度 540 ℃,进行热氢气气密后按照 25 ℃/小时的速率降低到反应器入口温度(约为 316 ℃)。当反应器的温度已经达到所需的正常开工温度时,维持此条件恒定。维持反应器压力接近于其最低操作压力(2.1 MPa)。

装吸附剂、建立稳定塔循环

准备投用闭锁料斗　打开位于闭锁料斗底部的排液阀,排净内部存水,完成后关闭。用氮气吹扫进出闭锁料斗的所有管线。为确保正确操作,让闭锁料斗完全循环一周。确保所有分析仪器功能正常并已校准。

再生系统空气贯通　氮气吹扫气密结束后,确保检漏完毕,氮气吹扫线连接正常,各吹扫点正常仪表反吹正常。通入空气并按照正常操作程序控制最小空气流量。打开再生烟气系统中通向大气的排风口。增加进入再生器的空气流量达到正常流量。打开再生剂进料罐到再生器吸附剂提升管线上的滑阀。打开从再生进料罐到再生器的提升阀。确保从再生进料罐到再生器上的连通线阀门打开。打开从再生器到再生器接收器的吸附剂提升管线上的滑阀。打开从再生器到再生接收器上的提升气氮气阀。确保从再生器到再生接收器管线上的隔断阀打开。打开向再生器接收器的流化氮气阀。缓慢调节系统压力到达正常再生系统操作压力。开所有设备的最低点排液阀,排干所有存水,检查完毕后,关闭所有排液阀。再次对系统检漏,如发现漏点及时消除。注意:如果系统中有积水,会对生产造成不良后果,在开工前要全力排除积水。

再生系统升温　打开所有最低点排液阀,确保排净所有存水。开启再生空气电加热器,对再生空气进行加热。以 10～24 ℃/小时的速度加热再生系统到 178～343 ℃,或者用加热器厂家提供的程序加热(两者均可),使再生系统内存水用热的再生空气加热蒸发掉。然后进入再生烟气排出系统中(经再生器流出物冷却器),确保再生器出口烟气冷却器不走跨线,以确保最大限度地回收热量。在加热过程中,需对管线受压情况、弹簧支架及弹簧进行常规检查。在再生温度到达 178～204 ℃恒温 1 小时,确保干燥良好。后再加热系统到 158～343 ℃。或者用电加热按 10～24 ℃/小时加热到再生器最大允许操作温度。再次对系统检查泄漏并进行处理。此时,冷凝水罐从再生器吸收足够的热量并产生蒸汽输送到低压蒸汽集合管。如此,确保所有蒸汽管线流程正确,并有足够的压力进入蒸汽集合管。此外,如蒸汽已开始产生,打通从冷凝水罐顶部到再生接收器冷凝盘管的蒸汽管线,同样也入低压蒸汽集合管,确保再生接受器冷凝盘管的温度控制阀的排凝阀已关闭,如打开则保持微量蒸汽排放。

注意:这时非净化风持续通入,再生系统已经加热到启动条件,装置开始准备装吸附剂。

冷凝水罐赶空气　打开冷凝水罐顶部的排空阀。按正常操作打开所有蒸汽管线。引背压蒸汽通过再生器内每一根冷却盘管,打开锅炉给水泵出口切断阀下游的排凝阀。让蒸汽通过这些打开的排凝阀,用蒸汽吹扫至少需要一个小时才能排净空气,然后关闭排凝阀。引低压蒸汽从集合管通入到再生器接收器的冷凝盘管,然后打开再生接收器温度控制阀前的排凝阀并排空,用蒸汽吹扫至少要一个小时才能排净空气。保持返回到冷凝盘管的蒸汽压力维持恒定,然后,稍微地打开排凝阀,缓慢地打开,让少量的蒸汽流向冷凝盘管。引蒸汽通过位于冷凝水罐顶部的排空口至少一小时完成赶空气工作,后关闭冷凝水罐顶部的排空口,为了避免形成真空,在蒸汽冷却前进行下一步骤(开始锅炉给水循环)。

冷凝水罐水循环　检查冷凝水罐液位控制阀。开始向冷凝水罐里注入除氧水。检查锅炉给水及泵的供水情况,逐渐开大给水阀。一旦冷凝水罐的液位到达 50% 时,将冷凝水罐液位控制投自动。启动一台锅炉给水泵,将锅炉给水通入到再生器上的每一组冷凝盘管,并循环回到冷凝水罐。

进料吸附剂再生

反应器进料　在开工进料之前,对原料汽油进行分析,确保原料合格。检查反应器最大设计允许温度,在操作过程中,不能超过最大设计温度。如果在整个过程中出现温度的波动,且当反应器的温度接近最大设计操作温度时,按以下顺序进行调整:减少汽油进料量→通过减少(或停止)进入装置的补充氢来降低系统的压力,同时确保系统压力不低于循环氢压缩机的最低入口压力→如果必要,可以通过减少加热炉加热量来降低其出口温度,同时要确保加热炉不熄灭→增大循环气流速,加大从反应器带走热量的速度→停止吸附剂循环→停止汽油进料→如果以上步骤还不能控制温度的波动,开始启动泄压安全系统。

降低闭锁料斗中吸附剂循环速率一直到最小,这样有助于汽油进料后反应器放热到达最低程度,也可使待生吸附剂再生时再生器的放热达到最低程度。注意:确保在汽油进料前吸附剂循环良好。把循环氢气流速调到接近最大,确保反应系统压力处于接近或最小操作压力(循环氢气压缩机能够操作的压力),在汽油进料之后,这些调节能使反应器的放热为最小。

注意: 当系统操作压力低于正常操作压力时,应当严密监视反应器过滤器压降,因为汽油进料和反应器出口温度上升时,过滤器压差相应的增加,系统压力将需逐渐增加。引入足够补充氢来维持反应系统压力,冷产品分离器出口压力控制器应投自动控制,将排放气排到燃料气管网。确保加热炉出口温度处在最小或接近最小操作温度(如有可能,316℃是最理想的),这有利于在汽油进料之后发生放热反应时保持反应器温度总低于最高温度。此外,确保加热炉出口温度不至于低于原料的露点(露点应在开工前计算出来)。在界区取汽油样品,确保汽油质量合格。

接通稳定汽油出装置流程,确保稳定塔料位自动控制在50%,关闭从反应器进料泵出口到稳定塔的汽油开工线,关闭从稳定塔料位控制阀后到反应器进料泵入口的汽油开工管线,保持反应器进料泵工作和确保反应器进料小流量控制阀接通并在设定的最小流量范围(起初流量控制在1T/时)。确保汽油进料控制阀关闭,直到以20%～25%正常进料量时才用该控制阀。打开汽油开工进料流量控制阀,开始进料,以尽可能最小量进料,观察进料汽油流量计的读数以确定其开始进入容器,开始密切观察所有反应器温度指示器。监视加热炉出口温度和火嘴,燃料气压力控制平稳。原料汽油进入装置后,汽油产品先后在热产物分离器和冷产物分离器便会达到一定液位,一旦液位足够高,设定冷热产物分离器的料位控制器以便把料位控制在50%的位置,打开热产物分离器和冷产物分离器上的稳定塔进料控制阀,当液位上升时,开始从两个分离器往稳定塔输送汽油。

用开工进料控制阀逐步地、缓慢地增加汽油进料率,每增加一次至少停顿一个小时,密切观察反应器的各点温度,直到反应器温度达到稳定,继续缓慢地增加汽油进料量直到进料达到正常进料量的20%～25%左右。当进料速率到正常的20%～25%,如果反应器温度相对稳定,接通汽油进料控制阀,把汽油进料控制阀设定到自动流量控制,缓慢关闭开工进料控制阀HV-1101。在最初放热逐渐消失后,增加汽油进料量会降低反应器床层温度,通过缓慢增加加热炉出口温度来获得需要的正常床层温度。稳定塔流量的增加时,建立正常稳定塔的操作。如反应器温度允许,开始缓慢增到需要的汽油进料量。缓慢增加反应系统压力达到正常操作压力,调节循环气体流量获得需要的氢油比。观察冷产品分离器界面视镜,及时进行切水。观察稳定塔顶回流罐的界面视镜,及时进行切水。汽油进料已到达设计值之后,维持装置正常操作,产品进行实验室分析。此任务完成约5天左右。

吸附剂再生 确保再生器的压力在正常操作压力,再生风流量正常,再生器的温度在316～343℃(硫和碳燃烧需要的最低温度为316℃)。吸附剂再生开始前,检查再生器的最高允许操作温度(570℃),不能超过此温度。如果操作时出现温度波动,再生器温度接近最高允许操作温度时,可按优先顺序实施以下操作步骤:降低再生气电加热器功率→再生器出口冷却器可以走旁路→把再生器床层料位高度增加到大约5.49米(正常水平),如果原来料位没有达到5.49米,那么在再生器温度升高时将料位相应增加到这一水平→停止从再生器进料罐到再生器的吸附剂循环→按要求尽可能减少空气的流速,达到能使再生器吸附剂正常流化最小流速→最后是停止空气进入再生器。

汽油一旦进入反应器,硫和焦炭就在反应器里吸附在吸附剂上。因为吸附剂将继续循环,只要第一批待生吸附剂从反应器转移再生器,就开始在再生器里再生。吸附剂的再生条件是吸附剂温度不低于 316 ℃以及再生气体中含氧 21%（空气）。密切观察再生器的温度,由于再生气中含有大量的氧气,所以吸附剂上的硫和碳在再生器内会迅速燃烧,使得温度升高。

缓慢增加再生器的吸附剂料位,使之到达 5.49 米。再生器内理想的温度变化范围为506 ~ 532 ℃。当硫和碳开始燃烧后,再生器里温度增加速率不要超过 38 ℃/时,再生器里不要超过最大操作温度。吸附剂开始再生后,蒸汽罐应全部处于工作状态,在开工之前把蒸汽输送到最低压力蒸汽集合管,确保所有蒸汽管线正确连接并且提供足够压力把蒸汽输送到蒸汽集合管。此外,连接从蒸汽罐上面到再生接收器的冷凝盘管,然后进入最低压力蒸汽集合管的蒸汽管线;关闭再生接收器上冷凝盘管温度控制阀上的排凝阀,如已经打开,则保持小流量的蒸汽通过,只有再生接收器的温度大约为 399 ~ 427 ℃时,把再生接受器上冷凝盘管温度控制阀打成自动控制。吸附剂开始再生之后,再生器出口冷却器可能全走旁路,关闭再生气电加热器。再生器里面的吸附剂料位大约为 5.49 米,再生接收器里吸附剂料位应该在正常料位。再生器温度范围达到 506 ~ 532 ℃后,把吸附剂循环速率增加到正常状态。观察再生器的温度,当循环速率增大时要做相应调整。调节空气流量使再生吸附剂的硫含量维持理想状态,逐渐减少进入再生器的再生气(空气),使得再生器出口烟气的氧含量接近于零。在反应器和再生器系统达到稳定之后,定期取样监控待生和再生吸附剂里面硫和焦炭含量。

7.4.2　装置的停工方案

1. 停工前的准备工作及应达到的标准

联系调度,准备好产品、不合格产品和残存油的退油路线与油罐。若在冬季停工,则要制定好防冻防凝措施,确保装置内、外油品管线不凝。根据停工要求,详细制定出具体的相应停工措施。按停工检修项目要求制定出安全所需的全部盲板的数目和规格,并按要求准备好所有盲板。编制出需要加、拆的盲板表。联系调度,准备好停工用的蒸汽和氮气。联系化验对氮气系统进行采样分析,准备好充足合格的氮气。停工后进行各项程序所需的备品材料均准备妥当。消防器材准备齐全,并经安全员检查好用。停工用的胶皮带等准备充足。停工方案已经得到批准。停工操作人员全部到位,各项工作准备就绪。检查吸附剂储罐的空高,以备接收系统所需卸出的吸附剂。若没有足够的空间来装吸附剂,则将储罐里吸附剂转移到备用容器。此时状态:停工准备工作完成,可以按要求进行全装置停工。

2. 装置停工

反应再生系统部分　汽油进料停止,在装置出口,将汽油产品送到不合格线。开始缓慢降低汽油进料量,保持循环氢的正常流量。随着进入装置进料的减少,进入热分离器、冷分离器以及稳定塔的流量也相应降低。在降低原料进料以后,加热炉出口油温会上升,调整加热炉炉膛压力,缓慢关小瓦斯火嘴,保持出炉油气温度稳定。待反应器进料泵出口流量达到其设计最低流量时,停泵,反应器停止进料。关闭至反应器的汽油进料流控阀。继续使循环氢按正常流量循环,保持反应器温度。继续吸附剂的循环再生。根据稳定塔液位相应调整产品出装置量。

系统卸吸附剂 确定将反应-再生系统的所有吸附剂通过再生器接收器卸出,反应系统吸附剂先通过闭锁料斗输送到再生器,最后通过再生器接收器卸出。停止向反应系统进料,但是循环氢继续循环。从反应器进入到再生器的吸附剂继续进行再生,再生后吸附剂上含硫量不高于6%。待再生器接收器降温到420℃以下后进行下一步操作。

反应系统卸吸附剂 将闭锁料斗置于"只从反应接受器卸出吸附剂"模式。这样,吸附剂将只从反应器卸出,不会从再生器经过闭锁料斗回到反应器(此时循环氢正常运转)。确保离开再生器的吸附剂已经充分氧化,取样分析再生吸附剂含硫量不高于6%。开始卸出吸附剂之前,确保再生器接受器中的吸附剂温度低于吸附剂罐的最高允许温度(430℃)。开始从再生器接受器向吸附剂储罐转移吸附剂,继续将再生器中的吸附剂转移到再生器接受器中。将反应器接受器中的吸附剂转至闭锁料斗,直至反应器接受器清空。使用反应器的底部到闭锁料斗的卸剂线,经反应器接受器的吸附剂转剂线,将吸附剂由反应器底部卸至闭锁料斗。用热循环氢作为提升吸附剂管的提升气。继续将反应器底部余下的吸附剂卸至闭锁料斗,直到反应器清空。使用还原器底部的卸剂线,将还原器中的吸附剂卸至闭锁料斗,直至还原器清空。将闭锁料斗中大量吸附剂送到再生器进料罐。卸剂完成后,关闭闭锁料斗。

再生系统卸吸附剂 将吸附剂从再生器进料罐转移到再生器。当待生吸附剂停止从再生器进料罐进入再生器时,再生器温度会开始降低。监控再生器电加热器是否超负荷以避免电阻丝烧毁。当再生器降温时,从冷凝水罐中产生的蒸汽也逐步减少为零。在停车过程操作中,要保持水泵为再生器的盘管供循环水,并保持再生器接受器的冷却盘管中的蒸汽流通。将吸附剂自再生器底部转移到再生器接受器,直至再生器卸空。当再生器接收器内吸附剂温度低于430℃,将再生器接受器中的吸附剂卸至吸附剂储罐。完成后关闭卸剂线和提升气管线。

反应器系统降温 在整个过程中,保持下列流速正常:还原器底的还原气气速(84 m³/h);反应器接受器底的流化介质气速(48 m³/h);仪表反吹气流量正常,确保测量仪表不被吸附剂颗粒堵塞。循环氢压缩机全量运行。以不超过38℃/h最大的降温速率,降低进料加热炉出口温度。缓慢关闭瓦斯阀,以保持瓦斯阀前压力。当最后一个火嘴关闭时,关闭所有的长明灯阀。使循环氢气继续循环直至反应器出口温度降到80℃以下。

反应系统氢气泄压及氮气置换 停循环氢压缩机、反吹氢压缩机、新氢压缩机。关闭进装置氢气总阀门。控制热产物分离器的汽油去稳定塔的流量。控制冷产物分离器中的汽油去稳定系统。排净冷产物分离器底部的水。确保稳定塔的进料控制阀和手阀已经关闭。反应器系统开始降压,包括反应器反吹系统。当压力降低到1.5 MPa,停止降压,将冷、热产物分离罐内的汽油全部排往稳定塔。通过冷产物分离器顶FIC-1202将反应系统压力放空到瓦斯总管,当系统压力与瓦斯管网压力一致时,关闭到瓦斯管网手阀。通过冷产物分离器将反应系统压力继续放空到火炬线,降压至0.05 MPa,压力达到0.05 MPa时,关闭放空。在循环氢压缩机K101出口用氮气对系统充压至0.5 MPa。通过冷产物分离器排放至火炬,对系统泄压到0.05 MPa,然后关闭放空。由于放空气体中氮气含量较高,放空过程要慢,防止把火炬吹灭。反复加压、减压直至反应系统和反吹系统中的烃及氢含量低于0.5%。置换结束后,关闭氮气及放空,系统压力保持0.05 MPa。

置换过程中,确保吹扫整个反应系统(包括反吹气系统)及管线死角,并定期地检查所有的细节部分、固定脚支架和排空。系统置换后,将置换合格的部分加盲板,与未置换的系统分开,防止系统之间互相串气。

调整反应器、还原器、反应接收器达到检修条件　将反应器、还原器和反应接受器降压至大气压。确保反应器、还原器和反应接受器充分冷却,并达到人可以进入作业的工作条件。进入容器前,要严格确认关闭料位指示器的放射源,并对关闭的放射源做好禁动标志,防止在进人过程中,有人误动放射源开关。进入容器前,要严格执行进入设备作业相关规定,并进行氧含量和有毒有害气体分析。每次停工时,都要隔离反应器、还原器和反应接收器。

调整反应器反吹系统以达到检修条件　将反应器反吹系统降压至大气压。确保所有工艺及公用管线与反应器反吹系统隔离断开。每次停工时,都要隔离反应器,反吹气聚集器。

调整热产物分离器和冷产物分离器以达到检修条件　确保热产物分离器和冷产物分离器已经完全排液干净。将热产物分离器和冷产物分离器降压至大气压。确保所有工艺及公用管线与分离器隔离断开。每次停工时,都要隔离热产物分离器和冷产物分离器。

调整闭锁料斗以达到检修条件　用氮气吹扫闭锁料斗。将闭锁料斗压力降至大气压。确保所有工艺管线及公用工程管线与闭锁料斗隔离。进入容器前,严格隔离料位指示器的放射源。每次停工时,都要隔离闭锁料斗。

调整再生器冷却系统以达到检修条件　停用锅炉给水泵及每个冷却盘管的入口阀。使每个冷却盘管的出口阀处于打开状态。关闭从冷凝水罐到再生接受器冷却盘管的蒸汽手阀。以不超过 38 ℃/h 的速率降低再生器的温度至 93 ℃。切断再生器电加热器的电源,停用电加热器。

关闭去稳定塔再沸器的蒸汽　关闭稳定塔顶部的空冷器和底部空冷器的电机。关闭稳定塔产品冷却器的冷却水。在每次停工时,都要对稳定系统实施隔离、脱水、降压、冷却、钝化等操作。

7.4.3　装置紧急停工后的开工

紧急停工后的开工是指装置停工切断进料,吸附剂被迫隔断在反应器、再生器单独维持流化,闭锁料斗程序停止运行,稳定系统处于三路循环,压缩机停运,热工系统循环或停运的情况下重新组织进料。

1. 紧急停工后开工的条件

各公用工程介质供应正常。所有设备、自控系统设备均正常。原料供应系统及产品后路系统均正常。

2. 紧急停工后的开工

根据反应再生系统所处状态,以正常开工步骤的相应部分开始按正常程序开工。在紧急停工后的开工过程中必须密切注意故障后修复或新启用的系统和设备的状态及在紧急停工过程中经历温度和压力波动变化的设备管线的状态。

7.5 装置主要设备

S-Zorb 装置的设备包括反应器、稳定塔、加热炉、换热器、储罐类设备、机泵类设备和其他设备。

7.6 工艺过程控制

7.6.1 仪表控制方案

1. 流量控制

为保证所输送介质的流量均匀,一般采用下图所示的控制回路。这种简单回路可根据所测定的实际流量的大小,通过调节控制阀的开度来达到调整流量大小的目的。

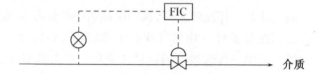

2. 液面控制

为维持一个容器内的液位控制在某一个设定值附近,简单的控制回路如下图。这种简单回路可根据所测定的实际液面的高低,通过调节容器的介质的排出量,来达到调整的目的。

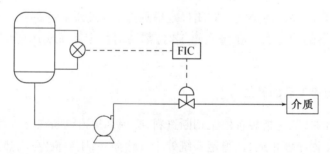

3. 温度控制

本装置实现温度控制,其控制回路一般如图。这种简单回路可根据所测定的实际温度的大小,通过调节流量大小来控制介质温度的目的。

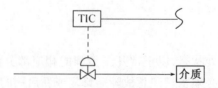

4. 压力控制

吸收-稳定系统的压力控制基本上属于简单回路,可根据所测定的或控制的系统压力的大小调节排放的气体介质的量来达到调整其压力的目的。

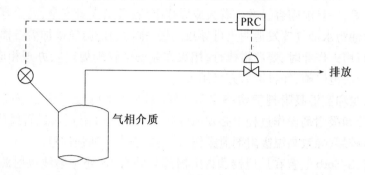

5．串级调节过程

凡用两个调节器串级工作,主调节器的输出作为副调节器的给定值的系统,称为串级调节系统。**主参数**:是工艺控制指标,在串级调节系统中起主导作用的被调参数。**副参数**:为了稳定主参数,或因某种需要而引入的辅助参数。**主对象**:为主参数表示其主要特性的生产设备。**副对象**:为辅助参考表其特性的生产设备。**主调节器**:按主参数与工艺规定的给定值的偏差工作,其输出作为副调节器的给定值,在系统中起主导作用。**主回路**:由主测量变送器,主、副调节器,执行器和主、副对象构成的外回路,亦称外环。**副回路**:由副测量变送器、副调节器、执行器和副对象所构成的内回路,亦称内环。串级控制系统可如下图表示。

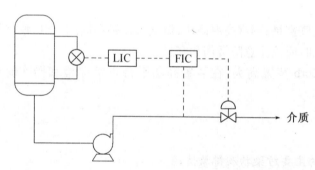

这种控制过程可成为简单的串级过程,又可以成为均匀串级控制系统,所不同的是调节器的参数整定不一样。液位-流量串级控制系统的目的一般是为快速克服干扰,严格控制液面,确保其无余差,流量是为液面而设置的,允许它在一定范围内波动。主调节器一般选用 PI 调节规律,副调节器也用 PI 作用。液位-流量串级均匀控制系统的目的是为了使液位和流量都在一定范围内均匀缓慢变化,主调节器一般选用 P 作用,必要时引入积分作用,防止偏差过大,超出允许范围,副调节器一般用 P 作用。

7.7　装置安全和环境保护

7.7.1　装置安全

安全第一,预防为主。对石油化工生产装置潜在安全风险进行识别是实现预防安全事故发生的重要举措,以下是 S-Zorb 装置运行安全风险一般性知识:

高温高压易燃易爆：原料、产品均是易燃、易爆的高温、高压液体和气体，主要包括汽油、氢气、轻烃等，一旦泄露容易发生着火或爆炸事故，危及人身安全，高温容易引起烫伤。装置排出的含油污水油气挥发遇明火可导致闪爆，排污的地漏应该加盖石棉布，装置运行期间，确需进行用火作业时，要严格执行《用火作业安全管理规定》，办理相应用火作业许可证，落实安全防范措施，经批准后方可用火。

吸附剂粉尘和高温吸附剂烫伤：S-Zorb 吸附剂对人的呼吸系统能造成损害，在平时采样、转剂和装卸吸附剂操作过程中必须佩戴防尘口罩。吸附剂输送管线的弯头处容易引发管线磨损破裂，导致高温吸附剂泄露伤人，正常操中应加强注意。

射线伤害：S-Zorb 装置在反应器和再生器部分共有 15 处 γ 射线放射源，γ 射线可以破坏肌体组织的细胞结构，从而引起病变。为防止或减少放射源发出的射线对人体的伤害，应该尽量远离放射源，在放射源周围加上屏蔽材料，减少射线的泄漏，尽量减少接触射线的时间，操作维修放射性仪表动作要快。

碱洗单元的碱液腐蚀和二氧化硫中毒：碱洗单元采用氢氧化钠溶液吸收再生系统产生的二氧化硫，正常收碱、采样和其他操作时应佩戴防护手套和防毒面具。

氨中毒和污水挥发有毒气体中毒：冷产物汽液分离罐底产生含氨污水，氨对皮肤黏膜有刺激腐蚀作用，高浓度可引起严重后果，危害人体健康。正常操作应加强个人防护意识。本装置地下污油罐可挥发出有毒气体，采样时应该佩戴防毒面具以防中毒。

噪声伤害：装置正常生产时，各机泵和塔器等设备产生噪声对人的听力造成损害，进入装置应佩戴耳罩。

蒸汽烫伤和氮气窒息：蒸汽高温高压，氮气可以稀释周围空气，使空气氧含量降低，正常使用蒸汽的氮气时应该注意防烫伤和窒息。

高空坠落：S-Zorb 装置高大，在装置高层平台正常巡检和操作时应注意防止高空坠落。

7.7.2　环境保护

1. 建设项目的主要污染物及排放情况

主要废气来源分为有组织废气污染源和无组织废气　有组织排放废气污染源主要来自加热炉、再生烟气和闭锁料斗放空气体，其中主要污染物有 SO_2、NO_2 和烟尘。处理方法分别为：加热炉废气经过低碳燃烧器燃烧达标后通过 40 m 排气筒排放；再生烟气经过硫黄回收装置回收后经 100 m 排气筒高排；闭锁料斗放空气经 35 m 排气筒排放。无组织废气主要来自装置阀门、管线、泵等运行中因跑、冒、滴、漏逸散到大气中的废气，主要为烃类。

主要废水为含氨、含硫废水、含油废水　其中含氨、含硫废水来自冷产物气液分离罐和稳定塔顶回流罐，含油废水主要是机泵冷却水、开停车时设备冲洗水和装置区的初期雨水。含氨、含硫废水可以由酸性水汽提装置净化和大部分回用，未回用部分与含油污水一起送至总厂炼油部分污水处理场处理。

固体废物为吸附催化剂　主要成分为 ZnS, NiS。交由原厂回收处理。

噪声污染源主要来自大功率机泵、压缩机、加热炉、空冷器等设备噪声　按照《工业企业噪声控制设计规范》GBJ87—85 规定，生产车间及作业场所噪声限值 90 dB(A)。

2．采用的污染治理措施

废水治理　通过清污分流,污污分流,分类处理,处理后净水回用等方法,达到降低新鲜水消耗,减少最终外排污水量的目的。含氨污水:送往酸性水汽提装置处理。含油污水:在装置内汇集后直接送至污水处理场进行处理。

废气治理　加热炉燃烧使用脱硫燃料气,烟气通过 40 m 的排气筒排入大气,污染物的排放符合标准《工业炉窑大气污染物排放标准》的要求。再生器顶部的再生烟气:送至联合四处理。非正常工况时排放的烃类气体,与全厂火炬管网连接,送入火炬系统。

废渣治理　本装置排放的废渣主要为废吸附剂,属于危险固体废弃物,送至有资质的废弃物处理中心委托其进行安全填埋。闭锁料斗料位采用放射线料位计和放射性开关,共计放射源 14 套,使用年限为 10 年。按《放射环境管理办法》规定,废放射性元件送省级环境保护行政主管部门批准的城市放射性废物库贮存。

噪声污染防治　设计中优先选用低噪声的电机和低噪声的空冷器,降低噪声。加热炉选用低噪声火嘴。控制各系统压力,防止安全阀起跳。加强空冷、机泵等设备的维护,防止产生噪声。开停工吹扫调整好排放气量,必要时安装消音器。

7.8　思考题

7.8.1　常见的脱硫工艺有哪些? S-Zorb 装置脱硫工艺的特点是什么?

7.8.2　S-Zorb 装置中的闭锁料斗的工作特点是什么?

7.8.3　S-Zorb 装置中的三废主要特点及防治措施有哪些?

参考文献

[1] S-Zorb 催化裂化汽油吸附脱硫技术[J].顾兴平.石油化工技术与经济,2012(03).

[2] S-Zorb 装置汽油脱硫过程中吸附剂失活原因分析[J].徐广通,刁玉霞,邹亢,张哲民.石油炼制与化工.2011(12).

第8章 柴油加氢装置

8.1 概述

直馏柴油、焦化汽柴油、催化柴油等石油制品,含有相当多的硫、氮、氧及烯烃类物质,这些杂质在油品储存过程中,极不稳定,胶质增加很快,颜色急剧加深,严重影响油品的储存稳定性和燃烧性能。柴油中含有的硫化物使油品燃烧性能变坏、气缸积碳增加、机械磨损加剧、腐蚀设备和污染大气,在与二烯烃同时存在时,还会生成胶质;硫醇是氧化引发剂,生成磺酸与金属作用而腐蚀储罐,硫醇也能直接与金属反应生成亚硫酸盐,进一步促进油品氧化变质;硫醇的氧化物—磺酸与吡咯缩合生成沉淀;氮化物,如二甲基吡啶及烷基胺类等碱性氮化物,当与硫醇共存时,会促进硫醇氧化和酸性过氧化物的分解,从而使油品颜色加深、稳定性变差。

为了克服这些问题,在柴油的加工中引进加氢工艺,即在适当的温度、压力、氢油比和空速条件下加氢,使油品中的硫、氮、氧化物转化为易于除去的 H_2S、NH_3 和 H_2O 而脱除。重金属杂质则被截留在催化剂中二次加工油品。同时,烯烃转变为烷烃,芳烃转变为环烷烃,稳定性提高,并且氢含量增大燃烧产生的热能更多,燃烧性能也得到提高。加氢后改进了油品的质量,生产出安定性和燃烧性都较好的产品。

20 世纪 50 年代,加氢方法在石油炼制工业中得到应用和发展,60 年代以来因催化重整装置增多,炼油厂可以得到廉价的副产品氢气,加氢精制应用日益广泛。加氢精制可用于各种来源的汽油、煤油、柴油的精制、催化重整原料的精制,润滑油、石油蜡的精制,喷气燃料中芳烃的部分加氢饱和,燃料油的加氢脱硫,渣油脱重金属及脱沥青预处理等。

8.2 工艺原理及装置技术特点

8.2.1 工艺原理

以采用 FHUDS 系列催化剂的固定床工艺为例,加氢主要有脱硫、脱氮、脱氧、烯烃饱和、芳烃饱和、环烷烃开环、烷烃裂化等反应:

1. 加氢脱硫反应

石油中的硫并不是均匀分布的,它的含量随着馏分沸程的升高而呈增多的趋势。其中汽油馏分的硫含量最低,而减压渣油的硫含量则最高,对我国原油来说,约有 70% 的硫集中在其减压渣油中。

柴油加氢原料油中的含硫化合物主要是：硫醇、硫醚、二硫化物和噻吩等，在加氢的条件下，它们转化为相应的烃类和硫化氢，而将硫去除。石油馏分中各类含硫化合物的 C—S 键是比较容易断裂的，其键能比 C—C 键的小许多，因此在加氢过程中，C—S 键先行断开而生成相应的烃类和 H_2S。

原油中的含硫化合物分为脂肪族类和非脂肪族（噻吩）类，非脂肪族类又分为噻吩类、苯并噻吩类、二苯并噻吩类等。通常，在馏分油中很少有活性硫化物和二硫化物，但硫醚和硫醇却可能存在，特别是直馏馏分油中。大多数脂肪族类硫化物是最容易脱除的硫化物，尤其是硫醇类，但要全部脱除却是困难的。噻吩类是最易反应的非脂肪族硫化物，还包括噻吩环上带烷基侧链的化合物。在较重的馏分油中噻吩类的含量不高，但在煤油及较轻的油中噻吩类含量较高。苯并噻吩类在中间馏分油中的含量很高，但很容易反应，它的简单异构体如甲、乙基苯并噻吩也很易反应。

① 硫醇加氢反应时，发生 C—S 键断裂：$RSH + H_2 \longrightarrow RH + H_2S + Q$

② 硫醚：硫醚加氢反应时，首先生成硫醇，再进一步脱硫：

$$RSR' + H_2 \longrightarrow R'SH + RH$$
$$\xrightarrow{H_2} R'H + H_2S + Q$$

③ 二硫化物：二硫化物加氢反应时，首先发生 S—S 键断裂，生成硫醇，再进一步发生 C—S 键断裂，脱去硫化氢。在氢气不足的条件下，硫醇也可以转化成硫醚。$RSSR' + 3H_2 \longrightarrow RH + R'H + 2H_2S + Q$

④ 噻吩：噻吩加氢反应时，首先是杂环加氢饱和，然后是 C—S 键开环断裂生成硫醇，最后生成丁烷。也可先开环脱硫生成二烯烃，随后二烯烃再加氢生成烷烃。

⑤ 苯并噻吩：

⑥ 4,6-二甲基二苯并噻吩：

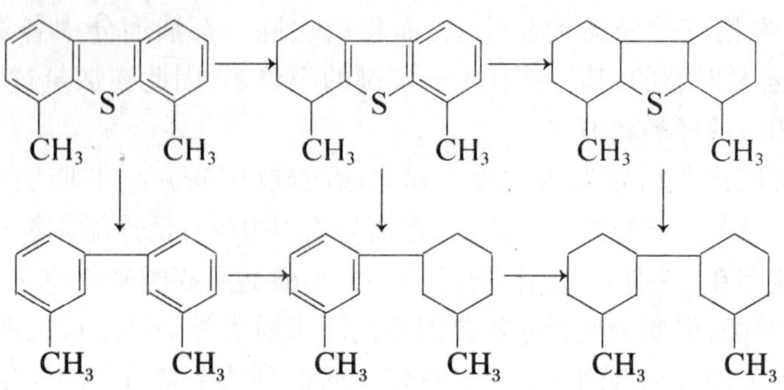

2. 加氢脱氮反应

总的来说，石油中的氮含量要比硫含量低，通常在 $0.05\% \sim 0.5\%$ 范围内，很少有超过 0.7% 的。我国大多数原油的含氮量在 $0.1\% \sim 0.5\%$ 之间。目前我国已发现的原油中氮含量最高的是辽河油区的高升原油，达 0.73%，和硫在原油中的分布一样，石油中的氮含量也是随馏分沸程的升高而增加的，但其分布比硫更不均匀。

石油中的含氮化合物对产品质量的稳定性有较大危害，并且在燃烧时会排放出 NO_x 污染环境。石油馏分中的含氮化合物主要是杂环化合物，非杂环化合物较少。杂环氮化物又可分为非碱性杂环化合物（如吡咯）和碱性杂环化合物（如吡啶）。

① 非杂环化合物

非杂环氮化合物加氢反应时脱氮比较容易，如脂族胺类（RNH_2）：

$$R—NH_2 + H_2 \longrightarrow RH + NH_3 + Q$$

② 非碱性杂环氮化物

吡咯加氢脱氮包括五元环加氢、四氢吡咯中的 C—N 键断裂以及正丁胺的脱氮等步骤。

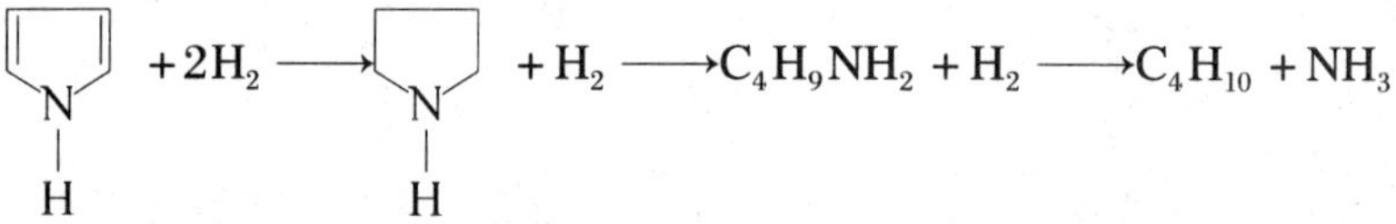

③ 碱性杂环氮化物

吡啶加氢脱氮也经历六元加氢饱和、开环和脱氮等步骤。

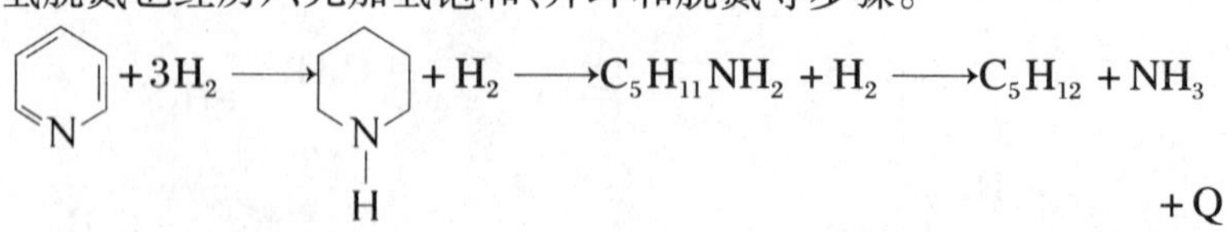

含氮杂环化合物加氢脱氮反应活性，活性顺序（按以下顺序依次增大）：

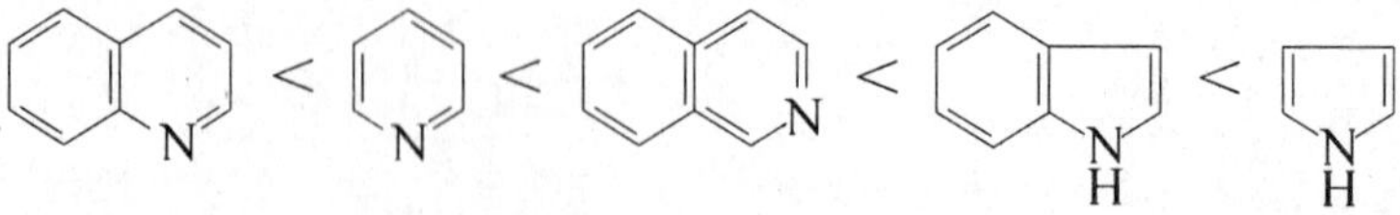

3. 加氢脱氧反应

石油中的氧是以有机化合物的形式存在，主要的含氧化合物有羧酸类、酚类和呋喃类。从元素组成看,石油的氧含量不高,石油产品规格中并没有规定含氧量的指标,但是有关于酸碱性、腐蚀性等指标都与含氧化合物有关。因此,在产品精制时应把含氧化合物除去。

石油馏分中的含氧化合物主要是环烷酸和酚类。这些氧化物加氢反应时转化成水和烃。

① 环烷酸

环烷酸在加氢条件下进行脱羧基或羧基转化为甲基的反应。

$$R \text{—} \bigodot \text{—COOH} \xrightarrow{H_2} R \text{—} \bigodot \text{—CH}_3 + H_2O$$

② 苯酚

苯酚中的 C—O 键较稳定,要在较苛刻的条件下才能反应。

$$R \text{—} \bigodot \text{—OH} + H_2 \longrightarrow R \text{—} \bigodot + H_2O + Q$$

4. 烯烃饱和反应

烯烃的加氢速度很快,二烯烃加氢速度比单烯烃快,原料油中的烯烃在加氢精制条件下得到饱和,生成烷烃。烯烃加氢饱和反应是放热反应,在不饱和烃含量高的油品加氢过程中,要注意反应器床层温度的控制。

① 单烯烃: $C_nH_{2n} + H_2 \longrightarrow C_nH_{2n+2} + Q$

② 双烯烃: $C_nH_{2n-2} + 2H_2 \longrightarrow C_nH_{2n+2} + Q$

5. 芳烃和稠环芳烃的加氢反应

芳烃加氢主要是稠环芳烃部分加氢饱和。稠环芳烃的第一个芳香环的加氢反应速度比苯高,但第二、第三个芳香环继续加氢时的反应速度依次急剧降低,芳香烃上带有烷基侧链会使芳香环的加氢更困难。在一般加氢条件下,单环芳烃加氢十分困难。

$$\bigodot\bigodot \text{—R} + 5H_2 \longrightarrow \bigodot\bigodot \text{—R} + Q$$

6. 轻度的加氢裂化反应

当加氢精制条件适当时,加氢裂化反应较轻微,而深度加氢精制时,则加氢裂化反应很显著。加氢裂化比加氢精制放出更多的热量。

$$C_{10}H_{22} + H_2 \longrightarrow C_5H_{12} + C_5H_{12} + Q$$

7. 加氢反应平衡热

加氢过程中主要发生的加氢脱硫、加氢脱氮、加氢脱氧、烯烃饱和、芳烃饱和、环烷烃开环、烷烃裂化等反应,均是放热反应。因此,在绝热反应器的设计状态下,加氢精制反应器内从催化剂床层入口到出口之间必然会产生一定的温度升高,这个温差叫作床层温升。由于大部分的加氢反应在动力学上随温度升高而反应速度加快,反应温度提高有利于反应的进行。因此,一旦催化剂床层出现温升、反应温度提高后,又会加快反应的进行,放出更多的反应热,反过来引起更大的催化剂床层温升。如此循环往复,极易引起催化剂床层的超温。为了避免这种情况的发生,在反应器设计时就要考虑催化剂床层的高度,当催化剂床层的温升超过某一特定的界限时,就要使反应"中止",利用冷氢将反应物冷却下来,降低反应速度。

8. 分馏原理

分馏是利用生成油中各组分的沸点不同,用蒸馏的方法,在分馏塔里按设计的方案,把它们分离成为所需的产品。在分馏塔正常操作时,由于塔顶回流的作用,沿着塔高建立了两个梯度,即温度梯度和浓度梯度。由于这两个梯度的存在,在每块塔板上,由下向上的较高温度和较低轻组分浓度的气相与由上而下的较低温度和较高轻组分浓度的液相互相接触,进行传质和传热,达到平衡而产生新的平衡的气、液两相,气相中的轻组分和液相中的重组分得到提浓。如此经过多次的气、液相逆流接触,最后在塔顶提到较纯的轻组分,在塔底得到较纯的重组分。

汽提部分则是在塔底吹入过热蒸汽,降低油气的分压,将加氢生成油中的硫化氢、氨、水和轻烃等汽提出来,使精制油的质量得到改善。

9. 脱硫原理

气体脱硫是利用碱性溶剂在一定的温度、压力条件下,在吸收塔中与含硫气体逆向接触,使 H_2S 与贫溶剂发生化学吸收,从而脱除含硫气体中的 H_2S。吸收了 H_2S 的富溶剂送到溶剂再生装置在一定的条件下解吸再生,再生后的溶剂可循环使用。

10. 柴油加氢反应的特点

加氢反应后反应器床层有明显温升,产物总体积小于反应前反应物总体积。加氢反应为平等顺序反应,因此为可逆反应,一般讲在高压下对反应有利。

8.2.2 装置技术特点

以国内某厂设备为例说明柴油加氢装置特点。

1. 装置简介

装置原来设计处理能力为140万吨/年,设计开工时数为8 000 小时/年,设计空速为 $1.5\ h^{-1}$,氢油比为330(v)。装置由反应部分(包括新氢压缩机、循环氢压缩机、循环氢脱硫系统)、分馏部分、脱硫部分及公用工程部分组成。后来根据生产需要对装置进行了两次技术改造。第一次改造处理量由140万吨/年提高到200万吨/年,并增加了相应的设备,催化剂未作变动。第二次改造将柴油加氢装置改为加工焦化柴油、焦化汽油、直馏柴油加氢装置,并更换催化剂,装置主要产品为精制石脑油、航煤组分油、精制柴油。改造后,装置规模仍为200万吨/年,装置设计操作弹性为60%~110%,年开工周期按8 400 小时计。改造后的柴油加氢装置主要包括反应部分、分馏部分、脱硫部分和压缩机部分。本项目的主要原料为焦化汽油、焦化柴油、直馏柴油,装置改造后主要生产方案是增产航煤组分油方案,主要产品为精制石脑油、航煤组分油、精制柴油。

由于此柴油加氢装置(下称Ⅱ柴油加氢)设计压力5.0 MPa 较低,无法满足长周期生产国Ⅳ、国Ⅴ柴油的要求,却能生产航煤组分油,而厂里的另一套柴油加氢装置(下称Ⅲ柴油加氢)能长周期生产国Ⅳ、国Ⅴ柴油,却无法生产航煤组分油。为了充分利用两套柴

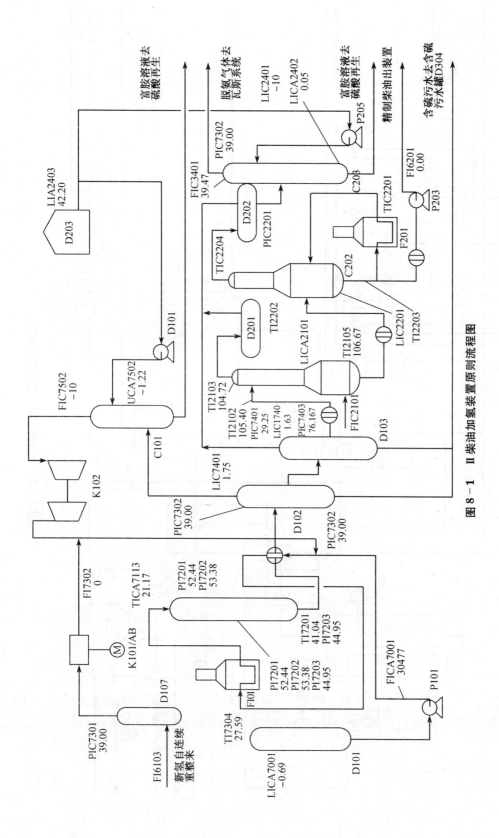

图 8-1　Ⅱ柴油加氢装置原则流程图

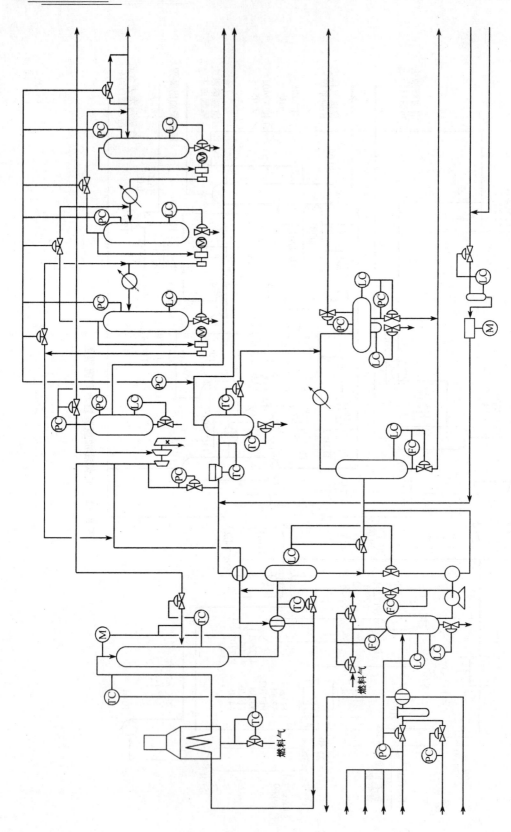

图 8 - 2　Ⅲ柴油加氢装置原则流程图

油加氢装置的优点,保证装置既能长周期生产国Ⅳ、国Ⅴ柴油,又能增产航煤组分油,对Ⅱ柴油加氢、Ⅲ柴油加氢进行联合改造,充分利用Ⅲ柴油加氢的反应系统和Ⅱ柴油加氢的分馏系统,从而达到既满足低硫柴油的生产,又能增产航煤组分油目的。

2. 技术特点

① 本装置采用新一代催化剂 FHUDS 系列,有工业应用经验,技术先进可靠,使用此催化剂装置能够生产国Ⅳ标准的柴油。

② 为充分利用目前Ⅱ柴油加氢装置的加工能力并从焦化柴油中获得航煤组分油,同时兼顾处理部分焦化汽油,以解决焦化汽油加氢能力潜在不足的问题,本装置改造为汽、柴油混合加氢装置,加工焦化汽油、焦化柴油、直馏柴油。

③ 为增产航煤组分油,新增一套分馏系统,其中包括分馏塔、侧线汽提塔、加热炉、中段循环系统,现有产品汽提塔底的精制汽柴油至新增的分馏塔进行切割,切割为精制石脑油、航煤组分油、精制柴油。

④ 充分利用现有设备,降低装置投资,航煤组分油的冷却器利用现有产品汽提塔的空冷器及后冷器,因装置的加工能力未变,而柴油量相比改造前大幅减少,相应柴油空冷器有部分富裕,两片柴油空冷调整至中段循环冷却器。

⑤ 为实现清洁生产,节能降耗,降低循环水及电力消耗,提高可回收热量的温度品位,本装置新增的分馏系统设立中段循环及顶循。本装置与Ⅲ常减压装置及Ⅰ常减压装置实行热联合,中段循环油送至Ⅲ常减压装置与脱前原油换热,提高进炉温度,降低燃料消耗。分馏塔顶热量与低温热水换热,送去管网换热或单独送去Ⅰ常减压和原油换热。

⑥ 分馏部分采用硫化氢汽提塔＋产品分馏塔的双塔汽提流程,硫化氢汽提塔采用蒸汽汽提,产品分馏塔采用重沸炉汽提,避免了用蒸汽汽提时出现的柴油带水的问题,同时也避免了硫化氢带入柴油产品引起产品腐蚀不合格问题。

⑦ 原料油、贫胺液采用气封保护,防止其与空气接触。

⑧ 为保证装置既能长周期生产国Ⅳ、国Ⅴ柴油,又能增产航煤组分油,按公司要求对Ⅲ柴油加氢、Ⅱ柴油加氢进行联合改造,充分利用Ⅲ柴油加氢的反应系统和Ⅱ柴油加氢的分馏系统,从而达到既满足低硫柴油的生产,又能增产航煤组分油目的。

8.3　工艺流程

8.3.1　反应部分

柴油加氢整体工艺流程图见图 8.3。原料油分为热料直供和中间罐冷料,热料直供分别来自Ⅲ、Ⅳ套常减压柴油,Ⅰ、Ⅱ、Ⅲ焦化柴油以及部分焦化汽油,冷料主要由中间罐区供应催化柴油、Ⅱ常减压柴油以及部分装置开工油等,混合汽柴油与精制柴油换热后至原料过滤器滤去大于 40 μm 的固体杂质后进入原料缓冲罐(D-101),经反应进料泵升压后与混氢混合,经反应产物/混合进料换热器,与反应产物换热器换热后至加热炉 F-101加热至 336 ℃进入反应器,在反应器中混氢原料在催化剂作用下进行加氢脱硫、脱氧、脱氮、烯烃饱和等反应,反应产物由反应器底部出来,与混合反应进料换热器(E-101/ABC)、低分油换热器(E-102)换热后,再经空冷 A-101、水冷 E-103 进入高压分离器

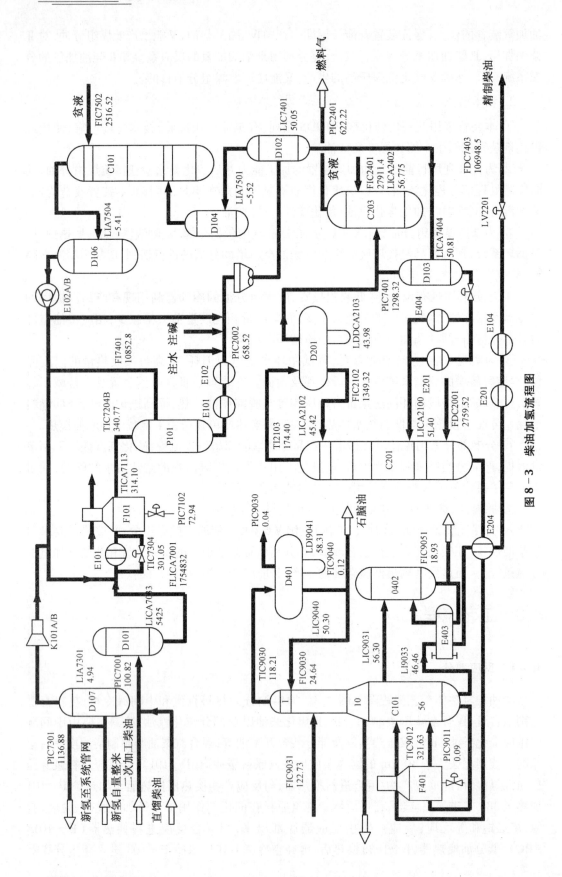

图 8 – 3 柴油加氢流程图

D-102。在进入空冷之前向反应产物中注水,以溶解洗涤硫铵盐等。在高压分离器中进行气、油、水三相分离,分离出的气体(循环氢)至循环氢脱硫塔 C-101 脱硫,含硫污水至酸性水罐 D-304,经泵送至污水汽提装置处理。高分油经减压至低压分离器 D-103,分离出的气体至低压气体脱硫塔 C-203 脱硫后作为装置的燃料气,或直接至加氢裂化装置脱硫供制氢装置作原料。低分油与反应产物换热后分两路,一路走 E-201 与精制柴油换热,一路走 E-404 与航煤组分油换热后,两路混合进入脱硫化氢汽提塔 C-201,塔底用 1.0 MPa 过热蒸汽汽提,塔顶油气经空冷及水冷后至回流罐 D-201,分离出的气体至低压气体脱硫塔脱硫,水相至酸性水罐 D-304,液相经泵升压后,全部作为塔顶回流。

8.3.2　分馏部分

硫化氢汽提塔 C-201 塔底油与精制柴油换热后进入分馏塔 C-40129#板,塔底设有重沸炉供热,从塔顶出来的油气分馏塔顶热水换热器 E-401、空冷 A-401、水冷 E-402 换热及冷却后分馏塔顶回流罐 D-401,分离出的精制石脑油经分馏塔顶泵 P-401 抽出后,一路作为塔顶回流,一路后送出装置。中段循环自14#板抽出送至Ⅲ常减压装置,经 E1-103/5,6 与脱前原油换热后,再至中段循环空冷器 A-403 冷却后,打回 11#板。航煤组分油自第 17#、19#板抽出后至侧线汽提塔 C-402 进行汽提脱除其中的轻组分,从而保证航煤组分油的初馏点,侧线汽提塔重沸器 E-403 利用分馏塔底柴油作热源。分馏塔底柴油一路由重沸炉(F-401)循环泵(P-403)抽出经流控至重沸炉升温后返回分馏塔,一路由塔底泵抽出经侧线汽提塔重沸器换热后至产品汽提塔进料/精制柴油换热器 E-204 与分馏塔进料换热,再经 E-201 与硫化氢汽提塔进料及经 E-104 与装置进料换热后至柴油空冷器 A-203 换热后送出装置。侧线汽提塔 C-402 底部的航煤组分油通过航煤组分油泵 P-405 升压后经 E-404 与硫化氢汽提塔进料换热,至航煤组分油空冷器 A-402 及航煤组分油冷却器 E-405 冷却后送出装置。

8.3.3　脱硫部分

由于原料含硫高,经加氢脱硫反应后,循环氢和低分气中硫化氢含量较高,采用醇胺法处理脱除硫化氢。循环氢被送入循环氢脱硫塔 C-101,与从塔顶引入的贫胺溶液逆流接触,脱硫后的循环氢至循环氢压缩机升压后返回反应系统。同样,含硫低分气及硫化氢汽提塔顶来含硫气体至低压气体脱硫塔 C-203,脱硫后供装置炉子用燃料,多余部分送至装置外燃料气管网。富胺溶液送至 10 万吨/年硫黄回收装置进行再生。再生后的贫胺由 10 万吨/年硫黄回收装置经泵送至本装置贫胺溶液缓冲罐 D-203。

8.4　运行操作要点

8.4.1　换热器操作

内/外:加强联系,保持运行参数平稳。外:在投用换热器前应首先检查放空阀是否关闭。外:投用换热器时应先开冷流,后开热流,停用时应先停热流,后停冷流。外:在投用过程中,先开出口,后开入口,防止憋压,受热不均。外:在投用过程中,热流侧开关阀门要缓慢,防止因升温过快而出现泄漏。外:用蒸汽吹扫换热器时,吹扫一程时,要将另一程的放空阀或进出口阀打开,防止介质受热膨胀而憋压。引蒸汽时要缓慢,以防水击。外:要经常检查换热器的温度、压力是否正常,管壳程是否有内漏,头盖、丝堵、法兰、放空阀等有无渗漏。内:注意换热器进、出口温度情况。

8.4.2 气体采样操作

本装置气体采样的主要有害介质是硫化氢:外:两人佩戴空气呼吸器。外:检查并确认周围没有人及可能产生火花的作业和动火项目。外:站在上风头,一人监护一人采样。外:采样前,慢慢把手阀打开,把采样管内的积液和不流动部分的气体排放干净。外:套上采样袋的胶管,待放出气体充满整个采样袋后,取下采样袋并挤压,把采样袋中的气体挤出,当采样袋中的气体全部被挤出时,用手捏着采样袋的胶管口(防止空气进入采样袋),按此方法将采样袋置换三次,然后再采样。外:采完样后,把手阀关闭。

8.4.3 液体采样操作

不含硫化氢的液体采样操作 外:站在上风头,慢慢把手阀打开,放净采样管内的残液(不流动部分)。外:用被采介质置换(洗)采样瓶三次,然后再采样。外:采完样后,把手阀关闭。外:采样置换液体若为油倒入油漏斗,若为水则倒入水漏斗。

含硫化氢的液体采样操作 外:两人佩戴空气呼吸器。外:检查并确认周围没有人及可能产生火花的作业和动火项目。外:站在上风向,慢慢把手阀打开,放净采样管内的残液(不流动部分)。外:用被采介质置换(洗)采样瓶三次,然后再采样。外:采完样后,把手阀关闭。

8.4.4 蒸汽脱水及暖管操作

蒸汽脱水操作 班长:联系调度引蒸汽进装置。外:蒸汽管脱水口不能近距离对着某个物体且附近没有人,若是软管蒸汽脱水时要用脚踩住胶管,防止开阀后蒸汽管摆动伤人。外:把手阀慢慢打开1~2扣进行排水,为了防止水击,注意手阀不能开得太大。外:待管内积水排完后,再把手阀慢慢开大,若在此过程中出现水击,应立即把手阀关小,直至不出现水击为止,继续排水。

蒸汽暖管操作 按以上的步骤把蒸汽脱净水后,进行以下的操作:外:把蒸汽暖管手阀慢慢打开2~3扣,对暖管线进行暖管,待暖管线的温度与蒸汽温度接近且没有水击时,再慢慢开大暖管手阀。外:若蒸汽放空口不明显,则设置警示牌,防止他人误入高温区而被蒸汽烫伤。内:注意蒸汽流量情况。

8.4.5 开关阀门的操作

外:选择正确合适的扳手,如工具大小要合适,否则易损害工具及阀门,防爆部位要使用铜板手。内/外:开关时人员不能正对阀门,以免伤人,开关阀门要缓慢,要注意上、下游工艺参数的变化情况。外:开关阀门不要用力过猛,阀门全关时不要用力猛卡,以免弄坏阀门。外:阀门开度根据工艺需要决定,需全开时,全开后要再关回一圈。

8.4.6　空冷风机操作

外:检查空冷风机的风叶及皮带是否完好及是否松动。外:检查空冷风机的润滑情况是否良好。外:手动盘车数圈,检查是否有卡涩或其他不正常情况。外:启动空冷风机,检查其运转情况(振动、声音、电机发热、润滑等)是否正常。

8.5　装置主要设备

柴油加氢装置主要设备有固定床反应器:沸腾床反应器、加油炉、换热器、空冷器、分离器、压缩机和泵。

8.6　工艺过程控制

DCS 系统是专为特定装置的生产过程而设计和配置的,执行全部工艺过程的管理、检测、控制、上下限报警、打印各种工艺报表和进行工艺计算。这些结果都可以在带有彩色屏幕(CRT)的操作站(台)显示出来。

8.6.1　DCS 的投运前准备

根据现场生产安排,在生产装置开工前应做好以下各项准备工作。① 不间断电源(UPS)供电正常;24VDC 电源供电箱供电正常。② 空调运转正常。机房温度控制范围 22 ~ 27 ℃,湿度范围为 45% ~ 65%。③ 净化风供风正常,进装置风压 0.4 MPa。④ DCS 系统组态完成,控制站、监测站、操作站(台)和打印运行正常。⑤ 报警、连锁设定值确认无误。⑥ 现场一次表与 DCS 系统联校完成,系统误差小于 0.5%。

8.6.2　DCS 的运行

在生产装置开工阶段,根据生产装置开工的情况,由仪表和计算机人员协助工艺操作人员将 DCS 系统的控制回路和检测回路逐个投入运行。

手动、自动(串级)的投入　视生产装置开工情况等生产平稳后,仪表和计算机人员协助工艺操作人员逐个将控制回路投入运行。在正常生产运行期间,工艺操作人员可根据需要进行手动→自动(串级)或自动(串级)→手动的切换。异常情况应通知仪表和计算机人员协助处理。

报警、连锁设定值、PID 参数等有关工艺操作参数都可以在操作站(台)的细目画面上进行设定和修改。重要回路的报警设定值、连锁设定值应由工艺技术人员在开工前进行设定,并要得到有关处室和负责人的确认。

PID 参数的整定　根据不同的控制对象,对每个控制回路应整定过程控制参数(PID)。参数的整定一般应由仪表和计算机人员进行。工艺操作人员在对 DCS 系统操作比较熟练的情况下也可以在 DCS 系统操作员键盘下进行操作。

五个操作台操作级别相同,都可以对本装置所有回路进行操作,操作人员在进行操作时必须确认是自己岗位的回路才能操作、切忌误操作其他岗位的仪表。

工程单位、测量范围、回路标记等只允许在工程师键盘下操作,不允许工艺操作人员随意改动,如需改动,应通知计算机维修人员。

工艺操作人员应密切注意操作站(台)CRT屏幕左方的系统信息区域的各种报警提示信息的显示。如显示回路报警应及时调出相关画面,判断报警原因,以便及时处理相应的异常工况。如显示DCS系统的故障或错误信息,应及时通知计算机维修人员,以便及时排除DCS系统本身的故障,并应妥善保管打印机打印的各种信息。

操作站(台)台面上的各种功能按键上面是一层薄塑膜,下面为电子印刷线路板,极易损坏,操作时一定要轻按轻摸,严禁用指甲盖和其他硬性物按摸触摸开关。操作站机柜内装CPU,这是操作站和控制站的关键部位,所以严禁用水冲洗等不文明行为的发生,以免造成整机停机,影响生产。

该DCS系统操作站(台)的CRT屏幕有触摸功能,因屏幕触摸灵敏度较高,使用时应于小心,手指不要触及屏幕,离屏幕有一定的距离(5~6 mm)就能产生屏幕触摸效果。更严禁用铅笔、圆珠笔或钢笔等硬性物件触及屏幕,以防止损坏屏幕。

8.6.3　DCS系统的故障或异常情况的应急处理

该系统的硬件是双重化的,有较高的可靠性,但针对可能发生的异常情况,也应有所准备,以下各点仅对一些主要故障现象应采取的措施加以提示,对每个故障的具体处理应以迅速排除故障,减少损失为原则加以处理。

DCS系统本身发生局部故障时,一般不会影响整机的使用,但应及时通知计算机维修人员,迅速排除异常情况,使系统正常运行。DCS控制系统发生故障时:如一个控制卡(HLAI)发生故障时,备件卡会自动投入运行,如多用卡(冗余卡)不能及时投入运行,这时该卡上的八个回路失灵。此时该卡的八个控制回路应改成付线操作。

如DCS控制站的一个主机故障,备用(冗余)主机应自动切入运行。如备用主机(冗余主机)也不能切入,这时是最可怕的,该主机所走的控制回路全部失灵,相关部分应全部改成付线操作。

停电不停风(净化风)情况下的应急处理:如发生外界供电中断故障时。该系统配置的不间断电源(UPS)能继续供电半小时左右,这时一次表、DCS系统、调节阀等都能进行操作。如外界供电中断时间过长,应做停工处理。如发生UPS供电故障,此时该系统没有供电,应及时采取停工措施。

停风(净化风)不停电情况下的紧急处理:在这种情况下,电动变送器和DCS系统都能正常运行,但此时气动沉筒液面计和调节阀已失去作用,这时应改为付线操作。停电又停风情况下的应急处理:如停电时间不超过半个小时,则可按停电不停风办法处理,如停电时间超过半小时,应做紧急停工处理。

UPS发生故障时,电动变送器、计算机系统都失去电源,在操作台上无法进行监视和操作,风开调节阀到全关位置,风关调节阀到全开位置,此时对操作来说是最危险的时刻,此时应紧急通知电气维修人员,同时工艺操作上也应做相应的处理。

8.7 装置安全和环境保护

8.7.1 防火防爆制度

严禁在厂内吸烟及携带火柴、打火机、易燃易爆、有毒易腐蚀物品入厂。严禁未按规定办理用火手续,在厂区内进行施工用火或生活区用火。严禁穿易产生静电服装进入油气区工作。严禁穿带铁钉的鞋进入油气区及易燃易爆装置。严禁用汽油、易挥发溶剂擦洗各种设备、衣物、工具及地面。严禁未经批准的各种机动车辆进入生产装置、罐区及易燃易爆区。严禁就地排放轻质油品、液化气及瓦斯、化学危险品。严禁在各种油气区内用黑色金属工具敲打。严禁堵塞消防通道及随意挪用或损坏消防器材和设备。严禁损坏生产区内的防爆设施及设备,并定期进行检验。

8.7.2 防止中毒窒息规定

对从事有毒作业、有窒息危险岗位人员,必须进行防毒急救安全知识教育。工作环境(设备、容器、井下、地沟等)氧含量必须达到 20% 以上,毒害物质浓度符合国家规定时,方能进行工作。在有毒物质场所作业时,必须佩戴防护用具,必须有专人监护。进入缺氧或有毒气体设备内作业时,应加盲板使之与相关的设备、管道隔绝,以防止有毒气体窜入。在有毒或有窒息危险的岗位,要设置相应的防救措施和防护用(器)具。要定期检测有毒物质的生产岗位和场所内有毒有害物质的浓度,使之符合国家《二级企业设计卫生标准》。对各类有毒物质和防毒用具必须有专人管理,并定期检查。对生产和散发有毒物质的工艺设备、机动设备、监护仪器(如易燃、易爆气体的警报仪)要加强维护、定期检查。发生人员中毒、窒息救护要讲科学,处理要及时正确。健全有毒有害物质管理制度,并严格执行。长期达不到规定卫生标准的作业场所,应停止作业。

8.7.3 装置正常操作的安全规定

Ⅱ柴油加氢装置为高压、临氢、易燃、易爆的炼油厂关键生产装置,必须严格执行安全规程以及国家有关安全生产方针、政策和条例,认真搞好防火防爆工作。实行新工人进装置必须经过"三级"安全教育,未经过安全教育或安全技术考核不合格者,严禁独立顶岗操作。进入装置必须穿着好工作鞋、工作服,戴好安全帽,不得穿凉鞋、拖鞋、高跟鞋、钉子鞋。不戴好安全帽不得进入生产装置,高处作业要系好安全带。进入反应器、塔、容器等设备以及进入管道、下水道、烟道、沟、坑、井、池等封闭或半封闭设施及场所内作业时,必须要采样分析合格并办理《进入设备作业票》方可进入设备作业,同时,必须在设备外留人监护。有毒物质浓度符合国家规定,氧含量大于 20% 以上。在有毒或无氧现场作业时,必须佩带好防护用具,必须有人监护。进入塔、容器、反应器作业时必须使用低于 36 V 或 12 V 的安全灯,行灯必须有防护罩。

严禁携带火柴、打火机及易燃易爆物品进入装置。严禁用汽油擦洗设备、机件、衣物及地面等,不得使用能发生火花的铁质工具敲打管线、设备。严禁在高温设备、管线烤衣物、食物和其他物件等。严禁在装置内随意就地排放汽油、柴油、氢气、瓦斯以及有毒有害物品。严禁用压缩风压送轻油及吹扫置换轻油类的管线容器。严禁带压更换盘根、垫片，确有必要时需办理手续，采取可靠安全措施后方可处理。

设备系统开停工时必须用惰性气体（N_2）置换，严防氢气、油气、瓦斯在系统内与空气直接混合形成爆炸性气体。启用换热设备时，应先开冷流后开热流，停用时先停热流后停冷流。在提温提量时应坚持先提量后提温，先降温后降量的原则。反应器（R－201）材质1.25Cr 0.5Mo，操作过程中，应先升温后升压，温度升到 135 ℃前，压力不超过 3.0 MPa。停用时，先降压后降温，温度降到小于 135 ℃时，压力不得超 3.0 MPa。加热炉在开工时点火之前应向炉膛内吹入蒸汽，直至烟囱冒蒸汽 10 分钟及炉膛爆炸性点气体分析合格才能点火。正常操作时，如突然熄火重新点火，也应向炉膛吹蒸汽后重新分析合格方能点火，防止点火时发生炉膛爆炸回火。点火后火棒用消防蒸汽吹灭，炉子严禁正压操作。装置内消防器材不得随便挪动，定期检查更换。机动车辆进入装置必须办理"进车票"方可进入，严禁未经批准的车辆进入装置。

8.7.4 装置环保规定

含硫污水管线、污水罐水洗达到环境标准后才能排放。含油管线先经水洗，再吹扫放空，水洗污水在隔油池进行油水分离，分离出的污水排入厂污水系统，污油送出装置。开、停工期间低点放淋均应放入地下管线，不得随意放入地沟或地面。机泵加换油时，废油不得随意排放，应排入地沟。采样废油要倒入地下管线，不得倒在地面上。开、停工时的泄压或置换气体应排入火炬，不得排入大气（氮气除外）。烧焦废气排入大气时要通知环保部门。紧急情况下，工艺介质需临时向地面或大气排放的需经环保部门批准方可排放。中压蒸气吹扫时应安排在适当的时候，以确保正常的工作环境，吹扫人员应带好护耳器。开、停工之前应通知环保和调度，并拿出环保措施。

8.8 思考题

8.8.1 加氢催化剂为什么要预硫化？常用预硫化剂有哪些种类？性质如何？有何质量要求？

8.8.2 催化剂预硫化前应具备哪些条件？催化剂预硫化有哪些步骤和注意事项？如何判断催化剂预硫化已完成？

8.8.3 硫化过程中需要分析哪些指标？如何根据分析的指标进行操作？

8.8.4 本装置操作安全规定有哪些？本装置主要的环保措施有哪些？

参考文献

[1] 靳明程,李江松.汽柴油加氢装置操作工.北京:石油工业出版社,2012.

[2] 史开洪.加氢精制装置技术问题.北京:中国石化出版社,2007.

第9章 催化重整装置

9.1 概述

催化重整是一种石油二次加工技术,加工的原料主要为低辛烷值的直馏石脑油、加氢石脑油等,利用铂 Pt -铼 Re 等催化剂,使分子发生重排、异构,增加芳烃的产量,提高汽油辛烷值的技术。通过将重整、芳烃抽提和分馏工艺组合在一起,就能够从石油馏分中提取高纯度的苯、甲苯和混二甲苯产品,供化工工业使用。因此,催化重整装置主要有两种类型,即生产汽油产品型重整装置和生产芳烃型重整装置。催化重整工艺按照催化剂的再生方式可以分为循环再生重整、半再生重整以及连续再生重整。连续再生重整是一种在移动床中催化剂连续反应和再生的重整工艺。在连续再生重整装置中,催化剂连续地依次流过三个或四个移动床反应器,到再生器进行再生,之后与新鲜催化剂共同进入反应器进行反应,催化剂在系统内形成一个闭路循环。

1971 年,美国 UOP 公司的 CCR 连续重整工艺实现工业化,自此连续再生重整工艺迅速发展。美国 UOP 公司的催化重整工艺持续进行了改进,以满足工业上不断变化的需求。在催化剂领域和工程设计上的改进,提高了铂重整工艺的灵活性。到目前为止,世界上正在运行的 UOP 铂重整装置已经超过了 450 套,每天的原料处理能力超过了795 000立方米。

催化剂研发的一个关键步骤是在 1960 年代的后期实现了双金属铂重整催化剂的工业化生产。UOP 公司已经推出了 6 个系列的双金属催化剂:即铂/铼 R -16 系列、R -18 系列、R -20 系列、R -30 系列、R -50 系列、R -60 系列催化剂,以及最新研发的 R -130 系列催化剂。这些催化剂已经证明在活性、稳定性和选择性上都优于全铂催化剂。通常情况下,这些催化剂能够提高铂重整装置的进料速度和获得更高的产品辛烷值。由于这些催化剂对于进料中的各种污染物以及操作波动的敏感程度有所提高,所以炼油厂在日常操作中必须更加小心谨慎,以便充分发挥这些催化剂的效用。为此需要采取更多的防护措施,以确保清洁、连续并且无波动的操作。即使增加了上述这些要求,各个炼油厂中的铂重整装置的运行情况也比以前任何时候都要好。

9.2　工艺原理及装置技术特点

9.2.1　铂重整工艺烃类的化学机制

1. 铂重整进料和产品的组成

去铂重整装置的石脑油进料中通常含有 $C_6 \sim C_{11}$ 烷烃、环烷烃和芳烃。铂重整工艺过程的目的就是要从烷烃和环烷烃中生产芳烃,其产品既可以用作车用燃料(因为其辛烷值很高),也可以用作特定芳烃化合物的来源。在车用燃料的应用情况下,石脑油进料中通常含有 $C_6 \sim C_{11}$ 整个范围内的烃类,其目的是最大限度地用原油加工量来生产汽油。而在芳烃应用情况下,通常对石脑油进料中的烃类分布范围有所选择(C_6 ; $C_6 \sim C_7$; $C_6 \sim C_8$; $C_7 \sim C_8$),这些烃类用作理想芳烃产品的来源。无论采用何种生产方案,石脑油的基本化学机制都是相同的。尽管如此,在大多数的情况下,芳烃加工的重点是放在 C_6 和 C_7 烃的反应上,而这些反应的速度比较慢,促进这些反应的难度也比较大。

原油的来源不同,所生产出来的石脑油的"重整容易程度"也相差很大。这种"重整容易程度"主要是由石脑油中所含有的各种烃类的数量来决定的(即烷烃、环烷烃和芳烃)。芳烃在通过铂重整装置时基本上不发生变化。而大多数的环烷烃则很快发生反应并且有效地转化成芳烃。这就是铂重整的基本反应。烷烃则属于转化难度最高的化合物。在大多数的低苛刻度应用情况下,只有少量的烷烃能够转化成芳烃。在高苛刻度的应用情况下,烷烃的转化率要高一些,但是转化速度仍然比较慢,效率并不高。

2. 铂重整反应

在铂重整工艺过程中,以下的反应在一定程度上发生,反应的程度取决于操作的苛刻度、进料的质量、以及催化剂的类型。

环烷烃的脱氢　某种环烷烃(无论是环己烷还是环戊烷)转化成芳烃的最后一步就是环己烷的脱氢。以环己烷为例,其脱氢反应生成苯。环烷烃转化成对应芳烃的反应速度很快,并且基本上是能够定量的。环烷烃显然属于最理想的进料组分,因为很容易促进脱氢反应,并且能够生产出副产品氢气以及芳烃。这种反应属于吸热性很强的反应,并且利用催化剂的金属功能来促进反应,而高反应温度和低反应压力也有助于促进这种反应。

环烷烃和烷烃的异构化　环戊烷转化成环己烷的异构化反应作为其转化成芳烃第一步反应。这种异构化涉及环状结构重组,并且环状结构断开以形成某种烷烃的概率也相当高。因此,烷基环戊烷转化成环己烷的反应并非是 100% 选择性的反应。这种反应在很大程度上取决于加工的条件。烷烃的异构化反应,对生产高辛烷值汽油的宽馏分重整过程有着特殊的作用,因为异构烷烃具有较高的辛烷值。异构化反应是在酸性催化剂存在下进行的,与操作压力关系不大。

烷烃的脱氢　烷烃的脱氢反应属于最难促进的铂重整反应。烷烃的脱氢反应属于一种难度很大的、从烷烃转化成环烷烃的分子重组过程。在轻质烷烃的情况下,平衡将限制这种反应。烷烃脱氢环化过程中,大分子量烷烃更容易发生,因为它折曲成环的可能性更大,但是大分子的烷烃也容易发生加氢裂解反应。高温低压有助于脱氢环化作用。而催化剂的金属功能和酸性功能对于促进这种反应则都是需要的。

加氢裂化　烷烃和烷基环戊烷变成芳烃,都需要经历艰难的脱氢环化或环异构化过程,并要有酸性催化剂存在,而这种反应条件,也促成了加氢裂解反应的进行。加氢裂化反应是比较快的反应过程,高压和高温都有利于它的进行。在通常情况下,催化重整过程应尽量减小加氢裂化反应发生。通过加氢裂化,使得汽油沸程中的烷烃消失,确实能够使得芳烃集中在产品中,因而对辛烷值的提高有所帮助。但是,这种反应却需要消耗氢气,并且导致重整油的收率降低。

脱甲基　在苛刻的催化重整反应条件下,如高温与高压,将会发生脱甲基的反应。在某些情况下,如催化剂更新或再生之后开工时更易发生,这种反应属于金属催化反应。通过衰减催化剂的金属功能可以阻止这种反应,方法是添加硫或者第二种金属(双金属催化剂)。

芳烃的脱烷基　芳烃的脱烷基和芳烃的脱甲基类似,其区别仅仅是从环上脱除的碎片的大小不同而已。如果烷基的侧链足够大,在高温、高压条件下就将发生这种脱烷基的反应。由于铂重整进料中所包含的烷烃和环烷烃的范围很宽,并且由于反应速度随着反应物的碳原子数的不同而差异很大,所以这些反应中有些是先后发生的,有些则是同时发生的,从而使得总体的反应机制变得很复杂。

3. 反应热

烷烃的脱氢环化以及环烷烃的脱氢均属于很强的吸热反应,工业上在铂重整装置的第一和第二台反应器上的很大的温降便能够加以证明。一般来说,最后一台反应器的用途是促进一种烷烃脱氢环化和加氢裂化反应的组合,而该反应器中的总反应动力学有可能是吸热反应,也有可能是放热反应,这取决于加工的条件、进料的特性以及催化剂的类型。

4. 平衡考虑事项

大多数现代的车用燃料型铂重整装置的操作条件要求是,须使得进料中主要组分的转化程度不受平衡的限制。但是,BTX 型的石脑油进料中含有高浓度的轻质烃,所以对于这些进料来说,转化的程度会受到平衡的影响。反应活性最低、而受热力学因素影响最大的烃类是 C_6 烃类。对于这种烃类体系,需要考查温度和氢气分压对于平衡转化率的影响。同样的分析也适用于 C_7 和 C_8 烃类体系,但是此时热力学因素的限制程度将会低得多。

计算各种反应的平衡比所使用的方法在下例中进行说明。此时考虑正己烷正在经历生成甲基环戊烷的脱氢环化反应。

$$n\text{C}_6 \underset{k_2}{\overset{k_1}{\rightleftharpoons}} \text{MCP} + \text{H}_2$$

式中的 k_1 和 k_2 分别为正向和逆向的反应常数。在平衡状态下:

$$K_\text{p} = \frac{k_1}{k_2} = \frac{(p_\text{MCP})(p_{\text{H}_2})}{(p_{n\text{C}_6})}$$

式中,K_p 是平衡常数,而 p 则是组分的分压。K_p 值越大,对反应就越有利。这种反应的平衡比就变成了:

$$\frac{(p_{MCP})}{(p_{nC_6})} = \frac{K_p}{(p_{H_2})}$$

K_p 的数值可以根据反应物和产物的热力学特性来计算,然后就能够确定平衡限制的范围。

9.2.2 催化剂的化学机制

1. 双功能铂重整催化剂的化学机制

某些反应是通过催化剂的酸性功能来催化的,而其他一些反应则是通过催化剂金属的加氢-脱氢功能来促进的。因此,铂重整催化剂就必须在其金属功能和酸性功能之间实现合理的平衡。这对于尽量抑止加氢裂化反应,同时最大限度促进脱氢反应和脱氢环化反应就显得十分重要。保持这种平衡的方法是,在催化剂的半再生周期中通过合适的水/氯化物控制并且采用合适的再生技术来实现平衡。

水/氯化物控制的重要性可以通过以下想象来体现,也就是将催化剂的表面想象成一个球状的、由氯原子和氧原子以某种规则方式组成的黏性模型,而氢基和氢氧基则随机排列在催化剂的球面上。蒸气相的 HCl 和 H_2O 与催化剂表面的氢氧基和氯化物之间处于平衡状态。如果蒸气相中的水分过多,就会迫使氯化物离开催化剂表面,形成一种欠氯化的催化剂。如果蒸气相中的氯化物过多,那么具有相反的作用。因此,对水/氯化物的比率进行合理地控制在保持催化剂酸性中心的活性方面就显得十分关键。

另一方面,催化剂的金属中心(当然还有酸性中心)在催化剂再生期间受到的影响最大。使用球状的黏性催化剂模型,就能够想象铂-氯化物的种类是以某种方式黏附在催化剂的表面上(即通过氧原子或者氯原子进行连接)。没有人能够完全确定这种固定机制,但是在某种氧化氛围中氯化物的存在,在对催化剂表面上的铂金属重新进行分散时是能够通过仪表反映出来的。温度也会影响到铂金属的流动性和氯化物的停留时间。

双功能催化剂的经典图片上显示出两种独立,并且有所区别的活性中心,而反应分子则从一个中心迁移到另一个中心。当前的这种思路倾向于一种经过修改的图片,在该图片上是由一种单独的中心或者单独的络合物来对整个反应顺序负责。应当指出,当前提出的这种催化剂化学机制仅仅是一种概念,还缺乏明确的证据来提供支持。大家都知道催化剂的制备方法会影响到催化剂的活性,其影响的程度至少和酸性成分的绝对含量相同,从而表明了催化剂上各种成分的某种特定排列是相当关键的。此外,由于在现代的铂重整催化剂上的反应速度很快,所以必须搞清楚两个独立的活性中心之间发生迁移所涉及的传质方面的限制问题。

单独的复合物中心的概念并不影响铂重整催化剂所固有的双功能性质。催化剂的表面必须具有酸性特征和金属特征。酸性特征主要负责通过夺取氢负离子或者通过在双键上添加质子来形成阳碳离子。而阳碳离子则在异构化和加氢裂化等反应中充当中间体。金属功能则负责从烃类上夺取氢、对氢分子进行分割、并且随后将氢原子添加到不饱和烃类上。这两种功能组合成一种单独复合物中心就能够使得这些反应以一种预定的方式来发生。

2. 压力对于催化剂设计的影响

对于特殊的用途,可以提高铂重整催化剂的酸性。这方面的最好例子就是

R-15LPG铂重整系统,这种铂重整系统的目标是生产丙烷和丁烷。这个目标是通过在某种铂重整催化剂上添加另外一种酸性组分来实现的。在用比较温和的加工苛刻度来处理北美中陆地区的石脑油的情况下,这种催化剂酸性的提高对于产品分布产生影响。

若这种同样的催化剂系统当前在一个比较低的压力下运行,则在产品收率上会发生很大的变化,因为催化剂的酸性或者裂化性能被大大降低。在压力为 7 kg/cm² 的情况下,R-15 型催化剂的性能非常接近一种标准的铂重整催化剂。

这种压力的影响能够转换成标准的铂重整催化剂,此时反应器压力的降低能够抑止裂解的趋势,并且能够提高环烷烃和烷烃转化成芳烃的选择性。对于一个给定的铂重整系统,随着压力的降低,C_5 的收率和氢气的产量有所提高,而轻质气体的产量则有所降低。随着压力从 35 kg/cm² 降低到 11 kg/cm²,来自烷烃的芳烃收率能够提高多达 40%。这是由于加氢裂化反应的大大减少以及这些烷烃转化成芳烃的相关选择性的提高所导致的。

3. UOP 公司的铂重整催化剂

上文中在压力和收率之间的关系上所提出的信息类型在前些时候鼓励 UOP 公司将其注意力集中在低压铂重整上。低压铂重整的收率优点是明显的,但是催化剂的稳定性也是一个问题。

为了解决这个问题,UOP 公司持续致力于研发更加稳定的(并且收率更高的)的催化剂。在单金属催化剂上添加铼金属使得催化剂的稳定性提高了 4~6 倍(R-16 系列催化剂),并且催化剂的活性也有所改善。UOP 公司不久后又研发出了 R-20 系列催化剂,该系列催化剂首次证明了能够在全铂催化剂上改善初始选择性。和全铂催化剂相比,R-20催化剂还显示出催化剂稳定性方面的特性有了极大的改善,尽管还不如 R-16 系列催化剂那样稳定。R-30 系列催化剂已经证明了是一种高收率的 R-20 系列催化剂基础上的进一步的提高。R-30 系列催化剂所表现出来的初始选择性和 R-20 系列相当,但是在低压加工条件下的活性和稳定性要比 R-16 和 R-20 系列催化剂优越。其结果是,在 UOP 公司的连续铂重整装置中都毫无例外地使用 R-30 系列催化剂。

R-50 系列催化剂的稳定性要比 R-16 系列催化剂高出 1.7~2.0 倍,并且能够在保持收率不变的情况下改善了催化剂的活性。R-60 系列催化剂的稳定性则在 R-50 系列催化剂的基础上有了进一步的提高,同时还能够保持同等的活性和收率。

应当指出,双金属催化剂对于进料中的含硫量和含水量更加敏感,因为双金属催化剂的金属功能和酸性功能受到了更加精确地控制。和双金属催化剂的铂重整操作相关的很多问题(尤其是在老式的装置中)都能够追溯到装置中的含硫量和含水量过高。

9.3　工艺流程

UOP 铂重整工艺中发生的反应绝大多数是吸热的,且必须在氢气环境和高温下进行,以便催化剂寿命最长,产品收率最佳。如果条件不理想,产品收率及催化剂寿命都差。装置设计根据工艺条件、最佳的投资、理想的收率结构及操作费用有变化。但所有铂重整装置都有图 9-1 所示的几个基本要素:

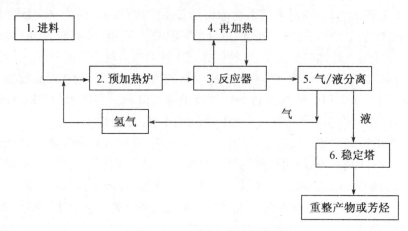

图 9-1 铂重整工艺流程简图

① 进料必须经过正确的加氢精制,将硫、氮含量降低至低于 0.5 wppm,饱和所有烯烃、除去金属、卤素及氧化物。一般,石脑油沸程为最低初馏点 75 ℃,最高终馏点 204 ℃。
② 预热段包括混合进料换热器及进料加热炉。它的功能是将进料及循环氢的温度升至反应温度(482 ℃或更高)。预热段的进料加热炉部分在下面的再热段中阐述。UOP 连续铂重整装置的混合进料换热器是低压降设计。一般地,混合进料换热器有一到四台。换热器不止一台时,将其并联以使压降最小。两种类型的混合进料换热器可适用于 UOP 连续铂重整装置:立式管壳式换热器和立式焊接板式换热器。③ 反应器段由装有铂重整催化剂的反应器组成。在反应器中,在有铂重整催化剂的条件下发生化学反应,将铂重整进料转化成产品。反应器的作用是优化催化剂的利用率并得到最佳的产品收率。UOP 连续铂重整装置中的反应器是低压降设计。因此,反应器设计是径向流动。烃从反应器顶部进入,从反应器外部到内部流过催化剂床层。催化剂从反应器顶部进入,向下流过反应器,从底部流出。有三或四个串联反应器被再热段或中间加热炉隔开。反应器可并列或一只叠在另一只顶部。大多数 UOP 连续铂重整装置在 12.3 kg/cm² ~ 3.5 kg/cm² 的压力和 482 ℃ ~ 560 ℃ 的温度下运行。④ 再热段由反应器间的中间加热炉组成。在反应器中,发生的大多数反应是吸热的,因此每台反应器的出口温度低于入口温度。中间加热炉的作用是将每台反应器的出口温度升到下一台反应器的反应温度。UOP 连续铂重整装置中的进料加热炉及中间加热炉都被布置在一个单独的、内部分隔的多单元方箱炉内。进料加热炉及每台中间加热炉都有自己的单元。单元彼此被防火墙隔开。方箱炉可以自然通风,也可以强制通风。燃料器可装在底部,也可装在壁上。燃料可以是瓦斯、油或瓦斯和油的混合物。燃料的选择不但部分决定了燃料器的类型,而且还部分决定了工艺炉管的形状和布置。进料加热炉及中间加热炉是低压降设计。因此,工艺炉管仅有一个回弯头。方箱炉有一对流段回收烟道气的热量。⑤ 气液分离段是从富含芳烃、液态烃产品中分离出富氢气产品的设备装置。其作用是提高气体产品的纯度及液体产品的回收率。⑥ 稳定塔段是将气液分离段的液体分馏成所需产品的一些分馏塔。一般有一到三个分馏塔。如只有一个分馏塔,则始终是一个稳定塔,其作用是生产 C_5^+ 或 C_6^+ 重整油,如用于车用燃料调和。如有不止一个塔时,则一个始终是稳定塔,另外几个作为分馏塔,生产整个重整产物中特定的窄沸点馏分,如用于下游芳烃装置。

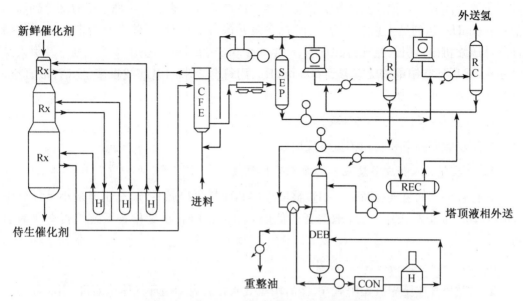

图 9‑2　具有两段逆流再接触段的 UOP 连续铂重整装置的典型流程图

Rx = 反应器　H = 加热炉　CFE = 进料换热器　SEP = 分离罐

RC = 再接触罐　DEB = 脱丁烷塔　REC = 回流罐　CON = 对流部分

9.4　运行操作要点

9.4.1　正常开工

1. 装置大检查,作进料准备

检查所有的盲板是否已拆除,所有的安全阀是否已安装。→检查所需要的水、电、汽设施都已好用。→所有的仪器、仪表都已就绪。→对于新装置,如果可能的话,泵用水试运行。→对装置的所有部分,包括二号闭锁料斗系统进行气密性检查。

2. 吹扫并启动预加氢汽提塔和铂重整分馏段

如果分馏段在启动之前已冲洗过或通过液体静压试验,用蒸汽干燥塔,如果启动之前塔内没有水,那么塔可以用惰性气体吹扫,直至无氧(氧含量低于 0.3%)。→将石脑油送入汽提塔。→通过正常的进料管线,走反应器旁路的管线,开工石脑油进入分馏段。→当在第一个塔底建立了一个适当的液面后,开始加热此塔,在分馏段的其他塔上也使用相同的方法。→继续补充石脑油直到所有的塔均达到一个适当的液面,然后停止石脑油进料。→当塔顶回流罐建立起合适的液面后,建立回流。如必要,升高或降低塔的热量供应,维持合理的回流比。

3. 抽空和吹扫铂重整反应段

关闭反应系统的所有排凝和放空阀,根据需要,用盲板将一号闭锁料斗和铂重整反应部分隔开。二号提升系统与还原区应接通。→关闭反应部分所有仪表口,包括二号提升系统压缩机上的切断阀和所有必要的阀门以及排气口,把反应部分与装置的其他部分及其他装置隔离开。→把抽空器接到铂重整装置的产品分离罐上。→抽空反应部分到最小值 600 mmHg，达到最大真空度后，关闭真空泵并保持 1 小时，看装置是否泄漏。→从循环气体压缩机出口引入氮气打破真空，产生一个 0.35 kg/cm^2 的正压。重复抽空及引入氮气一次，然后抽空铂重整反应器到 600 mmHg，用符合要求的电解或重整氢气打破真空，产生 0.1 kg/cm^2 压力。

4. 抽空和吹扫净气再接触段

操作步骤同抽空和吹扫铂重整反应段。

5. 把氢气引入铂重整反应器和净气再接触段

把符合要求的氢气逐渐引入铂重整反应器和净气再接触系统，充压至最小氢气分压 7.0 kg/cm^2 或正常操作压力（取二者的低值）。在充压时，继续检查系统是否有泄漏的可能。

6. 启动氢气循环和预热反应器

确保循环气体压缩机先用氮气，然后用氢气吹扫。启动循环气体压缩机，用循环气贯通铂重整反应器进料管线和加热炉，点火并以每小时 30 ℃ 的速度开始提高反应器入口温度至 370 ℃。当反应器被加热到 370 ℃ 时，投用净气往复式压缩机。

7. 开始向铂重整反应器进料

当反应器入口温度达到 370 ℃，以大约 50% 的设计流量开始向铂重整反应器进开车石脑油。调整进料加热器和中间加热炉的燃烧，控制反应器入口温度在 370 ℃ ~ 400 ℃，直到分离罐操作平稳。

8. 调整分馏罐操作

当冷凝的反应器流出物在分离罐中已达到适当的液面时，启动分离罐泵，打开分离罐液面控制阀，并使用液面控制仪表。从分离罐启动烃流后，紧接的下游容器会立刻形成一个液面，这些设备应用前面相似的方法试运行。

最后，启动氯化物调节程序；建立正常的分馏段操作。

9.4.2 正常操作

正常操作期间，装置操作是为了达到两个主要目标：生产出各种符合标准的产品和保护好铂重整催化剂。只有在装置控制良好的情况下，才能长期达到这些目标。控制催化剂水-氯化物平衡，获得最佳的催化剂选择性和产品的最高辛烷值或最多的芳烃产量是铂重整装置操作最关键的部分之一。

9.4.3 事故处理

反应器温差过大或过小、氢气纯度产量低、重整收率低、高度结焦、反应器压降过高或过低等不正常现象，需要分析产生的可能原因，采取相应的措施。如有时，石脑油以外的进料会意外地进到铂重整装置。一些典型的代替石脑油的进料物质是全原油、有铅汽油或铂重整产品。工艺症状是反应器温差低、氢气纯度产量低、铂重整收率低以及结焦过多。采取的措施是消除进料变化现象，尽快地重新使石脑油进到装置。

9.4.4　正常停车

下面的停车步骤适用于正常的、有计划的全面停车,如催化剂更换或容器定期清洁和检查所需要的停车。

把停车消息通知给班长和其他装置。→停 CCR 部分。→降低加热炉温度和进料流量。以每小时 15～30 ℃ 的速度降低反应器入口温度到 455 ℃。当反应器入口温度在482 ℃时,开始逐步降低进料流量到设计流量的 50%,但不能小于 0.75 LHSV,在进料减少的同时,逐步使铂重整反应器入口温度达到 455 ℃。

1. 切断铂重整反应器进料

在 455 ℃ 时,停止装置进料。间断地注入水和有机氯化物。调节铂重整加热炉温度,并使它保持在 455 ℃,并且维持最大的循环气流量至少 1 小时,以便吹扫掉催化剂上所有残余的烃类。当催化剂吹扫完成后,冷却反应器入口温度至 400 ℃。

2. 停铂重整分离罐

一旦通过铂重整催化剂的烃停止运行,气体产品就将中断。切断分离罐到其他装置和到燃料气的排气管线,停增压机或净气压缩机。当没有液体进入铂重整分离罐时,把分离罐液体出口管线上的所有泵停掉,并关掉液位控制阀。

3. 停所有重整反应器的加热炉

当反应器冷却到 400 ℃ 以后,停所有反应器的加热炉,关闭每个燃烧器的燃料管线。继续进行循环气循环,以每小时 30 ℃ 的速度冷却反应器床层,直到温度低于 95 ℃。在停车期间,若要将催化剂卸出,则催化剂床层应冷却到低于 65 ℃,最好低于 55 ℃。

4. 停并且隔离所有塔

继续回流并保持重沸炉流量,直到相应的塔已冷却下来。

5. 降压并吹扫反应器系统

反应器系统的降压、抽空和吹扫按照炼油厂的操作法继续操作。

6. 隔离系统并安装必要的系统盲板

7. 从反应器卸去催化剂

空气决不能进入铂重整反应器,因为可能自燃。

9.4.5　紧急事故处理步骤

1. 停电

如果发生长时间停电,装置应停车,电源恢复时,按正常方式启动。

2. 循环气流量部分中断

为所有反应器降低加热炉出口温度 10～15 ℃,降低反应器进料流量,使得其对剩余的循环气流量来说是安全的。

3. 循环气流量为零

所有反应器加热炉熄火,并把蒸汽引入加热炉炉膛起到冷却效果。停车并双重关闭反应器进料泵。关闭分离罐的排气阀,维持系统压力。

4. 停水

降低反应器温度和进料流量准备停车。

5. 停汽

铂重整装置操作的连续性主要取决于装置内蒸汽驱动设备的多少,若装置必须停车,则切断装置,并尽可能按正常停车步骤进行。

9.5 装置主要设备

9.5.1 重叠式反应器

UOP 连续重整装置采用重叠式反应器。通常,重整反应器的目的是使进料在反应条件下和催化剂接触,同时不允许产品将催化剂带走。防止催化剂损失是设计的一个主要目的。另外,反应器内件制造时应达到催化剂流过反应器不会受损害的质量。所有与催化剂接触的表面都应设计成非常光滑的。

从再生部分来的催化剂进入还原区顶部的脉冲罐。这个罐上有一个核料位计,给 2 号闭锁料斗提供信号以输送更多的催化剂。脉冲罐的气相空间内还有一个热电偶。如果这个热电偶的读数过高,指示的是有从反应器向催化剂提升线催化剂倒流的现象。催化剂从脉冲罐流过还原区的换热管,进入第一反应器的新鲜进料流过换热管外部,催化剂在换热管内被进料加热。循环氢和提升气也流过还原区的换热管。高含量的氢气和高温的共同作用使催化剂得到还原,催化剂的还原对保证催化剂的性能是必要的。催化剂向下流过反应器,通过一个低压的中间的总管离开中心管的底座,通过催化剂输送管流进下一个反应器。催化剂流出最后一个反应器后向下流进催化剂收集罐,这个收集罐和重叠式反应器的底部连在一起。

9.5.2 加热炉

加热炉的作用是给混合进料提供足够的热量以使其能在反应器内和重整催化剂发生预期的反应。在整个反应中热量会被用尽,所以从每个反应器流出的物流的温度会比入口的温度低很多。基于这个原因,在每台反应器前都要设置一台加热炉。很小的温度变化会对反应程度产生很大的影响,所以维持反应器入口的温度在规定的值是非常重要的。典型的 UOP 重整加热炉包括三或四个独立的单元,每个单元在混合进料进入反应器前将其加热。

9.5.3 循环氢压缩机

所有的重整装置都有一台或几台循环氢压缩机。循环氢压缩机使富氢气体循环通过重整反应回路。如果没有循环氢,会在催化剂表面形成大量的焦炭,这会阻止重整反应的进行。当进料进入装置时维持循环氢量是非常重要的。循环氢压缩机可以采用往复式的,也可以采用离心式的,离心式的比较常见。

9.5.4　二甲苯塔

二甲苯塔用于将二甲苯和 C_9 和 C_{10}^+ 分开。二甲苯的进料来自重整油分离塔塔底。这个塔的塔盘数通常大于 100,产品来自塔底、塔顶和 C_9 侧线。

9.6　工艺过程控制

UOP 连续铂重整装置中的控制系统在炼油厂和石化厂是非常普遍的。

1. 一个专用控制系统是加热炉燃烧系统的切断系统

如果在两个单独的孔板流量计中没有循环气流(反应器回路中)或重沸器循环流量或长明灯瓦斯压力降至低于安全压力时,加热器燃烧系统自动停止。

2. 另一个专用控制系统是重整反应器段的压力控制系统

该系统通常在重整装置与加氢精制之间有台增压压缩机,重整分离器上有个 PRC,加氢精制装置上有个 PRC。系统运行时,假如在保持加氢精制装置压力稳定的条件下,加氢精制装置没有足够的气体,其压力就会下降。如果压缩机负荷大于气体产量,过量气体从加氢精制装置排放,或如果压缩机负荷小于气体产量,那么过量气体从重整装置(或重整装置及加氢精制装置)排放。对于双分离器重整装置的同类系统。预计阀 1 无流量的情况下,管线来自低压分离器。若阀 1 流量正常,则管线来自高压分离器。

3. 另一个特殊控制回路在重沸炉控制系统

它采用 PDRC(压差记录控制器)取代 TRC(温度记录控制器)来控制重沸炉的燃烧。

4. 稳定塔塔顶可用不同的控制系统

传统的控制系统用塔盘温度控制回流,用塔顶回流罐液位控制塔顶净液体产品量。如果回流罐作为下游装置和其他工况下的缓冲罐时,此系统仍可使用。另一个控制系统中的塔顶净液体抽出线在回流 FRC 孔板与回流控制阀之间,而不是回流 FRC 孔板上游。由于回流本身不能直接测量,所以此系统在控制器处于手动控制下难以操作,但此变化提高了控制系统对塔盘温度变化的灵敏度。

9.7　装置安全和环境保护

硫化氢、苯、甲苯、二甲苯及重芳烃等物质有毒,注意防范。

进入容器的一般注意事项:容器必须可靠隔离。必须确保能安全进出容器。必须提供梯子或内部安全通道。进入容器的人员必须系安全带。在容器外必须有两个人等在外面,以便能帮助里面的人。在进入前必须检查容器内是否有毒气体和爆炸气体,并检查氧含量以便确认容器内环境是否安全。外面监护人必须能得到专用的新鲜空气源,以便在里面的人遇险时能提供帮助。必须得到入罐许可证,并在负责人处登记。

反应器卸催化剂可能对健康危害特别大,尤其对反应器内工作的人员来说。卸催化剂期间,会产生大量的催化剂粉尘。采样的操作工及化验工应戴化学型安全护目镜或安全罩、穿防护裙或化验室外衣、戴耐溶手套,且在环境浓度超过允许极限的情况下,要戴批准的呼吸防护设备。然而,此防护设备不能取代安全工作条件,正确通风、安全采样规程及操作和安全设备的正确维护。在所有情况下,必须将皮肤接触及吸入量减少到最低程度。不要将催化剂废料处理在公用水系统或普通的固体废料中。将这些材料返还给供应商作金属回收。

9.8　思考题

9.8.1　什么是催化重整?催化重整工艺按照催化剂的再生方式可以分为哪几种?

9.8.2　重整反应器温度差降低的原因有哪些?重整反应收率降低可以采取哪些措施?

参考文献

[1] 孙兆林.催化重整.北京:中国石化出版社,2006.

[2] 李成栋.催化重整操作指南.北京:中国石化出版社,2001.

第 10 章　烷基苯装置

10.1　概述

　　烷基苯作为洗涤剂中表面活性剂主要原料之一,每年国内产销量基本维持在 70 万吨左右。烷基苯磺酸盐的生产,由于其生产成本相对较低,且其加工、配方和应用的性能较理想,环境安全性也较高,因此一直受到洗涤用品行业的青睐。根据中国洗协表面活性剂专业委员会统计,国内烷基苯生产企业总计 5 家,包括金陵石化烷基苯厂、金桐石油化工有限公司、江苏金桐化学工业有限公司、中国石油天然气股份有限公司抚顺石化分公司洗涤剂化工厂和琪优势化工(太仓)有限公司。

　　自 2010 年以来,国内烷基苯生产企业均加快扩能改造的步伐。目前,金陵石化有限责任公司烷基苯厂已经拥有 20 万吨/年烷基苯的生产能力;金桐石油化工有限公司拥有 10 万吨/年的烷基苯生产装置。此外,抚顺石化公司洗涤剂化工厂利用合成脂肪醇联合装置的脱氢单元为烷基苯装置生产烯烃,形成三套脱氢单元与两套烷基化单元的生产布局,烷基苯的生产能力达到 28 万吨/年;琪优势化工(太仓)有限公司建设了一套 10 万吨/年烷基苯生产装置。

　　1. 烷基苯生产装置

　　目前,国内的烷基苯生产装置均采用美国环球油品公司(UOP)的脱氢-HF 烷基化工艺技术。该烷基苯联合装置由加氢精制装置、分子筛脱蜡装置、脱氢装置、烷基化装置等四套装置组成。近年来,装置进一步节能挖潜,先后对脱氢、烷基化装置以及火炬气回收系统、余热回收系统等进行了较大幅度的流程节能优化改造,另外装置多台设备亦进行了改型改造。经过将近 30 年的技术改进、消化和改造,烷基苯生产装置具有以下技术特点:

　　脱氢催化剂的国产化　大连物化所、中国日化院和南京烷基苯厂于 20 世纪 80 年代,成功研发 NDC-2 脱氢催化剂,取代了 UOP 公司的 DEH-5 同类催化剂;90 年代又研发出 NDC-4 脱氢催化剂,取代了 UOP 公司的 DEH-7 催化剂。这些催化剂都能很好地应用于 PACAL 装置中。同时,NDC-4 后来还出口到印度和伊朗,其中印度 Reliance 公司每年生产烷基苯所用的脱氢催化剂 40% 为 NDC-4。国产催化剂已真正走出国门,与 UOP 公司竞争国际市场。从第一代 NDC-2 型到目前的 NDC-10 型,国内的脱氢催化剂与国际同类产品的性能差距日益缩小,并逐渐以优异的性价比在国内外脱氢催化剂市场上占据了一定的地位。

　　新的二烯烃加氢工艺的开发　UOP 公司在二烯烃加氢工艺中使用镍系催化剂 H-14。操作中,需要注硫来提高选择性,并且需要高压、高温的反应条件。相对应地,其工艺设备也较复杂。21 世纪初,国内的烷基苯厂开发成功二烯烃加氢工艺及 DSH-2 催化剂,在低温、低压条件下就能完全满足二烯烃加氢的工艺要求,再一次打破了 UOP 公司对该技术的垄断,且操作弹性大,无须加温、加压就能达到反应的目的。

单套装置生产 20 万吨/年的技术研究 至 2010 年,国内的烷基苯装置由 15 万吨/年扩能到 20 万吨/年。其主要改造内容有以下几方面:脱氢反应器进行改造,催化剂的装填量增加 30.2%;增加板式换热器及循环氢压缩机;部分分馏设备进行了更新;烷基苯装置热泵技术的应用等。经过上述改造,使单套装置从原设计的 5 万吨/年的产能扩大到 20 万吨/年,这在全球的烷基苯生产企业中也是个特例。

能量的优化设计 结合多年的生产经验,国内烷基苯厂的有关技术人员对烷基苯装置(加氢、分子筛、脱氢及烷基化装置)的换热流程进行了优化设计,提高了低温余热的利用率,降低了装置的能耗。

10.2 工艺原理及装置技术特点

10.2.1 装置基本工艺原理

烷基苯装置的主要任务:苯和来自脱氢装置的 $C_{10} \sim C_{13}$ 直链烷烯烃混合物中的烯烃在催化剂氟化氢作用下,进行烷基化反应,生成直链烷基苯,并经过脱苯、脱烷烃、烷基苯精馏等过程,制取高质量洗涤剂用直链烷基苯,同时副产重烷基苯及焦油等。

烷基化反应机理可以用正碳离子学说来解释:首先是催化剂的质子加成到烯烃的双键上,生成正碳离子。

$$RCH = CH_2 + HF \longrightarrow RC^+ HCH_3 + F^-$$

生成的正碳离子与苯借共轭键的 π 电子相互作用生成烷基苯:

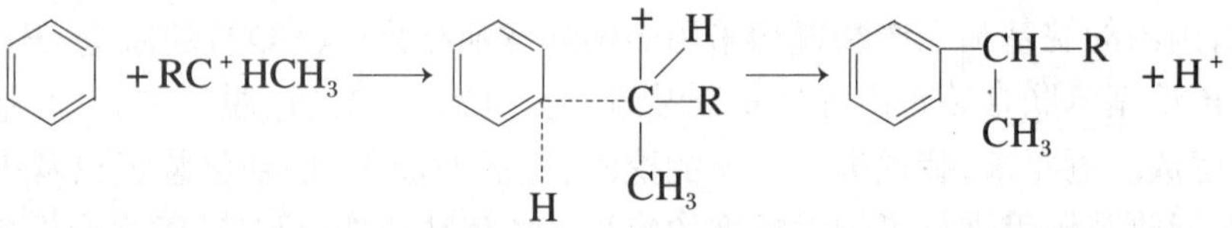

由于进料为烷烯烃混合物,除正构烯烃外,还含有二烯烃、异构烯烃及芳烃等组分。对于正构单烯烃,因双键位置不同,又可生成直链烷基苯的各种同分异构体。同时,在烷基化反应过程中,还存在着异构化、重排、聚合、环化等副反应。因此化学反应较为复杂,具有代表性的几种反应表示如下:

1. 烷基化反应(主反应)

内烯烃

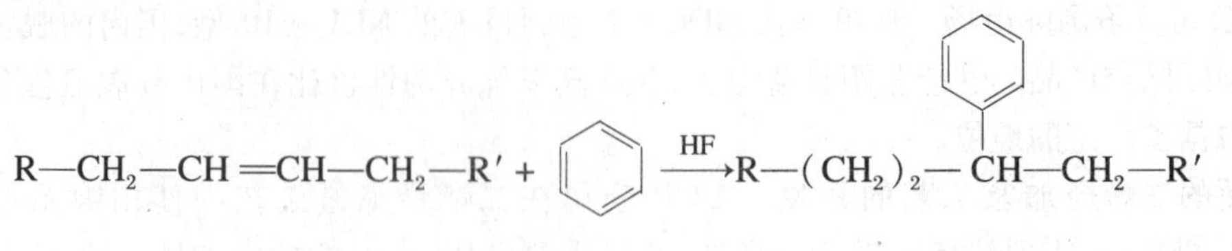

$$R-CH_2-CH = CH-CH_2-R' + \text{苯} \xrightarrow{HF} R-(CH_2)_2-CH-CH_2-R'$$

α-烯烃

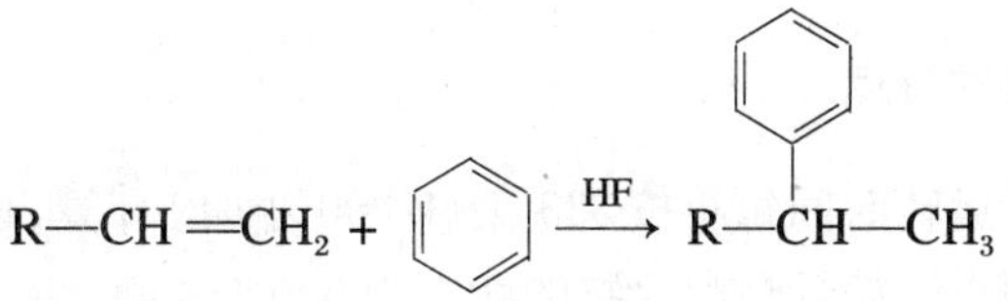

$$R-CH=CH_2 + \underset{\bigcirc}{} \xrightarrow{HF} R-\overset{\overset{\bigcirc}{|}}{CH}-CH_3$$

2. 生成异构烷基苯的反应

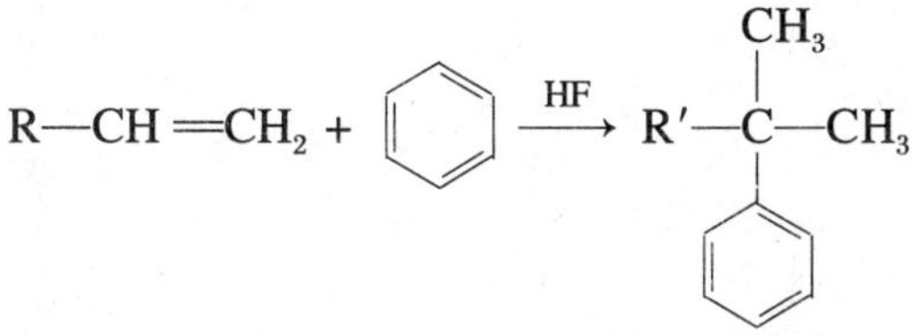

$$R-CH=CH_2 + \underset{\bigcirc}{} \xrightarrow{HF} R'-\overset{\overset{CH_3}{|}}{\underset{\underset{\bigcirc}{|}}{C}}-CH_3$$

3. 生成二烷基苯的反应

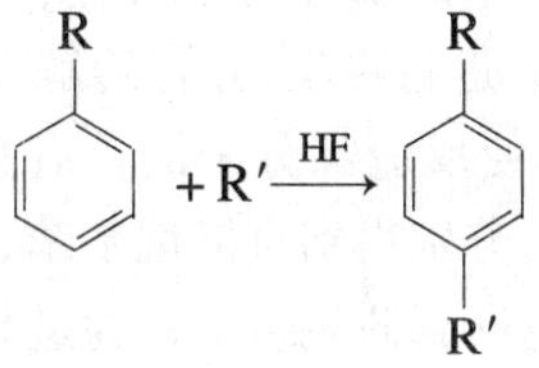

$$\underset{\bigcirc}{\overset{R}{}} + R' \xrightarrow{HF} \underset{\underset{R'}{\bigcirc}}{\overset{R}{}}$$

4. 生成二苯烷的反应

$$R-CH=CH-CH_2-CH=CH-R' + 2\underset{\bigcirc}{} \xrightarrow{HF}$$

$$R-\underset{\bigcirc}{CH}-CH_2-CH_2-CH_2-\underset{\bigcirc}{CH}-R'$$

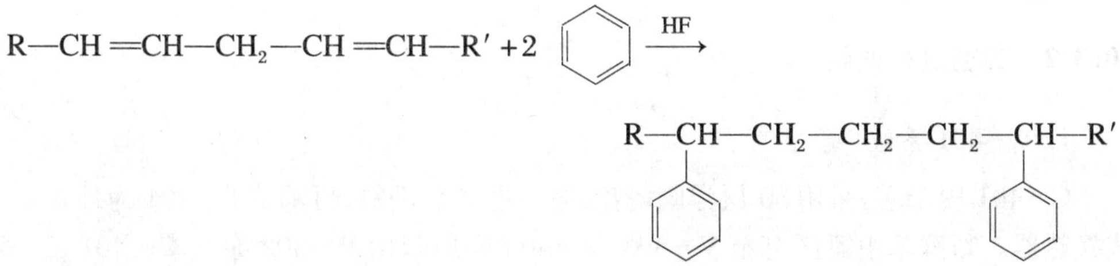

5. 生成茚满萘满的反应

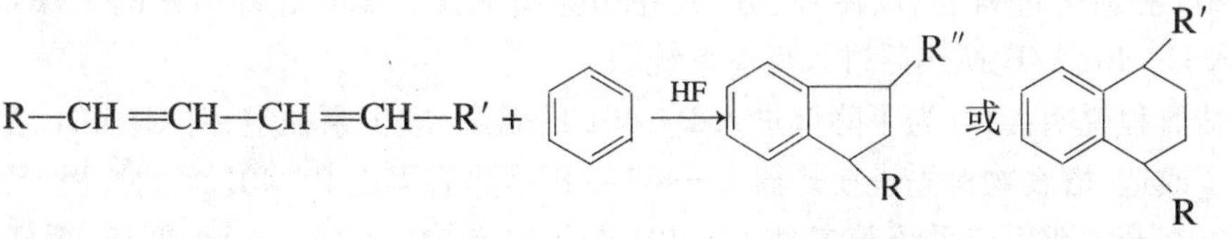

$$R-CH=CH-CH=CH-R' + \underset{\bigcirc}{} \xrightarrow{HF} \text{[茚满结构]} \quad 或 \quad \text{[萘满结构]}$$

1,3二烷基茚满   1,4二烷基萘满

6. 生成氟化物的反应

$$R-CH=CH-R' + HF \longrightarrow \underset{\underset{F}{|}}{R}H-CH_2R'$$

烷基化的主反应产物是单烷基苯,由于烷基引入苯环,苯环的电子云密度增加,比原来的苯环更为活泼。因此,在苯的邻、对位就易于接上烷基,形成二烷基苯,为了保证反应向单烷基苯进行,必须确保苯的过量,采用大量的苯来参与反应,要求苯烯的摩尔比保持在 8~10。本装置除烷基化反应外,还有脱苯、脱烷烃和烷基苯再蒸馏等过程,以除去过

量苯、大量正构烷烃和重烷基苯等副产物。

10.2.2 烷基苯装置技术特点

烷基苯装置的设计运转时间每年按 333 天(8 000 小时)计算,设计生产能力为 10 万吨直链烷基苯/年,处理直链烷烯烃混合物的能力为 656 312 吨/年(82 039 kg/h)。此外,烷基化装置原材料、辅助材料主要包括轻蜡、苯、氟化氢、消石灰等。

10.3 工艺流程

10.3.1 概述

烷基化装置分反应、分馏、中和三大部分。反应部分的主要任务:在 HF 存在的条件下,使脱氢装置来的烷烯烃混合物中的烯烃与苯反应(即进行烷基化反应),生成直链烷基苯、重烷基苯等物质;另外对 HF 进行再生,并将溶解在 HF 中的反应副产物重芳烃(焦油)除掉。分馏部分的主要任务:使反应部分来的含有直链烷基苯、重烷基苯、苯和未参加反应的烷烃的混合物进行分离,分别得到直链烷基苯、重烷基苯产品及循环烷烃等。苯返回到反应部分使用,循环烷烃返回到脱氢装置作为进料。中和部分的主要任务:对生产过程中产生的含酸气体和排放的含酸液体,以及停车过程中排放的含酸物料进行中和处理,以达到排放要求。

10.3.2 工艺过程说明

1. C-401 系统

C-401 脱苯塔,采用 30 层浮阀塔盘,第一层塔盘进料,再沸器 E-404 为外置 U 形管式换热器。新鲜苯由罐区打至 V-403,V-403 底出苯由 P-402 泵入 C-401 塔。利用水和苯可形成共沸物的原理,C-401 塔顶气态苯以及苯水共沸物经过 E-403 冷却后进入 V-403 和新鲜进料混合、冷却、分层,并切除明水,C-401 底部出来的干燥苯由 P-401 打入 E-402A/B 换热后进入反应系统。

特殊流程说明:(1) 为了降低进入 P-401 的温度,减少泵抽空,对 C-401 塔底苯出料进行了改造,塔底物料先进换热器 E-402A/B 换热后再进 P-401 泵的流程,具体见下图。(2) 在开工或反应系统苯多时,C-401 苯可以和罐区(TK-602)循环,循环流程见上图。为了保证酸含水在工艺指标范围内,在其水含量偏低时,可以利用 V-411 通过 P-416 向 FV-16 阀后注水,流程见下图。(3) 进入 V-403 的物料除了苯还有回炼物料,通过回炼线经过 FV-394 和 FV-19 混合后进入 V-403;为了对酸区各设备进行干燥,设计了开工干燥循环线,具体流程见下图。(4) E-403 到 V-403 的管线共有 3 条:①2″ 和 FV-19、FV-394 混合的为 E-403 冷凝苯;②1″的混合管线为排不凝气管;③11/2″直接进入 V-403 的为破虹吸管。(5) C-401 停工退料后,由于 E-402 中无物料,开工时必须先走"先过泵再过换热器"流程,将 E-402 充满后,方可走"先过换热器后过泵"流程。

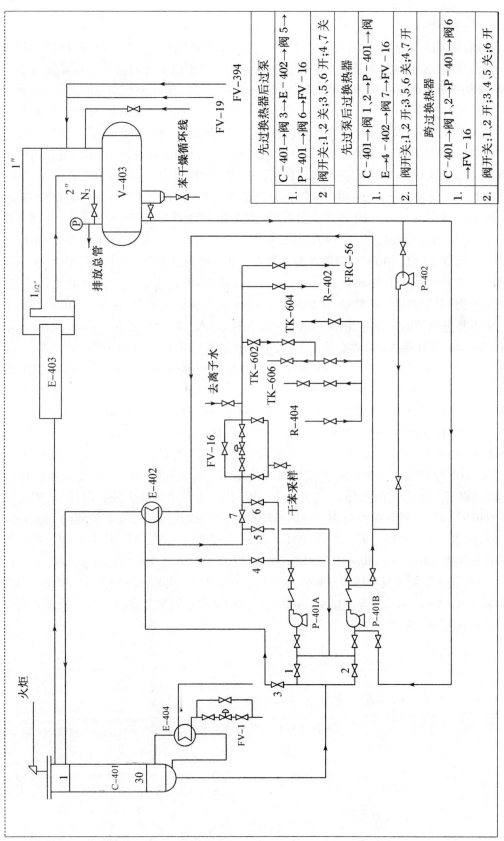

图 10-1 C-401 详细流程图

2. 反应系统

目前,烷基苯反应装置中,设计了烯烃分段加入的辅助流程。设计烯烃分两次加入,每次各占 50%,实际运用时依据生产情况进行调整。通过烷基化两段反应可降低循环苯的量,有利于降低塔的负荷和降低能耗。

由脱氢装置 300 - FV - 86 送来的 150 ℃烷烯烃混合物分为两部分,一部分去 E - 411A/B/C/D 壳程与反应系统出料换热,另一部分去 E - 405A/B 壳程加热再生酸进料,两部分经过换热后的烷烯烃约 75 ℃合并进 E - 421 冷却,冷却后的烷烯烃混合物分成两路,一路烷烯烃先与循环苯、新鲜苯混合后通过 E - 422 冷却,与氢氟酸沉积罐 V - 406 上部出来的含酸苯混合,最后和一级静止分离器 V - 401 的循环 HF 合并,通过第一静态混合器 SM - 401,进入 E - 401 冷却。另一路烷烯烃混合物先与从循环苯中抽出的小部分苯混合,通过 E - 437 冷却后,与 E - 401 出来的物流合并进入第二静态混合器 SM - 402,一起进入一级反应器 R - 401、一级静止分离器 V - 401;氟化氢由 V - 401 底部出来,大部分通过循环泵 P - 403A/B 循环到 R - 401,少部分压送至 HF 再生塔 C - 402。烃类物质(包括反应产物、不参加反应的烷烃、未参加反应的苯、夹带部分氢氟酸)由 V - 401 顶部出来与二级循环氟化氢通过静态混合器 SM - 402 混合,进入二级反应器 R - 402。同样,氟化氢由二级静止分离器 V - 402 底部出来,大部分通过循环泵 P - 404 循环到 R - 402,小部分送至一级反应循环泵 P - 403A/B 入口,作为逆向抽提重芳烃之用。烃类物质由 V - 402 顶部出来分为两路,一路去 E - 432 管程与 C - 404 顶汽相苯换热后,再去 E - 412 管程与 C - 403 顶含酸苯换热,另一路先去 E - 411C/D 管程与烷烯烃换热,然后两路合并进 E - 411A/B 管程与烷烯烃换热后进入氟化氢提馏塔 C - 403,为了保证氟化氢的蒸出,大约有 50% 的苯在 C - 403 塔顶蒸出,塔底物料进入脱苯塔 C - 404。为防止 HF 纯度下降,有一小部分酸由 V - 401 底去氟化氢再生塔 C - 402 再生,HF 再生塔进料预热器 E - 405A/B 的热源分为两部分,一部分为 P - 303 出口直接来 3 寸管线的烷烯烃(温度较高约 240 ℃),另一部分为经过 E - 310 换热的 4 寸管线烷烯烃(温度较低约 185 ℃)。C - 402 的塔顶馏出物经过 E - 409A/B、E - 410A 冷凝后进入 V - 407 再经 P - 406 进入氢氟酸沉积罐 V - 406。C - 403 的塔顶馏出物经过 E - 412、E - 410B 冷凝后进入 V - 407 再经 P - 406 进入氢氟酸沉积罐 V - 406。在 V - 406 分层后,顶部含酸苯去 R - 401,底部再生酸补入 R - 402。氟化氢再生塔 C - 402 的塔底物高沸点的聚合物(焦油)以及氟化氢与水的共沸物送至中和部分。

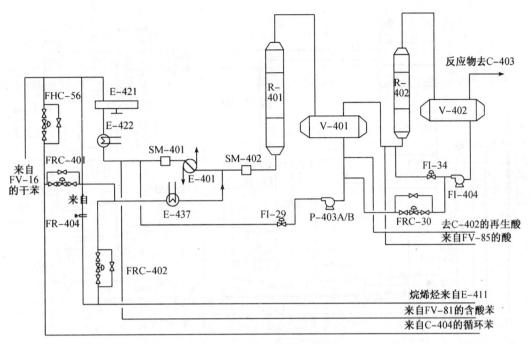

图 10-2 反应系统流程图

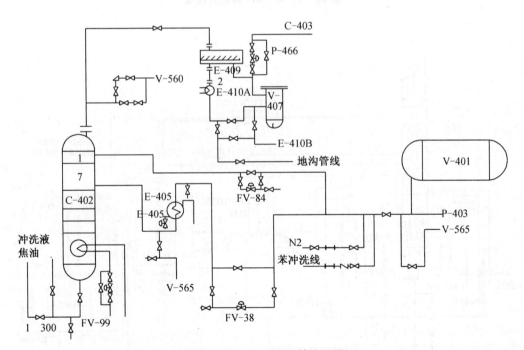

图 10-3 C-402 系统流程图

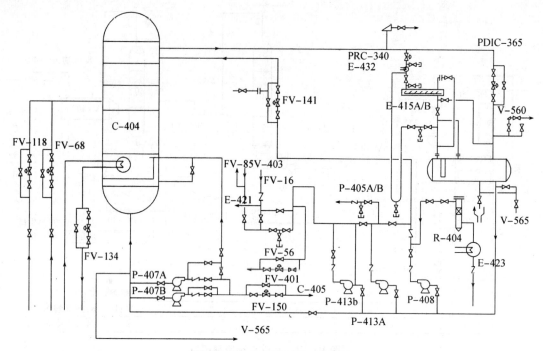

图 10-4 C-404 详细流程图

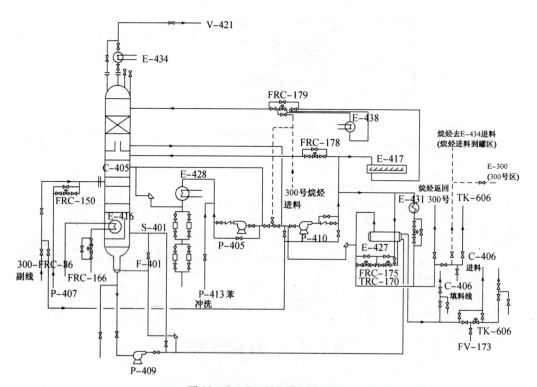

图 10-5 C-405 详细流程图

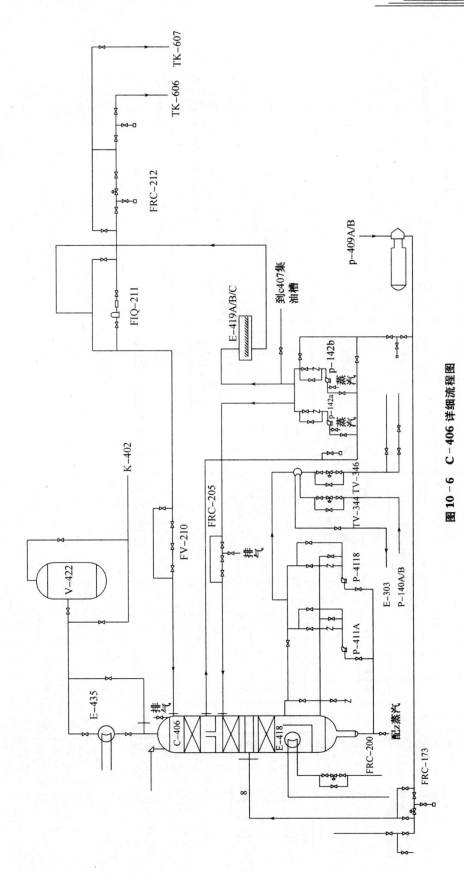

图 10 - 6 C - 406 详细流程图

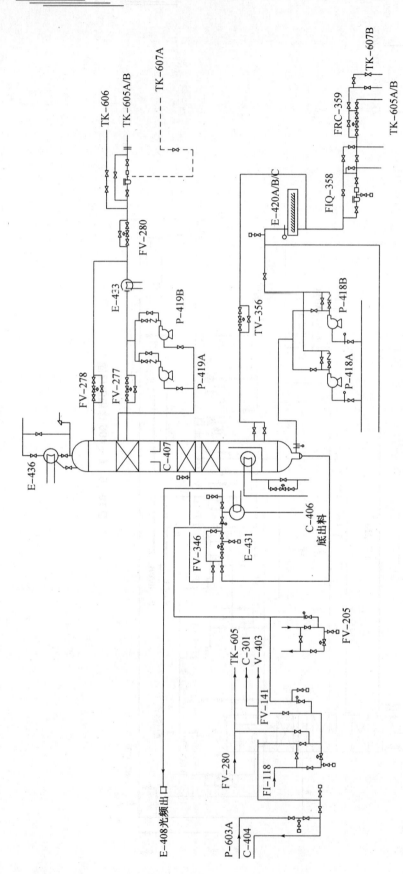

图 10 - 7 C - 407 及回炼管组新流程图

3. 氟化氢回收、再生系统

氟化氢再生系统　HF 再生的目的是除去氟化氢中聚合物(焦油)。由一级分层器底部来的酸(FR‐38),经 E‐405A/B,利用脱氢装置来的烷烯烃加热再生酸至 70 ℃时,进入 C‐402 再生塔,相对纯的 HF 从塔顶蒸出,焦油则积累在塔底,当累积到一定程度时,放射性高位报警 LAH‐101 发出报警,当控制室出现高位报警时,将焦油排至中和池,直到 C‐402 塔低位放射性报警(LAH‐102)发出报警信号时,关闭焦油排放阀。焦油经中和以后,排入油水分离池,焦油用泵抽出装车运送出厂。

塔底 TI‐98 和 TI‐100 可用来指示再生塔塔底液位,如果 TI‐98 温度和塔底温度 TI‐100 一致,说明该处温度已是液相温度,如果 TI‐98 温度大大低于塔底温度TI‐100,那么该处指示的是气相温度。再生塔塔底应保持在 150 ℃以上,以避免氟化氢从塔底损失掉。但是,如果系统中有过量的水,那么塔底液体的温度应当降低,以脱除水分(在一个大气压下,40% 的氟化氢和 60% 的水在 113 ℃时可形成共沸物(CBM));C‐402 塔底温度主要决定于系统的水分含量,如果水分高,塔底温度应该降低以排除 CBM;反之,可以提高温度,以避免 HF 损失。

C‐402 塔的回流采用再生前的酸,由 FRC‐84 引入,这样可以提高 C‐402 塔的处理能力。在 C‐402 塔顶有温度、压力报警连锁控制系统。当 TIAH‐95 塔顶温度达到 76 ℃时,开始报警,提醒操作员注意,温度继续升高到 82 ℃时,连锁 FRC‐38,切断 FRC‐38 的再生酸进料,一般情况,温度升高说明是再生酸进料组成发生了变化或 E‐405 有泄漏,这时要采取措施,进行检查处理。另一联锁系统是 PIAH‐455,当塔顶压力达 0.37 MPa(表压)时,开始报警,压力继续升高达 0.41MPa(表压)开始连锁 FR‐405 和 FRC‐99 的热油,切断塔的热源。

C‐402 再生塔塔顶汽相产物再生酸进入 E‐409A/B 进行冷凝,再通过 E‐410A 冷却后,同氟化氢提馏塔塔顶物(氟化氢和苯)汇合进入不凝气排放罐 V‐407,酸区的不凝气将在这里通过 PRC‐404 进行排放,进入 V‐565。液相经 P‐406A/B 泵入分层器 V‐406进行分层,含酸苯由 V‐406 上部出来,进入 SM‐401 循环使用,含酸苯的流量 FRC‐81 可由 V‐407 液位 LICAL‐78 串级控制,来维持其液位稳定,再生的氟化氢经 LIC‐83同 FRC‐85 串级控制返回二级酸中,二级酸再引出一部分酸到一级酸中,作为逆向抽提组成了酸再生系统,操作时要使 V‐401、V‐402 和 V‐406 的酸烃界面相对稳定,这对装置平稳操作是非常重要的。

由于反应系统的压力控制是靠 C‐403 塔塔顶蒸汽量来调节的,也就是说,同 C‐402 塔顶汽相汇合后进入 V‐407 的总汽量将发生变化,这将影响 C‐402 塔的操作压力。因此可通过 PRC‐404 控制排放至 V‐565 来保证系统稳定。

氟化氢提馏塔　由反应系统二级分层器 V‐402 上部来的含酸碳氢化合物与脱氢装置来的烷烯烃混合物进行换热后,进入氟化氢提馏塔 C‐403 第一层板。

C‐403 塔的任务是除去烃类中的氟化氢,同时也将循环苯中大约 40% 的苯由该塔蒸出,塔顶馏出物经 PRC‐402 控制后经 E‐412、E‐410B 进行冷凝后,与氟化氢再生塔 C‐402塔顶馏出物汇合后进入 V‐407,不凝气将在这里通过 PRC‐404 进行排放,进入 V‐565。液相经 P‐406A/B 泵入分层器 V‐406 进行分层,含酸苯上部出来回到反应系统循环使用,塔底产物经 LIC‐66 同 FRC‐68 串级控制直接压送至 C‐404 脱苯塔,塔底产物中原则上不含无机氟,但可能含有少量有机氟化物。

C－403 氟化氢提馏塔的压力控制是通过塔底压力记录控制阀 PRC－402 改变塔顶出料量来完成的,为此在 C－403 塔顶馏出线上增加了流量记录仪 FR－403。常引起 C－403 塔压力变化的主要原因是 C－403 塔的进料组成和进料流量的改变。

4. 分馏系统

脱苯塔   经 HF 提馏塔处理后去除 HF 的烃类,由 HF 提馏塔直接压送到脱苯塔的第 16 层塔盘。脱苯塔顶的苯蒸气,经压力控制系统 PRC－340 调节进入 E－432、E－415 冷却到 82 ℃至 V－404 回流罐中。由第八层温度 TRC－364 级串控制 FRC－141 回流量。苯经循环泵 P－413A/B,在 FRC－56 的控制下,进入反应系统循环使用,完成苯的循环,当循环苯中含有 5% 以上的环己烷时,可以经 R－404 除去痕量的游离氟化氢,在 E－423 冷却后送出装置作为排放苯。

塔顶受液器 V－404 设有高低液位报警仪 LRAHL－147,V－404 液位高低可以通过 FRC－16 干燥苯流量来调节,因此 V－404 液位高低并不一定表明反应系统的苯含量的高低,操作者认识到这一点很重要。C－404 塔操作压力的升高,相应地提高了塔底物的温度,部分含氟有机物在此进行分解,可延长后序设备的使用周期。塔底由 E－414 提供热量。

脱烷烃塔   由脱苯塔底来的烃类由 P－407 输送经 FRC－150 控制进入脱烷烃塔进料段。塔顶不凝气经 E－434 冷凝后进入分液罐 V－421,除去少量夹带的冷凝液后,不凝气由真空泵抽出。烷烃由塔上部全凝段的集油箱由 P－410A/B 抽出分成三路,一部分不经冷却作为塔的内回流,送入塔的精馏段顶分布器,另一路经 E－417 和后冷器 E－438 冷却后,作为塔顶冷回流打入全凝段的上部作为冷回流,第三路烷烃作为循环烷烃,又分两路,分别同 C－405 塔底物粗烷基苯在 E－427 和 C－406 塔塔底物在 E－431 进行换热,在 LICAL－152 同 FRC－175 的串级控制下,送到脱氢装置,循环使用。另外在 P410A/B 入口旁设一泵 P－405 抽出烷烃作为冲洗液。冲洗液在 E－428 冷却到 38 ℃,在经过 S－401A/B、F－401A/B 过滤后,到各冲洗点使用。为保证冲洗液的连续性,设置了两套连锁系统,一套是当冲洗液流量较低时(小于 3600 kg/h),将自动启动备用泵;另一套是 C－405 集油箱液位低至 10% 时,关闭 FV－175、TV－170、TV－344 出料,以保证有足够的烷烃作为冲洗液。C－405 的仪表控制详见第 9 章。

烷基苯再蒸塔和烷基苯回收塔   由脱烷烃塔塔底来的粗烷基苯,用泵 P－409A/B 送入烷基苯再蒸塔 C－406 中部进料,塔顶不凝气经 E－435 冷却后,进入 V－422,脱除少量冷凝液后进入真空泵抽真空。直链烷基苯产物从塔顶全凝段的集油槽由 P－412A/B 抽出,一部分进入精馏段顶分布器作为热回流,流量控制 FRC－205;另一部分分别经 E－458(加热天然气)和 E－610(加热澡堂用水)冷却后汇合进入 E－419 冷却后分成两路,一路作为全凝段的冷回流 FRC－210,另一路作为装置的烷基苯出料 FRC－212,进入罐区。

C－406 塔底物经 P－411A/B 抽出后,在 E－431 同循环烷烃进行换热后,进入 C－407 塔,C－407 塔顶不凝气由 K－402B 或 K－403 抽出。塔顶集油槽液体由泵 P－419A/B 抽出,一路作为热回流进入塔顶精馏段,流量控制 FRC－277;一路经 E－433 冷却后部分作为 1#HAB 出料 FRC－280,部分作为该塔的冷回流 FRC－278。塔底的物料由 P－418A/B 抽出,在 E－420 冷却后,作为 2#HAB 送出装置,流量控制 FRC－359。由于 2#HAB 温度较高、流量较小,为保证泵 P－418A/B 能正常运转,在泵出口设置了流量和温度调节返回阀 FIC－354 和 TRC－356,当出料温度高或流量低时,经过低信号选择器选择其较低信号,控制一部分 E－420 冷却的重烷基苯返回到 C－407 塔底,进行循环,以降低出口温度或增加流量。

5. 中和系统

中和池系统　中和池的作用是处理含酸的焦油和其他含酸雨水、污水。污水、雨水、焦油进入中和池中,中和池有两个,可以切换使用或分别进入两池,每个中和池装有搅拌器 ME－401A/B,在中和池中加入石灰,确保其 pH 值在 9～11 之间。经中和后的焦油或废水一起进入撇油池,进行油水分离,废水进入水系统处理后排出,焦油进入蓄油池,可用泵 P－565A/B 装车运出。流程图如下。

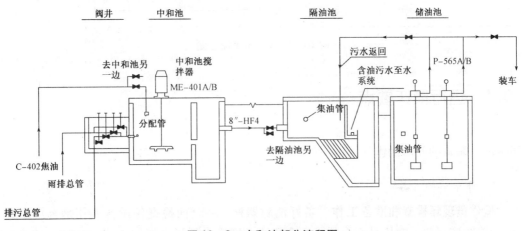

图 10－8　中和池部分流程图

C－561 气体处理系统　酸区所排放的含酸气体和液体,在 V－560 和 V－565 中进行气液分离以后,含酸气体排至洗涤塔 C－561 经氢氧化钾溶液洗涤后,再经 V－420 分液后进入火炬;V－560、V－565 液体可由 P－561 打入 V－408 或反应系统。

① V－560 酸放空回收罐　所有放空的含酸物料(多为汽相)进入 V－560 平衡罐,包括酸区安全阀和 V－404 安全阀。V－560 设有高低位报警,进入 V－560 的物料进行气液分离,气体进入 C－561,液体由泵 P－561 泵入 V－408 或反应系统。

② V－565 液体回收罐　V－565 承担烷基化反应和分馏部分来的含酸物料。回收的液体主要有氟化氢和冲洗液。V－565 顶部有压力控制阀 PRC－259,气体在 PRC－259 控制下进入 V－560,V－565 设有高低位报警,液体由 P－561 泵进入 V－408 或反应系统。

③ C－561 废气洗涤塔　C－561 上部有六层蒙乃尔泡罩塔,下部有蒸汽加热盘管,塔底液位有高低位报警 LICAHL－245。含酸气体和碱液同时进入 C－561 中部,同时部分碱液进入第一层塔盘,使含酸废气和氢氧化钾逆向接触充分中和吸收,顶部气体通过 V－420 分液后进入火炬。为了方便检修和更换碱液,新增废碱罐 TK－561;V－563 用于

溶化固体碱,C-561系统具体流程如下。

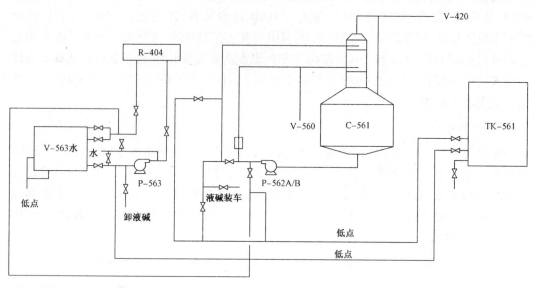

图 10-9   C-561 流程图

10.4   运行操作要点

10.4.1   装置的开车操作

1. 开车前的准备

操作员现场检查和准备工作   备好消防器材。→全面检查各设备人孔是否封闭完好,与管线连接法兰螺栓是否上紧。入孔和法兰螺栓必须露出螺帽2~3扣螺纹,且两头要均匀,不得使用单头螺栓。→拆除所有临时盲板和装上应加的盲板,检查"8"字盲板是否安放正确,打开过的法兰是否上紧,检查所有垫片材质、大小及压力等级是否符合规定(分馏系统一般采用304缠绕垫,酸区一般采用蒙乃尔聚四氟乙烯缠绕垫,垫片应与紧固螺栓接触),发现有误必须更换。→关闭所有工艺管线上的阀,检查主要阀的开关是否困难,开关有困难的应做修理。检查安全阀是否安装正确,是否上紧,垫片是否正确无误,并将安全阀上、下游阀打开。→检查各低点排凝和高点放空阀是否关紧,并按要求上紧管帽,应注意在关闭排凝阀前必须排除凝液。检查现场压力表安装是否正确、完好,并将压力表手阀打开。检查各机泵是否处于完好状态,冷却水是否畅通,并进行盘车和加润滑油。检查空冷百叶窗是否灵活、风机皮带和防护罩是否装好,并加足润滑油脂。所有带注油脂嘴酸阀已经注好油脂。

联系协作单位   通知仪表车间,检查现场一、二次表和操作室仪表是否处于良好备用状态,并打开仪表的手阀和接上电源;通知调度室与有关部门联系,准备提供蒸汽、氮气、工业风、仪表风、消石灰、液体氢氧化钾或固体氢氧化钾、水(包括消防水);通知电修车间,将需投运的机泵、空冷风机送上电源。

系统试密、氮气置换   任何容器在封闭人孔之前,要彻底检查容器的完好性、整洁性,通常检查内容如下包括:塔盘回流线分配器、填料和金属破沫网的安装是否正确;塔盘降液管、旋涡破除器、防溅挡板和导向板的安装是否正确;热电偶的位置和长度;液位表内浮子的位置行程,引液管和引压管的安装是否正确;焊接是否符合要求;因腐蚀和磨损而引起的破坏程度;垫片、螺丝的使用是否正确;仪表的安装是否符合仪表手册上有关规定;设备内部是否清洁,构件是否完备。

任何设备在进料前,要使容器和管线内氧含量达到要求,防止发生爆炸。因此,对于新装设备管线及检查、修理的设备管线都要进行置换和气密,具体程序:打开塔、容器、管线等的低点,排放冷凝水,排尽后关上阀门并上好管帽;通入氮气,一般在容器下部进氮气,在上部放空;用氮气将分馏系统压力充至 0.25 MPa(表),其中 C‐401 塔充压至 0.15 MPa(表)反应系统压力充至 0.35 MPa~0.40 MPa(表),中和系统 C‐561(包括 V‐560)充压至 0.15 MPa(表)压力下试密;并用肥皂水对设备人孔及管线上的法兰试密,发现漏点立即紧固处理,直至没有外漏为止;向各塔及容器反复通氮气并在设备及管线的远端放空,以置换设备中的空气;通知化验室采样分析系统内气体,以含氧量小于 1.0% 为合格;然后系统内氮气压力在 0.05 MPa~0.1 MPa(表)下保压,等待开车。

常用盲板的拆除和安装　R‐401、R‐402、V‐401、V‐402、C‐402、C‐403 和 V‐406 的 N_2 吹扫线加盲板;将 FV‐85 至 V‐403 的苯干燥线盲板抽掉。C‐402 冲洗苯盲板拆除;待开工结束后,FV‐85 苯干燥线及 C‐402 冲洗苯线加盲;将所有热油压油线"8 字"盲板调头盲死。

与开车相关的条件　本车间的热油系统已运行正常,火炬系统投运正常。仪表风、氮气等公用工程系统也正常运行。脱氢装置有足够的轻蜡,TK‐606(或 TK‐600E)有足够的供开工用的不合格品。

以上为开车的工艺准备。设备、电气仪表、管道因检修或大范围更换带来的开工检查、水压(油压)试验、管道冲洗等工作另按检修或施工规范进行。

2. 装置开车步骤

正常停工后的开车步骤如下(临时停工后的开车根据情况可以适当省略某些步骤):
中和系统的开车
废气洗涤塔系统的投用　向废气洗涤塔 C‐561 进工艺水,并检查玻璃液位计与 LR‐245 指示的液位是否一致。LR‐245 至 30% 后停进工艺水。→启动 P‐562,进行水至塔顶及中部的循环。调整 4″截止阀,使 FRAL‐247 的流量达 60 t/h。→检查 C‐561 系统排放阀及与其他系统相连的阀门是否内漏,观察 C‐561 的液位是否下降。→循环一段时间后,停泵,将水排净,重新加入水至 LR‐245 为 30%,建立塔顶及中部的循环。→装运新鲜液碱的罐车开至现场,操作人员穿戴好防护用品("A"类防护服),将液碱用 P‐563 泵入 C‐561。→从 P‐562 入口采样分析液碱浓度,至 KOH 浓度达 3%(重量)以上停止进碱。

中和池的开车　中和池(包括南北池)加水至 80%,启动搅拌器,在其中加入约 40 袋石灰,并搅拌 1 小时,保证 pH 值呈强碱性(如 pH≥11)。如焦油进南池,则将焦油进南池的阀门打开,进北池的阀门关闭;将污排进南池的阀打开,进北池的阀关闭;将雨排进南池的阀关闭,进北池的阀打开。控制中和池水的 pH 值为 9~11。

苯干燥塔 C‐401 的投运　将储罐内的苯通过 FRC‐19 引入苯干燥塔受器 V‐403,

FRC-19 给定在 3 t/h。→V-403 进油时，打开 V-403 到火炬的阀门，将吹扫氮气投用，检查视镜玻璃，液位仪表 LIC-23 和界面仪表 LI-291，检查排水是否畅通。→在 V-403 的液位达 50%，启动塔顶泵 P-402。将苯送入苯干燥塔 C-401，并使 FRC-12 给定在 2.5 t/h。同时检查底部视镜和 LIC-6 的液位。→在 C-401 底部液位达 50% 时，打开到再沸器 E-404 的热油，投运 FRC-1。注意：冬季开车，千万注意防止塔顶管线或空冷器及空冷器后管线冻凝造成 C-401 塔超压。投运 E-404 时要监视 C-401 塔底压力，TI-3 温度不得超过 110 ℃。→检查 TI-4，当 TI-4 有温度指示上升时，则表示塔顶有苯蒸气流量，然后增加进入 C-401 的苯流量（FRC-12）和供热量（FRC-1），使 TI-3 保持 100～110 ℃，TI-4 保持 90～95 ℃，排放 V-403 切水包的水，调节 FRC-19，以使 V-403 液位稳定。→启动 P-401A/B 将苯返回到 TK-602A/B 罐中，控制 FRC-16 的流量在 1.5～2 t/h，并注意 TK-602A/B 的温度，防止苯汽化。操作稳定后，在 FRC-16 处取样分析干燥苯含水量，当水含量在 60 mg/kg 以下时，表明 C-401 运转正常，可以向装置进苯。

脱烷烃塔 C-405 的投运及同脱氢装置建立循环　投用真空泵系统，详见真空泵操作规程。对 C-405 抽真空，并进行负压气密，至 PRC-159 指示值为 7 kPa。向 C-405 塔垫料，建立 C-405 塔全回流操作。

由 P-407 向 C-405 塔底垫入部分不合格烷基化物，注意关闭塔底联通线阀门，当塔底有 80% 的液位时，启动 P-409，建立塔底循环。→使用 P-303 泵，经 P-410 泵入口，由 C-301 塔底向脱烷烃塔 C-405 顶集油箱垫烷烃。如果 C-301 内物料温度超过 55 ℃ 时，将烷烃由 P-410 入口进入，改为从 P-410 出口，经 E-417 冷却后进入脱烷烃塔 C-405 顶集油箱，新增 E-417 空冷器与原 E-417 距离较远，存在物料分配不均匀的问题，因此要视空冷器出口温度调整 E-417 分配管入口阀门开度的大小，以防止偏流，达到最佳冷却效果。此时热回流控制阀 FRC-178 要关闭。→当 C-405 塔集油箱液位 LIC-152 指示达 50% 时，启动 P-410 建立冷回流，控制 FRC-179 流量为 280 t/h。停止垫料。→逐步投用 E-416 热油再沸器，向塔内提供热量（塔的升温过程可能需要间断地向塔内垫料）。调整好真空度，逐步建立热回流。最终建立起单塔循环的全回流操作。

建立 C-405 塔与脱氢装置的烷烃循环　改 P-303 泵向 C-405 集油箱垫料为 P-303 向 C-405 塔中部开工线进料，并开始通过 FRC-175 向脱氢装置进料平衡罐 V-301 送烷烃。建立 V-301、C-301 及 C-405 至 V-301 的烷烃大循环。控制循环烷烃 FRC-175 流量为 65 t/h，调整操作，维持 V-301、C-405 顶集油箱液位稳定。→向反应系统垫料关闭反应器旁通阀，打通 C-403 顶至 V-407 的流程，给定 PRC-402、PRC-404 的压力控制分别为 0.30 MPa（表压）、0.20 MPa（表压）。→启动 P-603A 由不合格品罐缓慢地向 C-404 垫料，当 LRC-132 液位指示达 50% 时，利用循环苯泵 P-413A 泵入口跨线，将 C-404 塔底的不合格品开始向反应系统垫料，同时将干燥苯也改进反应系统，保持不合格品与苯的比例为 3:1。FRC-56 的流量应为 16 t/h，其中有 FRC-16 干燥苯 4 t/h。→V-402 顶两路出料分开垫，先垫 E-432、E-412 管程，再垫 E-411C/D 管程（E-432、E-412 和 E-411C/D 两路并联；先垫一路 C-403 见液位，再垫一路至 50%）。→当 C-403 塔 LRC-66 有 50% 的液位时（约需垫料 30 小时），表明反应系统已垫满。停止反应系统垫苯和不合格品，关闭反应系统进料阀。在停运 P-413 和 P-603A 时，要保持

C-404 塔底 LRC-132 有 60% 的液位。→如果不合格品罐中的不合格品不足时,可以改用脱氢装置的烷烃。

投运 C-402, C-403 两塔 关闭 V-403 干燥线 2″阀,使干燥苯通过 FV-56 开工旁路,再经 FV-85 控制阀向 V-406 进干燥苯,此时 FT-85 流量变送器根部阀要关闭。V-406 排气经 FV-81 旁路进入 C-403 塔,最后由 V-407 排放。当 FRC-81 同 FRC-16 的流量相同时,表明 V-406 已垫满。→投用 E-410B 冷却水,继续向 V-406 进苯,然后进入 C-403 塔,并投用 E-413,加热 C-403 塔底物料,当 V-407 液位指示 LRC-78 有 50% 液位时,停止向 C-403 进苯,改 C-401 塔底与 TK-602 小流量循环。启动 P-406,逐步建立 C-403 塔顶苯循环,根据 E-410B 的冷却能力逐步调大循环量(建立 C-403 塔顶全回流要视 C-404 塔的开工进度定,因 E-410B 冷却负荷受限)。→打通 C-402 顶至 V-407 流程,投用 E-409A/B 空冷风机和 E-410A 冷却水,向 C-402 塔垫烷烃,当低液位报警(LAL-102)消失时,说明烷烃已将再沸器 E-426 淹没,再垫至高报(LAH-101)后,停止垫烷烃。投用 E-426 再沸器,向 C-402 提供热量,控制 C-402 塔底温度大于 180 ℃。→注意 C-403 塔单组分操作,易出现不稳定,需精心调整。大循环建立后,E-412 管程物料取热后,及时调整 E-410B 冷却水用量。

建立脱苯塔的自身循环 确保 E-432、E-412 管程与 C-403 相连,防止憋压。C-404 塔底有不合格烷基化物或烷烃后,启动 P-407,建立塔底循环。关闭 E-432 出口 U 形管阀门,投用 E-414 热油再沸器,当 TI-126 点温度达 100 ℃,将塔顶冷却器 E-415 投用。→控制 C-404 塔压力 PRC-340 为 0.07 MPa,压差仪 PDRC-365 为 0.05 MPa。V-404 中不凝气量过多,可使用 V-404 安全阀 PSV-420 的副线阀来泄压。PDRC-365 压差大时其控制阀将打开,说明冷却效果好;PDRC-365 压差小时,其控制阀将关闭,说明冷却效果差(这指正常操作)。→利用 FV-56 副线,经 P-413B 出口至 FRC-141 向 C-404 塔进干燥苯。继续对 C-404 塔进行升温,使苯蒸气经 E-415 冷却后进入 V-404。当回流罐 V-404 的液位指示 LRAHL-147 有液位时,打开 P-413 入口至 U 形管的阀门向 U 形管垫油。V-404 液位达 50% 时,启动 P-408 泵,建立回流操作,关闭 P-413 入口至 U 形管的阀门,打开 E-432 出口 U 形管阀门。停止苯的进入,改 C-401 塔与 TK-602 循环。→调整脱苯塔 C-404 的操作,使其操作条件达到设计值。→C-404 塔全回流操作正常后,启动 P-413A 引苯作 P-406 冲洗液,若 C-403 塔顶全回流时间较长,塔底液位上升,则向 C-404 退苯,以保持冲洗苯的平衡。大循环建立后,E-432 管程物料取热后,及时调整 E-415 风机数量。

建立大循环

反应器外循环 ① 调整 C-402、C-403、C-404 和 C-405 塔操作条件尽量接近设计值,使 C-405 塔顶集油箱液位 LRCAL-152 达 90% 时,建立脱氢和烷基化反应器外大循环。② 启动 P-413 开始经过反应器旁通(先走 E-432、E-412 管程一路,并全开 E-432 入口阀,仍然用 E-411 壳程入口阀调整烷烯烃量)向 C-403 塔进料,与此同时也将循环烷烃由 C-405 塔进料逐步改至反应器旁通进入 C-403 塔,并投用 E-421 和 E-422。FRC-56 的流量应是 12 t/h,保持烷烃和苯的比例为 3∶1。③ 逐步提高 E-413 的热油供给量,使塔底温度 TI-64 点达 210 ℃,将 C-403 塔底物引入 C-404 脱苯塔;并逐步增加 E-414 的热油供给量,当 TI-126 塔底温度达 240 ℃ 时,改 P-407 塔底循环为向

C-405塔进料,完成反应器外循环步骤。④ 第②、③步骤操作时间较长,同时也是建立大循环的关键步骤。因此,烷烃改进E-411的步骤要慢,需分几次完成,以控制C-403、C-404塔的平稳操作能跟得上,物料能衔接得上为原则。如果C-405塔顶集油箱液位降至30%时,可关闭循环烷烃至脱氢的返回量。⑤ 投用E-411C/D管程,即V-402出口物流由一路改两路,反应器旁路至E-432和E-411C/D的两路量分配好,以稳定C-403操作为原则。⑥ 用苯投运C-402塔。由V-401下部开工线向C-402塔引苯,FRC-84和FRC-38总流量为1 t/h就能满足需要,FV-38可使用副线阀来控制苯的进料量,投用E-405加热器,注意C-403进料温度变化,调整操作,保持系统稳定。⑦ 此时是否进入干燥程序,需根据设备检修状况、系统含HF部位以及系统含水量决定。

建立全装置循环(切入反应器) ① 当反应器外循环稳定后,逐步将反应器旁通进料和FRC-81自身循环的苯改进反应系统。投运P-403,P-404,建立一、二级酸泵循环。由于反应器系统内物料组成可能与反应器外循环的物料组成有区别。因此,改进反应器的操作应分几步完成。以C 403、C-404、C-405塔的操作和物料能平稳衔接为原则。② 酸泵冲洗液由苯切换成烷烃,并用烷烃把各冲洗点的苯置换出去。③ 调整各塔操作,除了C-402(未进酸)和C-406、C-407(未进烷基苯)以外,其余各塔均应达到正常生产的操作参数。④ 调整反应系统的烷烃和苯的比例,多退少补(此步骤可能需要较长时间)。⑤ 反应器旁路至E-432和E-411C/D的两路量根据需要进行调整,以稳定C-403进料温度和反应器进料温度为原则。

干燥 整个干燥程序和流程是可以变通的,这要由装置工艺负责人根据每次停工检修后的具体情况进行合理安排。例如:当反应系统有HF不需要干燥时,那么干燥程序就必须安排在建立反应器内循环之前进行;当某台设备(如V-406)有HF不需要干燥,或不想让水进入,则干燥流程应设法绕过此台设备。

装置的干燥是非常重要的步骤,且需要一定的时间,干燥进行得好坏影响装置的正常运行,特别是装置经过第一次开工,进过HF之后。经检修后若部分设备、管线进水,而其他设备、管线未退酸或未经中和,则部分干燥。干燥程序的设计将是件困难的工作,有时甚至难以做到。因此烷基化酸区的检修原则是:检修或更换的设备、管线都应该经过适当的中和与干燥,未检修的含HF部分必须封闭保护。工艺、设备技术人员在编制设计检修、停工、工艺处理及开工方案时,就应预计到并设计好对系统的干燥方案。

反应系统干燥程序:前提条件是整个反应系统(V-408除外)无HF存在,并需要进行干燥:苯由FV-16进入反应系统,经过C-403蒸出后进入V-407,由P-406打入V-406后,由FRC-85经开车干燥线回到V-403。控制FRC-85的流量为4000 kg/h。反应系统中的水分被苯吸收后随苯料流进入V-403罐中,并予以切除,苯料流经干燥后进反应系统中,就这样连续置换除水。将装置所有的排放线、冲洗线都用物料通过,排液至V-565罐,并用P-561泵送回反应系统中,以干燥这些管线设备。干燥期间应将所有的低点排放,同时试运机泵,使物料通过并进行干燥。分别从P-403A/B出口、P-404出口和FRC-85处分析循环苯含水量,当循环苯含水量在100 mg/kg以下时,可以认为干燥完毕。此时关闭FRC-85开车干燥线去苯干燥塔系统的阀门(并加盲板隔离),停止干燥。当装置不需干燥时,可适当延长大循环时间,以使各备用机泵试运至正常,同时也能检查施工质量。

反应系统进酸

反应系统进酸前的准备　UOP 操作手册要求反应器进酸之前,必须完成如下的准备工作。因此每一次酸区系统检修后的开工阶段,在反应系统进酸前都必须检查准备工作是否就绪,或确认必须具备的条件并落实:

更衣室备有全套干净的防酸服(包括 D 级)、中和槽、洗涤剂槽和清洁水槽洗干净,并充有纯碱溶液;急救材料应妥善安放并可随时取用;C 和 D 级防酸服用风管齐备。中和工段做好准备:C-561 投运,KOH 溶液的浓度控制在 10% 左右;中和池投用,焦油、污排侧加新鲜石灰保持 pH 值≥11,雨排所进池保持 pH 值 8~11;V-560、V-565 内无物料;PC-259 控制在 0.10 MPa,石灰、纯碱应可随时取用。酸泄放总管和排酸总管必须在氮气吹扫下使用。所有酸泵的密封放空口(P-403A/B、P-404、P-406A/B、P-561)应通至酸排放总管。

急救室必须投用并保持有水循环,报警和淋浴必须完好。在酸区应放一些中和槽,槽内有纯碱溶液以供需要的工具、设备和其他物品所用。在酸区应放一个有清晰黄色标记的"HF 垃圾"容器,以存放可能沾有 HF 的任何多孔材料(木头、布),垃圾应在焚烧炉内烧掉。酸区周围应有完整的防酸堰,还应放有黄色塑料链,并画有标记清晰的警告符号。必须断开一些短管并盲死,这包括 FRC-85 处的干燥管线和反应器段的所有吹扫接头。UOP 的 PI 图上所标有"锁定开"的阀门全部应该锁定开,如安全阀的上下游阀。每天24 小时都必须有酸区的维修人员,进入酸区前,必须清楚 HF 对人体的危害性和有关安全知识,并持有安全检修证。所有法兰上应涂有 HF 指示漆,所有阀门应上油脂,必须随时能用"软化"的 PAROMAX 油脂以修复阀门泄漏。应安装风标,其最好位置是更衣室上面 10~15 米,以使进入酸区的人能辨别出风向。对供呼吸空气的管线应事先进行检查,保证管线内无异物或堵塞,并安装合适的管接头。酸泵上的所有临时吸入口筛网均应除去,并装上最终垫片。投运氧化铝处理器 R-302A/B。干燥反应系统的物料含水量已降到 100 mg/kg 以下。

反应系统进酸的步骤　烷烃和苯通过反应器循环,各流量及液位正常时可以开始向反应系统进酸,具体步骤如下:① 操作的调整:由于酸的进入,将使反应器中的苯和烷烃被置换出来,引起 C-403、C-404、C-405 分离负荷增加。因此系统进酸量需以控制在各塔可维持稳定操作且苯与烷烃能顺利退至储罐为原则。若希望进酸量较大,则进酸前应降低各循环量,如:FRC-56,FRC-81 调整到设计值的 1/2 操作,300-FRC-86 循环烷烃调整到设计值的 3/4 操作。若进酸准备分两次进行,则在第一阶段,P-403、P-404的第一、二级循环酸流量应根据各烃类循环量调整为设计值的 1/3~1/2,以使 V-401、V-402 建立酸液位(此阶段 HF/烃的比例约 1:1)。

② 投运 PC-47,保持 V-408 的压力在 0.35 MPa(表)下操作。检查 V-408 酸液位并记录。确认 300# 的循环烷烃已切入 R-302 氧化铝处理器。通过 V-408 至 P-406A的地沟管线向 R-402 进 HF。或者由 V-408 中部撇油线开始,经补酸地沟线→P-406A泵入口→V-406→FV-85 向二级反应器进酸。开始时流量以慢为宜;约 8 t/h。当撇油线物料抽完后,开 V-408 底至地沟阀门。置换出来的苯和烷烃会使 V-404 和 C-405 顶集油槽液位上升,可向 TK-602 退苯和向 TK-601 退烷烃。如果塔可维持稳定操作,就缓慢提高 HF 的进料量。当 V-402 中 HF 的液位(LI-42)达 10% 时通过 FRC-30 向 R-

401 进 HF,注意 V-401 的 HF 液位(LI-35)。

③ 由于一些 HF 会被带进 V-406,因此 V-406 中可能会积聚一定液位的 HF。调节 FRC-85 的流量,要求 V-406 中的酸界面维持稳定。当约 120 吨 HF 进入反应系统后停止进酸,用 FRC-30 平衡 V-401 和 V-402 内的酸液位,此时的液位约 10%。仔细观察各含酸设备、管线部分是否有酸泄漏现象,因为此时反应系统酸只是正常量的一半,如果酸泄漏严重,发展到需要将酸从反应系统中泵出至 V-408 中,可以节省大量的时间。酸试运 24~48 小时,观察酸是否泄漏,一旦酸泄漏应立即进行修理。当含酸系统试运转正常后恢复进酸,按以上进酸路线再加入约 120 吨酸。调整 FRC-30 的流量,平衡 V-401、V-402 内 HF 的液位。

④ 将循环烷烃 300-FRC-86 和循环苯 FRC-56 的流量慢慢提到设计流量;调节 FI-29、FI-30 的流量,使两级反应器中的酸烃比都达到 2:1。继续观察是否有酸泄漏。投运 C-402 塔的再生酸:关小 V-401 下苯冲洗线阀门,手动控制 FV-38 和 FV-84 向 C-402 进苯流量;然后开 V-401 向 C-402 进酸管线根部阀;逐步关小进苯线现场手阀,直至完全切换为 HF 进料。注意调整 E-405 壳程烷烯烃流量和 E-426 热油流量;调整 FV-38、FV-84、FV-85 及 FV-30 流量,完成再生酸循环操作。此时,烷基化装置已达到接受烯烃进料的条件。

投用 C-406 塔 投用真空泵对 C-406 抽真空,至设计压力 PRC-193 指示值为 1.3 kPa,投用 PRC-193 氮气。当装置循环稳定后,由 TK-606 向 C-404 塔进含烷基化物的不合格品,流量 ≤4 000 t/h。这时烷基化物将同烷烃一起进入 C-405 塔进行分馏,塔底烷基化物利用 $1^1/_2''$ 灌注线向 C-406 塔顶集油箱垫料,即 C-405 底→P-409A/B→ $1^1/_2''$ 灌注线→P-412A/B 出口→E-419 冷却至 55 ℃→FRC-210→C-406 塔顶集油箱。

当 C-406 塔顶集油箱液位 LIC-189 指示达 80% 时,启动 P-412A/B 建立冷回流,FRC-210 控制流量为 35 000 t/h。当塔顶集油箱冷回流正常后,通过热回流 FR-205 或通过进料 FR-173 向塔底垫料。当 C-406 塔底液位 LIC-193 指示达 90% 时,启动 P-411,建立塔底物料与再沸器槽的自身循环。停止向 C-406 垫料(同时停 P-603 向 C-404 塔补不合格品)或在由 C-406 塔底向 C-407 塔垫料结束后停止向 C-406 塔垫料。逐步投用 E-418 热油再沸器,向塔内提供热量(塔的升温过程可能需要间断地向塔内垫料)。调整好真空度,逐步建立热回流。最终建立起正常的全回流操作。

根据开工进程,当 C-405 塔底有回炼品或反应产物时,改 C-405 底 P-409 塔底循环为向 C-406 塔正常进料,TRC-170 控制在 191 ℃(设计值),塔顶产品经 FRC-212 控制进入 TK-606,塔底产品视情况进 TK-606 或 C-407 塔。调整操作,使塔顶、塔底产品至合格。C-406 塔操作稳定之后,将 E-458 切入,加热天然气,在 E-458 投用前与加热炉岗位协调好,请其注意炉温的调整。

投运 C-407 塔 投用真空泵,使 C-407 压力到设计值。利用开工灌注线向 C-407 塔垫油,即 C-406 底→P-411A/B→开工灌注线→P-419A/B 出口→E-433 冷却至 50 ℃→FRC-278→C-407 塔顶集油箱。

当 C-407 顶集油箱液位 LIC-273 指示达 80% 时,启动 P-419A/B 建立冷回流,FRC-278 控制流量为 2 000 t/h,改灌注 C-407 为正常进料。当塔顶集油箱冷回流正常后,通过热回流 FR-277 向塔底垫料。当 C-407 塔底液位 LIC-351 指示达 90% 时,启动 P-418,建立塔底物料与再沸器槽的自身循环。停止向 C-407 垫料。

逐步投用 E-430 热油再沸器,向塔内提供热量(塔的升温过程可能需要间断地向塔内垫料)。投用 C-407 热回流,调整好真空度,逐步建立热回流。最终建立起正常的全回流操作。

根据开工进程,当 C-406 塔底有回炼品或反应产物时,改 C-406 底 P-411 塔底循环为向 C-407 塔正常进料,TRC-344 控制在 212 ℃,塔顶产品、塔底产品进 TK-606。调整操作,使塔顶、塔底产品至合格。

调整操作 脱氢油切进反应器,并升温至正常操作值后,就有烯烃进入烷基化装置,很快就有烷基苯生成。投用两段反应流程当 C-405 底液位逐渐升高,说明烷基化物已进入 C-405。视反应系统情况,必要时改 C-401 向反应系统进苯,调整 C-405、C-406、C-407 各塔的操作,按开工期频率分析产品,合格后改进合格品罐。根据产品质量,调整再生酸量,循环酸量等操作参数,C-402 塔底液位上升至高位报警时就开始排焦油至中和池。开始按正常采样频率分析产品质量。

10.4.2 装置的停车操作

1. 停车前的准备

联系调度室,要求能外供足够的蒸汽,水气车间提供足够的氮气。尽量将 TK-606、TK-600E 内物料退出,以作停工时退料用。在停工前先将 V-408 内的物料退至反应系统,操作步骤如下:降低反应系统中苯的量,投用 V-408 压力控制器 PC-47,压力给定至 0.35 MPa(表),退料流程为:V-408 底→地沟线→P-561 入口→FV85 控制阀后。适当地调整 FRC-85 流量及反应系统进苯量,调整 C-403、C-404 的操作,在保证平稳操作的前提下,全部抽出 V-408 物料入反应系统。连接 FRC-85 旁路(苯干燥线)到 V-408 的退酸线。拆除 R-401、R-402、V-401、V-402、V-406、C-403 等 N₂ 吹扫盲板、C-402 苯冲洗及氮气吹扫盲板。准备消石灰 500 袋、液碱 50 吨。酸区仪表检查调校。吹扫氮气加热系统安装就位,处于备用状态。

2. 停工步骤

停工前反应系统部分退酸 在装置停工前,将反应系统酸退出,具体退酸步骤:在 F-301 计划降温前 48 小时,调整 C-402 塔操作,适当地提高 FRC-38 和 FRC-84 的流量(总流量约增至 9～10 t/h)。→检查 V-401 酸界面。将 V-408 泄压至 0.15 MPa(表),检查并关闭所有 V-408 的 N₂ 和冲洗液阀门,以防串料。打开卸酸进 V-408 的阀门和退酸线阀门,关闭 FRC-85 下游阀,开始退酸,并逐渐将退酸流量提至 8～9 t/h。加强现场巡检,注意 V-408 液位和 V-406 界面,每隔 1 小时记录一次 V-408 压力。估计退酸量达 120 吨时 V-408 压力约达 0.3 MPa(表),同时检查 V-401 界面,以便确信退酸的量符合要求。当退酸量约有 120 吨时,关闭退酸线阀门,打开 FRC-85 下游阀,暂停退酸。→退酸时根据退出量的大小,以 3∶1 的比例补充烷烃和苯,注意 C-403 塔底温度不要低于 210 ℃,并与脱氢岗位和罐区协调操作。

停运 C-401 系统 F-301 降温后根据需要调整补充苯,不需要新鲜苯以后改 C-401 与 TK-602 循环,逐渐降低 E-404 热油流量,直至关闭控制阀上游阀,关闭根部阀。V-403 内苯泵至 C-401,C-401 内的苯送至 TK-602,C-401 自然冷却至常温,停运 E-403、P-401、P-402。关闭 V-403 去 400#火炬支管的阀门、N_2 吹扫阀,C-401 充入氮气至 0.1 MPa(表)保压。

C-406 的停运 当 C-405 底出料量下降时逐渐降低 C-406 负荷。当 C-405 塔底液位较低时,停 C-406 进料,改 C-405 塔底物料自身循环,并根据情况改 C-405 塔底出料去 TK-606。减小 E-418 热油量至关闭控制阀上游阀,关闭 E-418 根部阀。关闭 C-406 去抽真空大阀,按照 20 KPa/h 的速度在 V-422 处充入氮气破真空,直至 0.1 MPa(表)氮气保压。C-406 顶底物料退至 TK-606,C-406 自然冷却,停运E-419、P-411、P-412。

C-407 的停运 当 C-406 产品不合格后,逐渐降低 C-407 的负荷,降低 E-430 热油流量。减小 E-430 热油量至关闭控制阀上游阀,关闭 E-430 根部阀。关闭 C-407 去抽真空阀门,停运真空泵,按照 20 KPa/h 的速度在 V-423 处充入氮气破真空,直至 0.1 MPa(表)氮气保压。塔顶和塔底物料泵送至 TK-606,C-407 自然冷却,停运 E-420、E-433、P-418、P-419。

反应系统全面退酸 根据前面退酸的流程,继续从 FR-85 到退酸线退酸,控制退酸流量为 8~9 t/h,控制补充烷烃的流量,并调整各塔的操作。C-301 底出料无烯烃2 小时后,关闭 FV-30 上游阀,停运 P-403A、P-404 泵。开大冲洗液分别向泵出、入口管线冲洗。将 P-403B 入口改到 V-402,出口到 R-401,启动酸泵,建立 V-402 到 R-401 的反应器内小循环,V-401 继续通过 C-402 从 FR-85 的退酸线向 V-408 的退酸过程,此过程中打开酸采样线循环。

第二阶段退酸,只补充烷烃,而不补充苯,随着 C-404 进料中苯量的减少,需调整 FRC-56 的流量。操作中由于 C-403 塔的进料中缺苯,会造成 C-403 塔的压力偏低,塔底温度升高,此时可以适当地降低 FR-81 的量,保证 C-403 塔的压力能够连续地向 C-404进料,同时由于 V-407 中物料减少,需防止 P-406 长时间抽空,直至 P-406 停运。退酸过程中,每小时检查一次 V-408 压力,加强检查 V-408 液位及 V-406 界面。当 V-408 压力达 0.6 MPa(表)时,停止退酸,然后向主管技术员汇报。

当 C-402 的 TI-95 温度突然上升、压力下降时,表明 V-401 的酸基本退完。此时可开始热烷烃循环,关闭 E-421 空冷百叶窗,停用 E-422 冷却水,用 E-401 控制 R-401 入口升温速度 ≤20 ℃/h,逐渐打开 E-411 管层跨线,减少换热,提高物料温度至 95 ℃(以 400-TI-44 指示为准),当反应系统酸退完后,恒温烷烃循环 24 小时,用烷烃冲洗所有酸区管线、设备。

切换 P-403B 泵出口阀,开大流量冲洗循环酸管线和 FV-30 管线中的酸 10 分钟(要求打开其副线),同时冲洗酸 5 条采样循环线,然后停运 P-403 泵及各泵的烷烃冲洗液。热烷烃循环过程中视 V-406 界面从 FV-85 退酸线间断向 V-408 退酸。退酸过程中注意与脱氢岗位协调,并控制 C-403 底温度不低于 210 ℃。

停运 C-402 系统 系统停止利用 C-402 退酸后,逐步降低 C-402 负荷。停进再生酸,关闭再生酸根部阀,而改为苯冲洗。待 C-402 回流管线用苯冲洗 1 小时后,关 FV-84 上游阀,控制 FV-38 流量约为 3T/H,冲洗 C-402 进料管线。

控制 C-402 底汽相温度在 180 ℃左右,待 TI-95 温度至满量程 8 小时后,C-402 已基本冲洗干净,停苯冲洗。停 E-405 热源(烷烯烃),并关闭出入口阀门。调整 C-403 操作,必要时可通过调整 E-307 跨线,维持 C-403 进料温度稳定。控制 E-426 热油流量,维持 C-402 底温度在 180 ℃左右。待 C-403 停运后,停运 E-426 热油,关热油出入口根部阀。关 C-402 顶至 V-407 阀门,C-402 底排焦油。C-402 充入 N_2,保压 0.1 MPa(表)。

改烷烃进反应器为反应器外循环　当反应系统酸退完后,继续升温至近 100 ℃恒温烷烃循环 24 小时(以 400-TI-44 指示为准),控制反应系统温度≈100 ℃。将反应器烷烃进料改为反应器外循环,FRC-81 改去 C-403 塔。调整 C-403 塔的操作,塔底温度不低于 21 ℃,以防止 HF 带入分馏系统。C-403 塔的压力及 V-407 的压力适当降低(可分别调至 0.30 MPa(表)和 0.20MPa(表))。

反应系统退油　关闭 V-402 顶出料阀门,注意反应系统的压力,防止串料及 R-401 入口阀漏而造成反应系统憋压。投用酸区吹扫 N_2 加热系统,从 R-401 顶进 N_2,调整加热蒸汽,将氮气加热至 60~80 ℃进系统。打开 R-401 至退酸地沟的阀门,打通退油流程:R-401 中油从 R-401 底→退酸地沟管线→退酸地沟管线至反应器入口旁通线的跨接线→反应器入口旁通线→E-411A/B/C/D 管程→C-403→C-404→C-405。

当 R-401 中的油基本退完后,打开 R-402 顶 N_2 阀,打开 R-402 至退酸管线的阀门,压送 R-402 物料沿以上流程去 C-403 塔。当 R-402 中的油基本退完后,打开 V-401 至 P-403B 的入口阀,打开 P-403B 至退酸地沟管线,退 V-401 中的物料沿以上流程至 C-403 塔。当 V-401 中的油基本退完后,打开 V-402 至 P-403B 的入口阀,打开 V-402 顶氮气阀门,退 V-402 中的物料沿以上流程至 C-403。当 R-401、R-402、V-401、V-402 中的油基本退完后,关闭退酸地沟管线至反应器入口旁通线的跨接线的阀门。打开退酸地沟管线至 P-406A 的入口阀(如果原来用 P-406A 抽 V-407 中物料,就切换至 P-406B),启动 P-406A,抽退酸地沟中物料至 V-406。切换退以上设备中的物料三次。

在反应系统退油过程中,苯从 C-404 塔顶蒸出后通过 P-413→FV-56 旁苯干燥线→FV-85 旁苯干燥线→FV-85 旁至 V-408 泵至 V-408,退油速度受退苯速度的限制,烷烃从 C-405 塔顶返回脱氢装置。退油时需加强与脱氢及罐区的协调。密切注意 N_2 压力,一旦降低,立即关闭 N_2 阀门,以防含酸油气倒回 N_2 管线。

V-402 出口阀后接 N_2,分两路,先将 E-432 管程→E-412 管程→E-411AB 管程内的物料压入 C-403,后将 E-411CD 管程→E-411AB 管程内的物料压入 C-403。调整 C-403 塔的操作,根据 C-403 塔的出料流量判断反应系统退料量,退料中要防止 P-406 长时间抽空。退料过程中,V-406 酸界面上升,就间歇地将酸退至 V-408。

当不凝气排放量增大后,要关小 P-406A 出口,依次地压 R-401、R-402、V-401、V-402 的油,并切换三次。当物料退完后,停止退料,并停运 P-406A。P-403A/B、P-404入口管线及出口管线通过滴流管及泵体至 V-565 的管线用氮气压送至 V-565,然后抽至 V-408。

改 C-301 与 C-405 烷烃循环,停运 C-403、C-404 塔　改 C-301 与 C-405 循环:300#来的烷烃经 C-405 填油线进入 P-410 出口,经 E-417 后进入 C-405,然后返回 300#。关闭 300#来的烷烃进入 E-411D 的大阀。关闭 FRC-56 上游阀,停运 P-413,

如果 C-404 苯多从 V-404 安全阀旁路经 V-560 向 V-408 退料。

C-403 塔逐渐降低负荷,尽量低液位操作,待 C-403 塔底温度降至 210 ℃后,停 C-403 塔底出料,关 FV-68 上游阀。减少 E-413 热油流量直至关闭 FV-62 上游阀,关闭 E-413 根部阀,C-403 塔自然冷却。冷却过程中需打开 C-403 塔顶 N_2 阀,保持 C-403 塔有 0.1 MPa(表)的压力。当 V-407 抽空后,停运 P-406B,停运 E-409、P-406,停运冲洗液系统。待 C-403 塔底物料冷却至 50 ℃左右,用 N_2 压送到 V-565,然后用 P-561 泵送至 V-408。

C-404 塔同时降低负荷,保证塔底温度 TI-130 大于 220 ℃的情况下烷烃尽量送至 C-405 塔。减少 E-414 热油流量直至闭 FV-134 上游阀,关闭 E-414 根部阀。C-404 塔自然冷却,冷却过程中从 FV-141 处充入氮气,保持 C-404 压力为 0.10 MPa(表)。停运 E-415、E-432、P-407、P-408。

停运 C-405(包括抽真空系统) 降低 300# 与 C-405 塔的循环量,逐渐降低 C-405 塔的负荷,塔顶烷烃尽量退至 300#。停 C-405 塔与 300# 的烷烃循环。逐渐减少 E-416 热油流量直至关闭 FV-166 上下游阀,关闭 E-416 热油根部阀。

关 C-405 塔去抽真空大阀,停运真空泵 K-401。按照 20 kPa/h 的速度在 V-421 处充入氮气破真空,直至 0.1 MPa(表)氮气保压。C-405 塔自然冷却,顶底物料泵送至 TK-606,停运 P-409、P410、E-417。关闭所有真空表及带负压的压力表的引压阀,没有引压阀的拆下压力表改用堵头或更换量程为 0~0.4 MPa 的压力表,以防止这些表在保压及试密过程中损坏。

中和系统停工 待烷基化反应系统、C-404 系统退油及吹扫结束后,不再有含酸气体排放,同时 V-560、V-565 内的物料全部泵送至 V-408 后停运 C-561,停运 P-562A/B。关闭 C-561 去火炬大阀。以上停工过程结束后,转入退油、吹扫,然后进行单项检修的处理。

10.4.3 其他单元操作

1. 氟化氢的卸载操作

该操作须由经验丰富的操作工进行,HF 卸载流程见下图。

卸载前的准备 酸贮罐 V-408 准备就绪。安全阀 PSV-403 已装好,可投入使用。过滤空气系统已经试验,准备就绪。急救室已经试验,准备就绪。更衣室已经妥善安排,各种安全防护服,包括"C"类服装有空气软管均备妥待用。通知工业卫生医生及救护车到卸酸现场。槽车站和 V-408 附近围上临时的黄色塑料链子,无关人员不得入内。按盲板图装好全部盲板。酸泄放总管已经氮气吹扫。

压力控制器 PC-47 已经调试。氮气压力至少稳定在 0.6 MPa(表),通知调度室和制气车间将开始 HF 卸载。控制室内指示器及与卸载操作相连的仪表投入使用,通知空气压缩机操作工、电气配电房和控制室,即将进行 HF 卸料。中和池装满石灰水,并与酸区污排管线连通。废气洗涤塔 C-561 装置上 10% KOH 溶液,P-562 泵投入使用。准备好蒙乃尔/四氟垫片(2″、1″、3/4″)。所有连接法兰的工具准备在手边。酸贮罐 V-408 临时冲洗液位准备就绪。每个卸料站均准备好工具,手套的中和桶装满 3% 纯碱水。每根氮气管线已经过吹扫试验,确定无堵塞。准备好 PAROMAX 油脂和油枪,便于检修任何阀门填料泄漏处。每只阀门上均有标签,标上与图 1、图 2 相应的号码。安排四个人卸料,两个在槽车上,穿 B 类服装;一个在 V-408 贮罐顶上,穿"B"类服装;一个在 V-408(穿"B"类服装)。

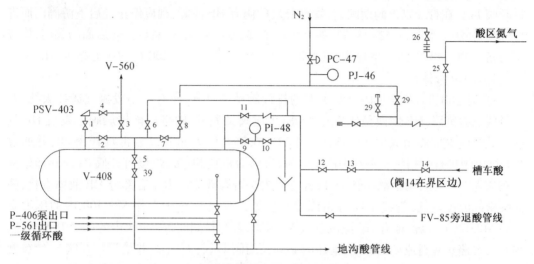

卸酸流程图 1:V-408 流程

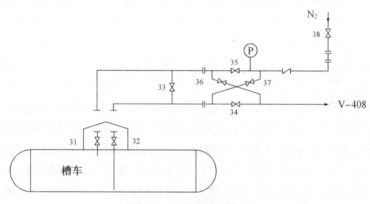

(阀 31、32 有两道阀门)

图 10-10　卸酸流程图 2:槽车流程

操作程序　除了阀 1 和阀 4 应该打开外,系统中的所有阀门必须关上。这样安全阀 PSV-403 才能正确投入使用。阀 9 必须开着,这样压力指示器 PI-48 便能指示 V-408 内的压力。阀 5 和 39、阀 25 和 26 之间必须装置上短盲管。V-408 罐顶的压力高于 0.2 MPa,必须泄压至 0.15 Mpa ~ 0.17 MPa。泄压时,慢慢打开阀 2,稍许打开阀 3,缓慢泄压至酸排放总管至 C-561,并观察压力指示表 PI-48 的压力。当压力降到 0.15 Mpa ~ 0.17 MPa 时,关闭阀 2,全部打开阀 8,稍许打开阀 7,然后用氮气吹扫几分钟,再关闭阀 3、7、8。检查并确认阀 31 和 32 是否处在关闭状态,然后慢慢除去槽车上的盲板法兰。若这些阀上出现泄漏,再关一次阀试试,若泄漏不止,并漏得很厉害,则更换盲板,并应在泄漏的阀上做标记,以便进行修补。若一切正常,则用蒙乃尔四氟缠绕垫片连接槽车和配制管线处法兰。打开阀 38、35、33、34。检查并确定就地压力表指示正确,氮气压力为 0.60 MPa。用肥皂水检查所有的法兰连接处、阀和阀盖法兰,查看是否有泄漏,然后关上阀38。观察就地压力表五分钟,若压力降低,说明系统中仍有泄漏,继续用肥皂水检查到发现泄漏点并修复为止。若在阀38关闭的情况下,压力能稳定五分钟,则系统无泄漏。关闭所有先前开启的阀门(阀38、35、33、34)。按顺序慢慢打开阀32、34、14、13、12,最后打开阀11。在打开以上阀期间,若发现开启的阀有HF泄漏,则应停止开启下游阀门而进行修复,如法兰泄漏,将螺栓拧紧;如阀填料泄漏,则注射油脂,然后再开后面的阀门,检查压力指示PI-48,等压力平稳为止(此时槽车内的压力与V-408内的压力相等,HF管线内到处有HF液体)。

打开阀38、35,将止逆阀上游3/4″的排放阀稍稍打开,使有一小股氮气通往大气,万一氮气压力突降,HF倒回至氮气总管,而止逆阀又失灵,则将从该排放阀上发现HF气体。此时应立即关闭阀门38、35、31和32。在氮气压力回升以后再打开阀38,并通过3/4″排放阀进行吹扫到看不到HF气体为止,然后重新卸料。慢慢打开阀31、HF开始从槽车流入V-408,用手触摸管子,以检查管内是否有液流。由于有部分HF液体汽化,使卸酸管线温度降低,管线上应有霜冻出现。始终保持槽车压力比V-408内的压力高0.30 MPa以上,以保证有HF液流进入V-408,若卸料期间V-408内的压力升得太高,则有必要停止卸料或稍稍泄压,泄压时必须关闭阀11,打开阀2,并稍稍打开阀3,使缓慢泄压,以达到0.30 MPa的压差,然后关闭阀3、2,然后重新打开阀11,继续卸料。

槽车的卸料时间决定于HF的量和槽车与V-408的压力差,就现在的管道系统,一槽车约45吨的HF,在0.30 MPa压差的情况下,卸料约5个小时。槽车卸空时,就地压力表上的压力将突然下降,槽车上的压力将与V-408内的压力比较接近,这是因为槽车底部的液封遭到破坏,此时管线内仅有气体在流动,则管线温度上升,管壁外面出现水冷凝液,这是由于管内HF汽化的缘故。维持氮气吹扫槽车和HF管线至V-408。5至10分钟,当V-408内压力很快上升时,说明已无液态HF压过来。此时应关闭阀11,停止向V-408吹扫,以免V-408过高的压力,造成以后泄压浪费HF。将槽车和卸酸管线泄压:关闭阀11后,改打开阀6,稍许开阀3,缓慢泄压,以保证HF在C-561内充分中和。槽车和管线泄压以后,全部管线应用氮气吹扫,关闭阀31和32。打开阀33,吹扫30分钟左右,用阀3调节。然后关闭阀3、6停止吹扫。分别打开阀31、32向槽车内短暂吹扫,以便于拆除和槽车相接法兰,吹扫完成后关闭阀31、32,再关闭槽车站台进氮气阀38,打开阀6、3,向C-561泄压。最后按顺序关闭阀门27、24、18、14、13、12和站台的阀34、33、35。

在关上所有阀门后检查槽车上的C处法兰,此时便可断开该法兰加盲,但应缓慢地进行,当心可能仍有HF气体存在,在撬开垫片时,可能泄放剩余压力,然后用新垫片重新装在槽车上盲板法兰处,歧管端也应装上盲板,A、B处法兰可不断开,以减少蒙乃尔四氟缠绕垫片的损耗,但歧管必须加支撑,以防法兰连接处应力过大。HF卸料完毕后,应检查C-561的KOH和KF浓度,进行必要的调整。如果卸酸操作中,向C-561泄压和吹扫由于碱浓度不够等原因不能进行,可考虑向中和池排放。

备注:用过的蒙乃尔四氟缠绕垫片,决不能重新使用;太平洋"T"形阀应用耐HF的PAROMAX油脂润滑,决不注入其他的油脂;注入油脂压力过高能破坏泰氟隆填料;决不用任何扳手或棍棒拧紧、关闭"T"形阀的手轮,只能用手拧紧、关闭;在HF区工作时,防护服上碰上HF气体,甚至HF液体,则应到急救室用水漂洗衣服,或从中和桶内取中和液,冲洗衣服上的HF。

2.采酸样操作程序(具体流程见采酸样流程图)

采样设备 酸取样歧管:这个特殊歧管的本身是一个三通阀,它能使工艺物料直接引至样品筒,也能放到下水道去,它的用途就是在安全的情况下保证采到系统内酸的典型样品。氢氟酸样品筒:专门设计的用特殊材料制成的小筒。

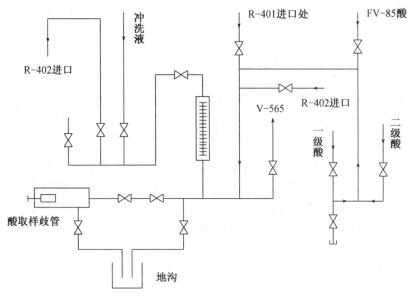

图 10－11 采酸样流程图

采样步骤 采样前应全面检查安全急救措施,如急救柜等是否可应急使用。通向急救室的道路是否畅通无阻。采样人员应穿戴"B"级防护服装,并有人监护。采样处需接上一个水管,并放置一袋石灰或纯碱。样品筒要放在一个专用的盒内,盒内要铺放一层厚约3 mm 的石灰或纯碱。采样时要尽可能在采样点的上风操作。用旋转螺母把样品筒联上,并使样品筒处于倒立位置,确保酸蛋阀门关闭。→打开冲洗液阀,冲洗采样管线及排放阀,并检查连接处是否有泄漏,然后关上冲洗液阀。打开酸阀,循环2 分钟,关上酸阀。打开去污排的排放阀,将物料排掉。随后关闭去污排的排放阀,打开样品筒上的小阀。打开酸阀,使酸向样品筒注入。5 分钟后,关上酸阀。→打开去污排的排放阀,将样品筒的物料排掉,1～2 分钟后,关闭去污排的排放阀。→重新打开酸阀,第二次向样品筒注入酸样,5 分钟后,关闭酸阀和样品筒上的小阀。打开去污排的排放阀,排掉余酸。打开冲洗液阀,将采样管线和排放阀冲洗一下,随后关闭冲洗液。→取下样品筒,在取下时可能在连接处会存有一些酸液,可任其汽化逸走,然后取下样品筒。并应确认样品筒内是否有样,这可通过其重量判断,也可以小心打开一点样品筒上的小阀,侧放有酸滴出现,则表示有样。如未采到样或样品太少,则应重取。将样品放在专门的盒子内,再交给分析人员。

3.酸泵检修前的处理操作

酸泵检修前的处理操作按下列程序进行:关闭出口阀,打开冲洗液阀,微开入口阀。冲洗一段时间后(约30 分钟)关闭入口阀,打开出口阀。冲洗15 分钟后关闭出口阀,打开入口阀,再冲洗15 分钟,关闭入口阀,打开出口阀,这样来回切换3～5 次(如果酸泵出入口有多条管线要分别冲洗)。打开低点阀,查看排放物料中带酸多不多,如多,重复上述动作;如不多,则关闭出入口阀门,开大泵低点的所有阀门,待酸泵内物料排尽后,则可进行酸泵的拆卸工作。拆卸酸泵时操作人员必须现场监护。拆卸酸泵时,维修工要按规定穿好防护服及手套,现场要备有鼓风机,将可能存在的酸雾吹走。

4.焦油中和的方法

流程简介:带有部分 HF 的焦油从 C-402 塔底排出,先排到中和池。中和池预先放好足够的消石灰,并加以搅拌。焦油中的酸性物料在中和池里被中和。焦油和水溢流到撇油池,焦油进入蓄油池,水溢流到污水处理场。蓄油池内的焦油用液下泵 P-565 在现场装车。

操作方法:当 C-402 塔底高液位报警时,则准备排放焦油。向中和池排焦油侧投放 2 袋消石灰(也可视情况而多放或少放),打开搅拌器,检查其中的水呈强碱性。检查排放焦油管线有无腐蚀损坏;分配器应安装在中和池碱水液面下一定深度,打开焦油管线进中和池的阀门。打开排焦油2道阀,焦油送至中和池。排焦油结束,关闭排放阀,过1小时后停搅拌器。当焦油和水溢流到撇油池时,要及时检查其 pH 值,撇油池排出去的水的 pH 值要在 9~11 之间。当蓄油池有足够液位后,则可启动 P-565。启动 P-565 后,先打开至撇油池的循环线,检查是否含水。如有水则要将水抽完后,才能装车。

10.5 装置主要设备

装置主要设备有塔类、容器、反应器、换热器(冷凝器)、空冷器、贮罐、加热炉、过滤器、泵、压缩机、安全阀。这里介绍塔类中的提馏塔、废气洗涤塔和反应器。

10.5.1 塔类

塔类主要有提馏塔、干燥塔、解吸塔(脱苯塔和脱烷烃塔)、再蒸塔、回收塔、废气洗涤塔、尾气吸收塔等。

提馏塔 特点:塔顶进料,塔顶馏出物全部采出,无回流;只有提馏段,而没有精馏段。应用背景:物系在低浓度下的相对挥发度较大,无精馏段也可达到希望的馏出液组成,回收稀溶液中的轻组分。

图 10-12 给出了提馏塔装置的工作原理。

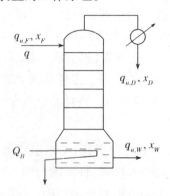

图 10-12 提馏塔装置示意图

　　废气洗涤塔　烷基苯装置中的废气洗涤塔用 25% KOH 水溶液吸收含氟化氢废气。废气洗涤塔装置原理如图 10 - 13 所示。

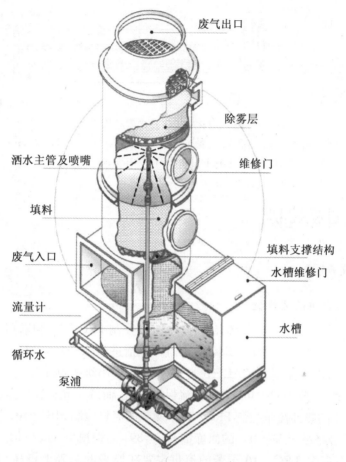

废气出口

除雾层

洒水主管及喷嘴

维修门

填料

废气入口

填料支撑结构

水槽维修门

流量计

水槽

循环水

泵浦

图 10 - 13　废气洗涤塔装置示意图

10.5.2　反应器

　　1942 年底,世界上第一套 HF 烷基化装置在菲利普斯石油公司的得克萨斯州博格炼油厂投产,反应器采用的是 STRATCO 公司的卧式偏心高效烷基化反应器。目前氢氟酸烷基化技术主要是 UOP HF 烷基化和 Phillips HF 烷基化技术。图 10 - 14 给出了 STRATCO 反应器的结构。

　　UOP 的 HF 烷基化工艺采用单反应器或双反应器设计的两种生产方案,氢氟酸藏量低,单、双反应器藏量(以每立方米烷基化油为基准)分别为 14.3 kg 和 15.7 ~ 17.1 kg,氢氟酸采用泵强制循环,提高传热效率,采用水冷却系统直接带走反应热。

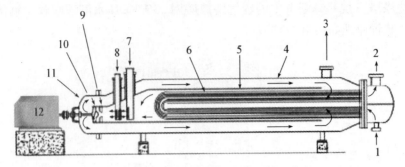

图 10 - 14　STRATCO 反应器结构示意图

1—冷剂入口;2—冷剂出口;3—混合物至酸沉降器;4—反应器壳体;5—循环罩;6—U 形管束;
7—酸进料口;8—烃进料口;9—十字轴;10—叶轮;11—水压头;12—电机

10.6　工艺过程控制

10.6.1　主要仪表控制

1. 苯干燥塔系统的主要控制

苯干燥塔顶系统主要控制回路有:新鲜苯流量控制 FRC - 19 和塔顶受液器 V - 403 液位控制 LICAHL - 23,并进行串级控制;回流(包括进料苯)流量 FRC - 12 和塔底液面 LICAL - 6,并进行串级控制;LICAL - 6 与 FRC - 12 的串级控制采用的是均匀串级控制方案,为了平稳操作,要求 C - 401 塔的回流保持稳定,而液位允许在一定范围内波动;塔底再沸器 E - 404 的热油流量控制 FRC - 1;干燥苯的流量控制 FRC - 16;不合格品进料控制 FIC - 394;不合格品至 V - 403 的回炼量 FIC - 394 需根据生产具体情况来定。回炼时 FIC - 394 的量有多大,FRC - 16 干苯的流量也要在原来的基础上提高相应的流量。当 FIC - 394 流量大时,要防止 P - 402 及 P - 401 泵超负荷,同时需保证干苯含水量达到控制指标。

2. 反应系统的主要控制

反应系统的主要控制回路:一级循环 HF 流量控制 FI - 29,二级循环 HF 流量控制 FI - 34;循环苯第一段流量控制 FRC - 56,循环苯第二段进料流量 FRC - 401;第一段烷烯烃进料流量 FR - 404,第二段烷烯烃进料流量 FRC - 402;二级分层器补充一级 HF 循环泵入口的流量控制 FRC - 30;二级馏出物流量 FI - A401 和 FI - A402;差压界面仪 LI - 037A 和 LI - 039A。

3. 氟化氢再生系统

氟化氢再生系统的主要控制回路:再生酸进料 FRC - 38;再生塔回流 FRC - 84;E - 405 热量输入调节器 HC - 405 与热油(烷烯烃)流量 FRC - 406 串级控制;E - 405 热量输入调节器 HC - 405 是根据热油的出入口温差、热油流量 FRC - 406 来计算所输入的热油流量。热量输入调节器 HC - 405 一般要与热油流量 FR - 406 串级控制,一旦 HC - 405 出现故障,应立即切至 FR - 406 单回路调节,以免引起 C - 402 操作的大幅度波动。C -

402 再沸器热油流量控制 FRC - 99 与塔底温度控制 TRC - 97 串级控制;因 TRC - 97 与 FRC - 99 串级控制不稳定,易造成温度的大幅度波动,现操作中用 FRC - 99 单回路调节,要求操作中控制 TRC - 97 温度为 180 ~ 200 ℃。V - 407 压力控制 PRC - 404;含酸苯流量 FRC - 81 与 V - 407 液位 LICAL - 78 串级控制;再生后的酸流量 FRC - 85 与 V - 406 的酸界面 LI - 83 串级控制;C - 402 再生酸 HF 出口温度的控制;通过开关 E - 409 空冷器电机台数、调整 E - 409A/B 风扇角度和百叶窗角度、E - 409 电机变频转速、E - 410A 循环水流量来调整 HF 出口温度 TI - 74 在 20 ~ 60 ℃。

4. 氟化氢汽提塔系统

氟化氢汽提塔系统的主要控制回路:C - 403 塔的压力控制 PRC - 402;C - 403 塔底压力控制 PRC - 402 是通过改变塔顶汽相排放量来进行控制的。由于 C - 403 塔的压力是反应系统的背压,因而 C - 403 压力变化会直接影响反应系统的压力。通常情况下 C - 403 塔的进料量及其组成的变化会影响 C - 403 塔的压力,因此操作中要求一方面控制脱氢进料量不要大幅度波动,另一方面要保持反应器进料的苯烯比稳定,当 C - 403 压力过高时,可通过 PV - 466 将 C - 403 塔顶出料管线中压力直接泄压至 V - 407,V - 407 可通过 PV - 404 向 V - 565 泄压。C - 403 塔底出料量 FRC - 68 与塔底液位控制 LIC - 66 串级控制;C - 403 塔再沸器热油流量控制 FRC - 62。

5. 脱苯塔系统

脱苯塔系统的主要控制回路:C - 404 塔的压力控制 PRC - 340;C - 404 塔顶压力是通过塔顶带手轮的蝶阀来控制的。如果控制阀卡在某一位置或控制系统出现故障时,可以将手轮销子插入,用手轮来调节控制阀的开度,以达到控制压力的目的,当改用调节器进行控制时,一定要将插销拔出。回流量控制 FRC - 141 与 8 层温度控制 TRC - 364 串级控制;由于利用串级系统控制时,温度易出现较大幅度波动,当温度偏低时,易造成塔底物料带苯,因而现在 FRC - 141 单回路调节。为了防止塔底物料带苯,操作中要求 C - 404 塔第 25 层温度不低于 225 ℃。C - 404 塔与 V - 404 的差压控制 PDIC - 365;PDIC - 365 压差控制主要是为了保持 V - 404 压力,从而保证 P - 413A/B 的吸入压头,但应当防止出现负压,另外当出现故障而造成 C - 404 压力过高时,可以通过控制阀进行泄压。正常操作中可以通过压差值来判断 E - 415 和 E - 432 的冷凝效果,如果压差大,说明冷凝冷却效果好,反之则效果差,E - 415B 增加了变频调节器,可通过 FI - 143 自动或手动控制 E - 415B 空冷转速,从而控制空冷出口温度。但若是由于 V - 404 中不凝气增多而造成压差降低,则需将 V - 404 中不凝气排放。C - 404 塔再沸器热油流量控制 FRC - 134;C - 404 塔底出料量控制 FRC - 150 与塔底液位 LIC - 132 串级控制。

6. 脱烷烃塔系统

脱烷烃塔系统的主要控制回路:C - 405 塔的压力控制 PRC - 159;C - 405 塔顶出料量 FRC - 175 与塔顶集油槽液位控制 LICAL - 152 串级控制;C - 405 塔顶冷回流流量控制 FRC - 179;热回流流量控制 FRC - 178;C - 405 塔底出料温度控制 TRC - 170;C - 405 塔底再沸器热油流量控制 FRC - 166;C - 405 塔底出料流量 FRC - 173 与塔底液位 LIC - 164 串级控制。

7. 烷基苯再蒸塔系统

烷基苯再蒸塔系统的主要控制回路:C-406 的压力控制 PRC-193;C-406 塔顶出料量 FRC-212 与塔顶液位控制 LIC-189 串级控制;C-406 塔顶冷回流流量控制 FRC-210;热回流流量控制 FRC-205;C-406 塔底出料温度控制 TRC-344;C-406 塔底再沸器热油流量控制 FRC-200;C-406 塔底出料流量控制 FRC-346。

8. 烷基苯回收塔系统

烷基苯回收塔系统的主要控制回路:C-407 塔压力 PRC-264;C-407 塔顶出料量 FRC-280 与塔顶集油槽液位控制 LIC-273 串级控制;C-407 热回流流量控制 FRC-277;C-407 塔顶冷回流流量控制 FRC-278;C-407 塔底出料总量 FIC-354。C-407 塔底再沸器热油流量控制 FRC-360;C-407 塔底出料流量控制 FRC-359 与塔底液位控制 LIC-351 串级控制。

9. 其他

V-408 压力控制 PRC-47;V-565 就地压力控制 PC-259。

10. 连锁系统的说明

酸再生塔 C-402 高温、高压连锁控制系统

C-402 顶高温连锁系统   当 C-402 顶温度指示 TIAH-95 高达 76 ℃时,开始报警,提醒操作者的注意。当温度继续升高到 82 ℃,将切断 FRC-38 再生酸进料。一般情况下,温度升高说明是再生酸进料组成发生了变化或 E-405A/B 有热油泄漏。这时要采取措施,进行检查处理。C-402 顶高压连锁系统当 C-402 顶压力指示 PIAH-455 压力高达 0.37 MPa(表压)时,开始报警。当压力继续升高达 0.41 MPa(表压),开始动作,关闭 FRC-406 和 FRC-99 的热油流量,即切断向该塔的热量来源。

C-405 塔冲洗液连锁和集油槽低位连锁控制系统

冲洗液泵连锁系统   冲洗液流量高报流量为 10 800 kg/h。当冲洗液流量低达时 4 800 kg/h,开始报警,引起操作者的注意。脱烷烃塔 C-405 顶集油槽低液位连锁系统。当 C-405 顶集油槽液位降至 50% 时将报警,以引起操作者的注意。当液位继续降低至 10% 时,将使 FV-170、FV-175、FV-344 动作,关闭循环烷烃出料,以保证有足够的烷烃作为冲洗液,以防止酸泵损坏。

V-420 液位控制连锁   当 V-420 液位 LI-566 高于 80% 时,P-566 将自动启动将 V-420 内物料泵至 TK-604,当 V-420 液位 LI-566 低于 20% 时,将连锁 P-566 自动停运。

10.6.2 仪表使用注意事项

所有仪表必须保持清洁,使用时应注意仪表的有效期限,若已过期则需重新校验。仪表应尽量避免震动,碰撞与冲击等,仪表长期使用后,如达不到精度要求时,应及时修理或换新仪表。非仪表维修人员,不准随便拆装仪表,当对仪表的读数发生怀疑时,应及时与仪表维修人员取得联系,及时检查仪表的好坏。在冬季时应注意有些仪表的防冻保温工作。在使用仪表的过程中,如听到有怪叫声或嗅到有油脂味及焦臭等现象,必须及时将仪表断电停用,进行检修或更换等措施。对所有调节仪表的参数整定,均应有专门仪表维修人员根据工艺需要整定,其他人员一律不准随意更动。

10.7　装置安全和环境保护

10.7.1　事故处理

当烷基化装置发生紧急事故时,操作人员必须立即了解并予以处理。下面叙述的某些危险情况不但能使装置停车,而且若处理不当,将使设备严重损坏,因此全体操作人员应当认真学习和完全掌握发生这些情况时所要采取的步骤。

1.　事故处理的总原则

公用工程故障时,应避免氟化氢进入分馏系统,防止机泵窜轴和机械密封的损坏,阻止各设备之间的串料。装置本身发生故障时,应采取隔离的办法来处理,尽可能地缩小事故范围,保护设备。装置法兰和密封垫泄漏时,若是高温油气,应采用蒸汽进行掩护,就近切断物料来源。若是氟化氢泄漏,则要采取减压,隔离氟化氢来源等措施。爆炸、火灾和管道破裂时,应按紧急停工方案进行处理。

2.　紧急停车方案

切断装置进料、出料总阀(包括苯、烷烯烃、烷烃、LAB、HAB 等)。切断各设备之间的联系,特别是酸区反应部分设备和分馏部分设备之间的联系。停止公用工程的能量供给,如热油、蒸汽、电等,但需视情况而定。防止设备管线的局部超压,负压及过热。如果需要,可以退酸至 V - 408,退油至 TK - 606 或 TK - 600E 之中。

3.　HF 泄漏以及泵的密封失效

酸区设备大面积泄漏的处理方法:按紧急停工方案进行停工。尽可能地从控制室将HF 泄漏设备进行隔离及泄压(设备泄压去 V - 565),然后去现场进行最后隔离。若不能采取正常的隔离办法将其控制时,则进行隔离的操作人员必须穿带有压缩空气的防护服,并且还必须有后备人员随时待命。穿防护服的操作人员从上风一侧接近泄漏处,并将设备隔离和减压。可以利用水雾喷嘴进行喷雾,以减少进入空气的 HF 量,但经喷过的水将有酸性并可能烧伤沾上它的任何人员,因此没有穿戴防护服的人员不许停留在泄漏区或附近。将酸区雨排水口用消石灰堵死,防止污染扩大。迅速向中和池加消石灰,启动ME - 401A/B进行搅拌,使排出物为中性。当地面有少量的酸时,用水及消石灰加到酸上中和,有大量酸时需请示。视情况用消石灰加固酸区防护堤。如果需要,可以通过退酸地沟经 P - 406A 退料去 V - 408。对泄漏设备进行处理之后检修。

酸区设备和管线小面积泄漏的处理方法:尽可能地从控制室将 HF 泄漏设备进行隔离及泄压(设备泄压去 V - 565),然后去现场进行最后隔离。若不能采取正常的隔离办法将其控制时,则进行隔离的操作人员必须穿带有压缩空气的防护服,并且还必须有后备人员随时待命。穿防护服的操作人员从上风一侧接近泄漏处,并将设备隔离和减压。如果以上方法不能实施或不能奏效时,可按正常停工步骤进行停工退料处理。做好泄漏量增加的准备工作。

酸区管线渗漏的处理方法:根据泄漏的具体位置,尽可能地进行带压堵漏。如果以上方法不能奏效时,可按正常停工步骤进行停工退料的处理。

酸泵机械密封失效的处理方法:启动备用泵,并保证备用泵有冲洗液,将泄漏的酸泵隔离。必须将泵内酸通过泵底及出口滴流管排放至排酸总管。

4. 公用工程故障

对于一般公用工程故障,必须了解各个设备将会发生的故障和所要采取的措施。装置发生故障,有时可能要求像前一章所述部分地或全面地停车。但是,装置停车往往不可能像前一章中所述那样按顺序地进行。在烷基化装置上,通常要求:将 HF 汽提塔塔底液流关住,以避免 HF 被带入无酸部分;保证酸泵有冲洗液和 C-561 塔能继续运行。公用工程可能发生的故障及处理方法如下:

冷却水的停用 当冷却水发生故障时,将造成:冲洗液温度升高;E-410 出口温度升高;反应器进料温度升高;E-433 出口温度升高;高温油泵泵体及机械密封处温度升高,真空泵密封油温度升高造成 C-405、C-406、C-407 塔真空度下降等。瞬时停冷却水或水压低的处理方法:C-405、C-406 及 C-407 真空度下降的处理方法:在密封油换热器上淋工艺水,并定时更换真空泵密封油,降低油温。同时减少塔顶出料,降低热回流,加大冷回流,保证塔顶冷循环。关闭 PRC-159、PRC-193、PRC-264 控制阀的上游阀。冲洗液温度升高,将造成各酸泵轴温度的升高,冷却效果下降。应采取的措施是:降低冲洗液的用量,保证机械密封不漏酸即可。由于反应器热容量很大,故瞬时的冷却水停用,对反应器温升影响不大。如温度上升较大,可以调整 E-421 空冷器。由于目前 E-409 冷却器基本能够确保其出口温度低于 50 ℃,E-410A 冷却器的停运对 C-402 影响较小。可采取的措施是:如允许可调节 E-409 空冷,同时降低再生酸进料 FRC-38 的流量及 C-402 塔回流 FRC-84 的流量(必要时可停再生酸)。降低 E-405 的供热量,降低 E-426 的供热量。E-410B 冷却器停运对 C-403 塔影响较大,由于 E-415 能力充足,可以提高 C-404 负荷,可提高 C-403 压力,降低 FR-81 的流量,减少 C-403 塔苯的蒸发量,也就将 E-410B 的负荷移至 E-415 空冷上去。由于 C-404 苯量的上升,必须适当地提高 FR-56 的流量。另外,也可以降低 300-FRC-86 维持短时间的操作。E-433 出口温度升高的处理方法:降低 C-407 的热回流流量,降低 E-430 热油流量。高温油泵 P-407A/B、P-409A/B、P-411A/B、P-418A/B 可以短时间停运或用工艺水冷却,P-410A/B,P-412A/B,P-419A/B 用工艺水,冷却泵体及机械密封处,能维持短时间的运行。

长时间停冷却水的处理方法 先按瞬时停冷却水的处理。脱氢反应器降温,油切出反应器,停止向烷基化装置进料,同时循环烷烃停止循环。C-401 塔改与 TK-602A/B 罐低流量循环。关闭 C-402 再生酸进料 FRC-38 及回流 FRC-84,停 E-405 烷烯烃及 E-426 热油供给,再生酸返回 FRC-85 停运。反应器入口阀,旁通阀关闭。同时含酸苯进料 FRC-81 改进 C-403 塔。P-403A/B,P-404 停运,出口阀关闭,入口阀微开,用冲洗液冲洗 1 小时后,关闭泵入口阀,冲洗液停用。关闭 FRC-68 控制阀下游阀和副线阀,停止向 C-404 塔进料;停运 E-413,用 E-409 冷却 C-402 塔,C-403 自然冷却。C-404 塔系统:停运 P-413A/B;P-407 停止向 C-405 塔进料,该塔自身循环。C-405、C-406 和 C-407 塔系统处理方案:降低再沸器 E-416、E-418 和 E-430 的热油流量,降低热回流流量,用冷回流冷却两塔,塔底泵停运。若冷却水停运过长时间,则考虑全装置的停运和退料。

5. 停电

停电时,致使装置所有的机泵、压缩机、空冷器和风机等失去作用,全装置被迫停车。此外,电子仪表、冷却水、热油、蒸汽等也将中断。

瞬时停电 装置的机泵 A/B 分别利用了两条供电线路(A 路、B 路),一路电的停电就意味着一路泵的停止运行。一路电晃电后,电会立刻恢复,因此可立即到现场启动停止泵。如果发生一路电停电的情况,可到现场启动备用泵;对于无法启动的泵(如 P-408),可改流程(开启 P-413 到 FV-141 的阀门)来替代停止泵。处理原则如下:应立即启动原运转设备,如原设备无法启动,可启动其备用设备。顺序是:先启动塔顶回流泵,建立回流(P-413、P-408、P-410、P-412、P-419);启动空冷器,保持回流温度;启动真空泵,保持塔的压力;启动酸泵,建立循环酸;启动塔底泵,建立出料;启动其他设备(P-562、ME-401、P-420),恢复所有设备的运行。在启动 P-410、P-403、P-404 时,应将室内的仪表 FV-179、FV-175、FV-29、FV-34 等控制器由自动改为手动调节,给定信号压力为 50% 时,再启动泵。流量平稳后再由手动改为自动调节。调整各股物料的流量、温度、压力至正常操作值。

长时间停电 长时间停电,按紧急停工处理,防止 HF 进入分馏系统,防止设备超温、超压。处理原则如下:切断装置进料、出料总阀(包括苯、烷烯烃、烷烃、LAB、HAB 等)。切断各设备之间的联系,特别是酸区反应部分设备和分馏部分设备的联系(包括 C-403 到 C-404 进料阀 FV-68、300-FV-86 到 E-411C 壳层阀门)。视情况而定,停止公用工程的能量供给,如热油、蒸汽等。防止设备管线的局部超压、负压、过热。如果需要,可以退酸至 V-408,退油至 TK-606。处理的基本步骤:① 首先关闭 FV-38、FV-84,停止向 C-402 进料。关闭 FV-68(包括上、下游阀门),停止向 C-404 进料,切断反应系统和分馏系统。② 关闭烷烯烃进料总阀,切断 300 号和反应系统的联系;关闭 E-411C 壳层入口阀、烷烯烃进 E-405 阀门、反应器进料总阀、烷烃至脱氢总阀、LAB 和 HAB 出料总阀、泵的出口阀门、装置进出料控制阀的下游阀和付线阀(FV-150 要求关闭)、热油控制阀的下游阀和根部阀(处理后关闭)。③ C-405、C-406、C-407,关闭 V-421、V-422、V-423 到真空泵阀门,用氮气破真空,自然冷却。C-402、C-403 可以由 PRC-404 泄压至 V-565。C-401、C-404 塔中的汽相苯难于冷却,分别进入火炬和 C-561;在冷却过程中为防止产生负压,可通入氮气保持正压。

6. 停热油

装置热油发生故障时,将使各分馏塔再沸器及热油加热器无热源而停运。当热油管线、机泵燃料油管线、机泵、蒸汽管线等发生一般性的故障时,可以按正常停工步骤进行停工。如果由于故障引起加热炉短时间停运,然后能重新起动,可以做不停车处理,因为热油回路中有足够的余热能够对关键设备保持热量供应。注意及时关闭 FRC-68 上游阀,防止 HF 进入分馏系统。

当热油系统发生重大故障时,如炉管破裂、热油总管破裂、法兰垫片大量泄漏,应按紧急停工方案进行处理。另外,要将热油根部总阀关闭,也可以参考长时间停冷却水的处理方案进行处理。

7. 停仪表风

当仪表风发生故障时,各种使用仪表风的仪表设备状况包括:FV-12、401、56、141、178、179、205、210、277、278,PV-402、404、340 等处在全开的位置。HC-349、351 等百叶窗处在全开的位置。装置进出料阀全部关闭,如 FV-19、212、475、359、175 等。就地仪表 FI-118、294 等亦无指示。空冷风机的风扇将处在最大角度下工作。处理方法:某一个仪表发生故障时,可以将控制阀改为付线阀、上游阀控制,并参考其他操作参数进行适当的调节。当仪表风全部停用时,可参考长时间停冷却水、蒸汽、热油的处理方案进行适当的处理。

10.7.2 HSE 管理规定

1. 安全规定

烷基化装置安全规定 操作工在操作时,必须严格遵守工艺卡片所规定的各项工艺指标,未经工程师批准,严禁变更操作参数,以防发生事故。操作工必须熟悉装置在突然停水、停电、停风等紧急情况下的事故处理方法。操作工必须熟知烷基化装置各物料的理化性质,尤其应熟悉 HF 的特性及防护办法。禁止带压拆卸设备、工艺管线。检修时,未经吹扫合格的设备、工艺管线,严禁动火。负压操作的设备不允许空气进入。设备停用时,要用氮气保持微正压。设备、管线内含氧量高于 1.0%(体积)时禁止进油。沾染油污的木材、棉布等易燃物品,不准放在高温的设备和管线上。高温烃类外漏时,必须在蒸汽的保护下处理。

中和酸区安全规定 凡本岗位工作人员,包括操作工和维修工,必须熟知氟化氢和氢氧化钾的理化性质及对人身的危害。除酸区操作工外,任何人未经值班长或主管人员的批准,严禁进入酸区。根据进入酸区工作的具体情况,应穿着不同类别的防护用品。进入酸区工作时,应首先检查急救室是否投用及中和用的碱液是否有效。维修人员和其他人员在酸区工作时,必须有烷基化岗位操作工在场陪同。当操作工离开时,要停止工作。进入设备检查,应有两个以上的监护人。化碱操作,先排尽或抽干 V-563 内的液体,然后向 V-563 加入适量的固碱,最后加水溶解,不得将整块碱吊入有水的碱槽中,以防碱液飞溅造成事故。被氟化氢和氢氧化钾所玷污的废管线、阀门、木材、玻璃、胶管、铝皮等物品未经中和处理,不准拿出酸区。酸区所用的工具,如梯子、"F"扳手、抽风筒、胶管等不准乱动,更不准拿出酸区。禁止带压拆卸酸、碱管线上的法兰、阀门。不通的管线不能动火,应用钢锯或电钻打孔放空后,方可进行拆卸。氟化氢和氢氧化钾溶液不准就地排放。发现跑、冒、滴、漏要及时处理。溅到地面或设备上的酸或碱应立即用工业风或水吹扫冲洗干净。中和酸区操作工要经常检查酸区设备、管线有无泄漏。含酸设备、管线严禁产生负压,以防空气中水分进入。含酸工艺管线、设备严禁用蒸汽和水冲洗或吹扫。氢氟酸溅到皮肤上,应立即用大量水冲洗 10 分钟以上,然后再去就医。定期对设备、管线测厚、试压,所有安全附件必须定期检查。酸区 3″以下的含酸管线禁止攀登。发现管线、设备泄漏时,应立即通知烷基化装置操作工、班长及技术人员;遇到停电、停水、停汽、停风等紧急情况时,应积极配合烷基化装置共同处理。操作人员和维修人员的防护服装要求按公司规定执行。

2. 环保要求

所有废油、废水应排入污排　中和酸区的废油、废水和雨水应分别排入中和南北池进行中和,出装置废水应达工厂的排放标准。

10.7.3　急救室的使用

急救室中安全设备主要作用是给遭到氢氟酸烧伤人员进行应急喷淋、眼睛冲洗以及简单的医疗处理。确切地讲即送医前减轻伤员的痛苦,防止伤势漫延的处理措施。为了正确和及时使用急救室内的设备,首先必须熟知各种安全设备的所在地和用法。根据不同情况加以处理。

急救室设有现场和控制盘上的警报系统通过门警报开关发出信号而动作,使现场和控制室和警报器发出指示和铃响,即说明发生氢氟酸烧伤事故,要有关人员应密切注视和及时加以对出事现场设备的处理和人身急救。紧急淋浴和洗眼器每天检查一次,另在工作现场应保留一根通有自来水的软管,以便能立即拉到现场去冲洗。急救室主要装备是紧急喷淋冲洗用的水循环系统,其流程和有关使用说明如下:0.25 MPa(表压)的自来水通过踏板阀分成两路,一路流经热水阀至加热器,以 0.1 MPa(表压)的低压蒸汽加热至 $30\sim40$ ℃;另一路经主调节阀,不经加热,与通过加热器的热水一起经过文丘里混合器,然后至冲洗器喷头喷出。

正常情况下,一旦有人进入急救室,踏上踏板开关,3 秒钟内就有水从各个喷头中喷出。如果踏板开关失效,还可打开踏板阀付线阀以作应急用。人一离开踏板,水喷淋就自动停止。在喷淋柜正面与眼睛高度相近的地方,设有冲洗眼睛喷头,流量通过冲洗眼睛阀调节,该阀是角阀,需处于常开的位置,手轮按顺时针方向旋转就将阀关闭。紧急喷淋用冲洗用水的水温不宜过高或过低,控制在 30 ℃左右,否则会引起伤处的剧痛。水温控制是调节主调节阀来达到的,手柄向下是冷水,逐渐扳向横向调节水温升高。热水阀也可作为水温的辅助调节,一般情况下,热水阀处于常开位置(手柄向下),不用来调节水温,只在气温较低时,在关闭主调节阀的情况下来调节水温。

在正常备用状态下,只有付线阀是关闭的,其余阀全是开启的。伤者踏入喷淋柜,只要稍调节主调节阀,立刻会有伤者要求的温水喷淋。如果是烫伤者需要降温,就不要调节主调节阀,就一直有冷水喷淋。

10.8　思考题

10.8.1　烷基苯装置哪些工段会发生事故? 如何处理? 请结合本章内容针对各工段可能发生的事故设计解决方案。

10.8.2　烷基苯装置如何从源头解决环保问题?

参考文献

[1] 刘守涛. 国内烷基苯装置建设概况及其技术工艺. 中国洗涤用品工业,2014,4:33-35.

[2] 裴鸿,张利国.2017 年中国表面活性剂原料及产品产销统计分析. 日用化学品科学,2018,41(4):1-6.

图书在版编目(CIP)数据

化工生产实习 / 周素芹,程晓春,顾海成主编.
— 南京 : 南京大学出版社, 2019.12
ISBN 978 - 7 - 305 - 22743 - 1

Ⅰ. ①化… Ⅱ. ①周… ②程…③顾… Ⅲ. ①化工
生产 – 生产实习 – 高等学校 – 教材 Ⅳ. ①TQ06

中国版本图书馆 CIP 数据核字(2019)第 276317 号

出版发行　南京大学出版社
社　　址　南京市汉口路 22 号　　　　邮　编　210093
出 版 人　金鑫荣

书　　名　化工生产实习
主　　编　周素芹　程晓春　顾海成
责任编辑　戴　松　刘　飞　　　　编辑热线　025 - 83592146
照　　排　南京南琳图文制作有限公司
印　　刷　丹阳兴华印务有限公司
开　　本　787×1092　1/16　印张 11.75　字数 286 千
版　　次　2019 年 12 月第 1 版　2019 年 12 月第 1 次印刷
ISBN 978 - 7 - 305 - 22743 - 1
定　　价　35.00 元

网址 : http://www.njupco.com
官方微博 : http://weibo.com/njupco
微信服务号 : njuyuexue
销售咨询热线 : (025) 83594756